水论丛 WATER FORUM

Principles, Methods and Applications in Remote Sensing of Water Quaiity

水质遥感理论、方法及应用

■ 张渊智 陈楚群 段洪涛 等编著

SHUIZHI YAOGAN LILUN、FANGFA JI YINGYONG

高等教育出版社·北京
HIGHER EDUCATION PRESS BEIJING

内容提要

本书主要介绍水质遥感的基本原理、数据处理方法及其应用实例，包括基本概念、发展历程、研究现状，以及目前所面临的一些瓶颈问题。从光学遥感辐射的物理基础出发，首先描述了水质遥感的基本原理及其光学特性的物理意义，接着介绍水色遥感大气校正方法及其研究意义，然后重点论述水质遥感光学数据处理方法和应用实例，此外结合目前水质遥感研究的最新进展，增加了激光雷达和微波遥感数据的处理方法及应用，最后指出未来水质遥感的发展趋势及其研究重点。

全书有机整合水体的光学特性和遥感数据处理方法，通过许多实例，不仅系统地介绍光学遥感在水环境监测中的具体应用，而且给出了光学遥感数据与微波遥感数据复合的应用实例，还简单介绍了激光雷达和微波遥感的应用潜力，基本涵盖了水质遥感应用的各个方面，同时注重理论与实际应用相结合，便于读者掌握理论知识并开展实际应用研究。

图书在版编目(CIP)数据

水质遥感理论、方法及应用／张渊智等编著．—北京：高等教育出版社，2011.4
ISBN 978-7-04-031335-2

Ⅰ.①水…　Ⅱ.①张…　Ⅲ.①水质－水利遥感　Ⅳ.①X824

中国版本图书馆 CIP 数据核字（2011）第 030729 号

策划编辑　陈正雄　　责任编辑　陈正雄　　封面设计　王凌波　　责任绘图　尹　莉
版式设计　张　杰　　责任校对　王效珍　　责任印制　刘思涵

出版发行	高等教育出版社	咨询电话	400-810-0598
社　　址	北京市西城区德外大街 4 号	网　　址	http://www.hep.edu.cn
邮政编码	100120		http://www.hep.com.cn
印　　刷	国防工业出版社印刷厂	网上订购	http://www.landraco.com
开　　本	787×1092　1/16		http://www.landraco.com.cn
印　　张	12.5	版　　次	2011 年 4 月第 1 版
字　　数	260 000	印　　次	2011 年 4 月第 1 次印刷
购书热线	010-58581118	定　　价	39.00 元

物 料 号　31335-00

项 目 资 助

▶ 863对地观测领域项目“珠江口海域水体重金属浓度遥感探测试验研究”（2009AA12Z135）

▶ 国家自然科学基金“浅水湖泊水生植被区叶绿素a遥感定量反演模型研究”（40801137）

▶ 湖泊与环境国家重点实验室开放基金“太湖蓝藻水华微波遥感监测的理论和方法研究”

▶ 城市与区域生态国家重点实验室开放基金“京津唐地区土地利用变化及其水质环境效应”

▶ 香港研究署基金“香港邻近海域及珠江口多卫星水质遥感监测”

▶ 香港创新署基金“香港及珠三角地区海岸带环境监测及预测系统开发”

▶ 香港中文大学研究基金“内陆水体及近岸水域卫星遥感水质监测”

▶ 香港环保署基金“GCEAP2010国际会议”

序

水是生命之源，是我们这个星球上人类社会可持续发展不可或缺的资源。从这个角度看，水的质量也就是生命的质量，它影响着人类生存发展的质量。由于水质是我们生存环境质量的关键指标，监测水质自然成为我们保护环境的基础性工作。然而，水质监测工作不仅需要面对其地理空间上从陆地到海洋的多种形态的特点，还需要及时地捕捉其在地球系统中不断循环的各种动态平衡的状态。针对水质监测的这些时空特点，科学家们从 20 世纪以来不断探索各种水质遥感技术。

自 1957 年苏联发射第一颗人造地球卫星以来，遥感技术发展突飞猛进。特别是 1972 年，国际著名的遥感杂志 *Remote Sensing of Environment*（RSE）首次发表两篇水质光学遥感应用的研究论文后，欧美发达国家先后在大洋水体（或称一类水体）的海色遥感，以及海岸带、内陆河流、湖泊等水体（或称二类水体）的生物光学特性及水色遥感算法方面，取得了许多开创性的研究成果。相对而言，我国的水质遥感研究起步较晚，直到 20 世纪 90 年代初，只有少数学者从事水质遥感方面的应用研究，伴随着卫星传感器技术的迅速发展和社会需求的急速增加，尤其是从 21 世纪初愈来愈多的青年学者开始加入该研究行列，我国水质遥感发展很快，并已取得了许多可喜的研究成果。

在水质遥感应用领域，由于水-气界面的影响，其水质遥感信号微弱，处理难度较大。而且，由于光学遥感的局限性，使其在多云和多雨条件下，无法发挥其快速、大范围和周期性的优势。随着高光谱遥感技术光谱分辨率和空间分辨率的进一步提高，水质遥感的算法研究也愈来愈深入。但是，在加强光学水质遥感研究的同时，还应该注重主动遥感的非光学特性研究，以及遥感与其他监测手段的有效结合和相互验证的研究。这也是香港中文大学太空与地球信息科学研究所的重点研究方向之一。

主动遥感技术，特别是合成孔径雷达技术（synthetic aperture radar, SAR）作为一种主动式微波侧视成像雷达，具备全天候、全天时和高分辨率观测特点，是可见光和红外传感器及其他被动微波传感器所不具备的。自 1978 年 SEASAT 卫星发射以来，尽管 SAR 技术一直是海洋遥感研究中的热点题目之一，但其在水质环境监测中的作用始终没有发展并应用起来。尤其是自 1994 年航天飞机成像雷达以及 X 波段雷达（SIR-C/X-SAR）运行之后，SAR 正朝着多波段、多极化和多工作模式的方向发展，因此 SAR 技术在水质遥感中的应用也是今后应予以关注的研究内容之一。

面向未来的创新研究，必须很好地总结过去。我所张渊智教授与中国科学院陈楚群研究员和段洪涛副研究员等都是活跃在水质遥感研究第一线的科技人员。他们合作编著的《水质遥感理论、方法及应用》一书，从水质遥感监测（remote sensing of water quality monitoring)的基础理论和具体应用着手,开展了海岸带、内陆湖泊、河流入口等复杂水体的系列水质遥感研究工作。本书不仅囊括了水质遥感的基本概念,而且集成了他们的主要研究成果,特别是书中介绍的许多前沿理论和应用实例,体现了作者对遥感技术和水环境研究的把握和理解能力,是一部比较全面的水质遥感方面的专著,能给读者以较好的启示和借鉴,具有前沿性、创新性和实用性,可用于遥感科学相关专业本科生与研究生教学,以及供水环境监测、地球系统科学遥感应用研究等作为参考。相信该书的出版能够为水质遥感及相关领域的研究人员,提供一扇了解该领域最新发展的窗口。

我衷心地希望该书的出版能为我国水质遥感的发展作出新的贡献。

香港中文大学

太空与地球信息科学研究所所长

林珲

2010 年 7 月 27 日

前　言

1972 年美国 NASA 发射了第一颗陆地资源技术卫星 ERTS-1(后来改名为蓝萨-1, LANDSAT-1),该对地观测卫星旨在监测陆地范围内的资源环境及应用研究,其携带的多光谱扫描仪(multi-spectral scanner, MSS)含有从可见绿光到近红外的四个光谱波段,不仅可以有效地调查陆地资源的分布现状,也可以成功地监测内陆河流或湖泊的水质环境变化特征,是该光学卫星遥感技术在水环境监测中的首次应用,其成果首次发表于当年创刊的国际著名的遥感杂志 *Remote Sensing of Environment*。正是基于这种光学卫星遥感技术还可以有效地监测内陆水体及其水质参数的"意外"收获,NASA 于 1978 年专门发射了海岸带水色扫描仪(CZCS),是第一个用于专门尝试监测海洋水色的卫星传感器,其主要的目标是在可见光范围内测定有限波长的离水辐亮度,进而获取海水近表层的浮游植物色素浓度。它的基本假设是采用大气中的辐射传输模型将到达卫星传感器的总信号分离成大气和海洋组分,经过大气修正过的信号可以采用经验的算法获得浮游植物色素浓度。但是这种浮游植物色素浓度的反演方法并不适用于海岸带及其他光学特性复杂的二类水体(包括内陆河湖),因此其定量反演的数据只适用于大范围的开阔海域。

20 世纪 90 年代初,第二代水色传感器相继问世,如 1997 年 8 月 NASA 发射的海视宽视角水色扫描仪(SeaWiFS)。它的主要任务是提供定量的全球海洋生物光学特性,即通过水色的微小变化识别海洋浮游植物或微型海洋植物的种类和含量。此外,SeaWiFS 海洋水色数据还可以应用于海洋初级生产力和全球生物地球化学变化的研究。

1999 年美国地球观测计划发射的地球观测系统卫星 EOS-AM(TERRA)和 2002 年发射的 EOS-PM(AQUA)综合平台上的中分辨率成像光谱仪 MODIS 从可见光到热红外有 36 个波段,波长覆盖范围为 400 ~ 14 400 nm,其中 9 个波段用于水色遥感,其他用于陆地或大气遥感。从 SeaWiFS 到 MODIS 的海洋水色数据显著地增进了我们对全球海洋水色的理解。然而,这些卫星系列还存在一些限制,这些限制在研究近岸水体环境中变得更加突出。特别是中低空间分辨率很难达到小区域沿岸水体的观测要求;其他的限制因素还包括大气校正和生物光学算法,还没有一种将沿岸海洋观测转化为有意义的、持续的、可精确反演的水质参数的算法;另外传感器的校正也对水体水质监测提出了很大的挑战,要从沿岸水体中提取有用的信息要求非常精确的测量。美国 2000 年发射的 Hyperion 高光谱传感器,从可见光到短波红外(356 ~ 2 577 nm),拥有 220 个波段,而且空间分辨率为30 m,具有较高的研究价值,但其缺陷是幅宽较小,一景数据很难覆盖研究区。2002 年 3 月欧空局成功发射环境卫星 ENVISAT,并于 2003 年 5 月正式投入运行。其上携带的中分辨率成像光谱仪 MERIS 拥有 15 个波段进行海洋水色探测,空间分辨率是

300 m。其空间分辨率和光谱分辨率高于 MODIS、低于 Hyperion 高光谱传感器。因此，MERIS 被认为是迄今为止波段设置最好的水色成像光谱仪。

目前，围绕水质遥感理论、方法及应用等领域知识的中文专著相对较少。本书从水质遥感的基本原理出发，有机整合水体的光学特性和遥感数据处理方法，结合具体实例，不仅系统地介绍了光学遥感在水环境监测中的具体应用，而且还简单地介绍了光学遥感数据与微波遥感数据复合在芬兰湾的应用。在编写过程中，结合目前水质遥感研究的最新进展，增加了激光雷达和微波遥感数据的处理方法及应用，基本涵盖了水质遥感应用的各个方面，同时注重理论与实际应用相结合，便于读者掌握理论知识并开展实际应用研究。

全书共 8 章，第 1 章是水质遥感概述及其基本概念的介绍，这些概念和原理是理解和掌握水质遥感理论和数据处理方法的基础，由王宇飞和张渊智撰写；第 2 章主要描述水质遥感的发展历程、研究现状，以及目前所面临的一些瓶颈问题，由刘汾汾和陈楚群撰写；第 3 章从光学遥感辐射基础出发，详述了水质遥感的基本原理及其光学特性的物理意义，由丘仲峰和李玉霞撰写；第 4 章主要介绍水质遥感大气校正方法及其研究意义，由陈克海和陈楚群撰写；第 5 章重点论述水质遥感光学数据处理方法及应用，由段洪涛和徐京萍撰写；第 6 章论述激光雷达和微波遥感应用，由席红艳和张渊智撰写；第 7 章主要介绍一些内陆水体及海岸水质遥感监测的应用实例，由刘汾汾、陈楚群、席红艳、段洪涛、马万东和张渊智撰写；第 8 章简述了未来水质遥感的发展趋势及研究重点，由王宇飞和张渊智撰写。

本书部分成果是作者在香港研究署基金（RGC）、香港创新署基金（ITF）、国家自然科学基金、中国科学院南京地理与湖泊研究所湖泊与环境国家重点实验室开放基金、中国科学院生态环境研究中心城市与区域生态国家重点实验室开放基金和香港中文大学研究基金（DG）等项目共同资助下完成的，作者谨向有关单位和部门表示感谢。

香港中文大学太空与地球信息科学研究所圆玄卫星遥感研究中心卫星地面接收站具备欧洲资源卫星 ENVISAT ASAR 数据接收能力，对该研究所在作者开展 SAR 相关研究和本书写作过程中给予的支持表示感谢。

感谢香港中文大学太空与地球信息科学研究所所长林珲教授对作者的关怀和指导。作为国际华人地理信息科学协会（CPGIS）创会会长和香港中文大学地球信息重点学科的带头人，林珲教授一直鼓励作者在此领域再接再厉，并欣然为本书作序。

由于编者水平有限，书中难免出现错误与不当之处，欢迎读者指正。

张渊智

2010 年 10 月

目　　录

第1章 概 述

1.1 水质遥感的基本概念

水是自然环境中最重要的因子之一,水的质量直接关系到人类以及自然环境的生存与发展。全球范围水质的普遍下降,已经引起各国政府和科学家们的广泛关注。

水质是指水和其中包含的各类杂质共同表现出的综合特性,是关于水体物理、化学、热量和生物特性的描述(刘灿德和何报寅,2005)。描述水质量的参数就是水质指标,通常用水中杂质的种类、成分和数量来表示(杨一鹏等,2004)。

传统的水质监测方法是采用实地采样和实验室分析等手段,这种方法在精度上有一定的准确性,但是只能了解监测断面上的表面水质状况,只具有局部和典型的代表意义(张渊智等,2000),并不能反映整个水体生态环境的总体时空变化,且费时、费力、成本高。更为重要的是传统监测方法不能实现实时监测。

遥感是从20世纪60年代开始发展起来的一门科学,是一种通过量测从陆地表面获取的电磁辐射而推断地表参数的过程(Thomas 等, 2002),而水质遥感监测是利用遥感手段,通过研究水体反射光谱特征与水质指标浓度之间的关系,建立水质指标反演算法(疏小舟等,2000)。遥感技术具有快速、宏观、动态等显著特点,既可以用来进行大范围的水质监测活动,也可以动态跟踪水体污染事件的发生和发展过程(张博等,2007),具有不可替代的优点(尹改等,1999)。

1.2 水质遥感的机理

地物的波谱特性反映地物本身的属性和状态,不同的地物,波谱特性不同。水体的光谱特征是由其中的各种光学活性物质对光辐射的吸收和散射性质决定的。遥感获取水质参数的方法是通过分析水体吸收和散射太阳辐射能形成的光谱特征实现的(Koponen 和 Pulliainen, 2002)。

水的光谱特征主要是由水体本身的物质组成决定的,同时受到水状态的影响(赵英时,2003)。太阳辐射穿过大气时部分能量在传输过程中由于大气散射未到达水气界面,这部分光直接被传感器接收;其余的辐射到达水气界面后,一部分能量通过水表面的方向反射进入传感器,另一部分折射进入水体内部,水面下的物质对这些能量进行有选择性地吸收和散射。水体中影响光强度及光谱分布的主要物质大致有悬浮物、浮游植物和黄色物质。除了悬浮物对光基本不发生吸收外,浮游植物和黄色物质都会吸收一定波长范围的光,同时,它们会对光产生散射作用,这些后向散射光与水底反射光一起返回到水面,透过水气界面回到大气中,被传感器接收,这部分辐射能量包含了水体组分的信息。

水体中组分含量的差别会造成一定波长范围反射率的显著不同,水中含泥沙时,由于泥沙的散射,可见光波段反射率会增加,峰值出现在黄红区(梅安新等,2003)。水中含叶绿素时,近红外波段则会明显抬升。通过遥感手段来监测水质,就是依靠监测光谱信号的改变,再通过经验或分析模型把这些光谱的变化与水质参数联系起来(刘灿德和何报寅,2005),从本质上说,水质的遥感监测是一个参数估计的问题(喻欢和林波,2007)。

1.3 水质遥感监测的主要指标

随着遥感技术的不断发展和对水质参数光谱特征及算法研究的不断深入,遥感监测水质逐渐从定性发展到定量,并且通过遥感可监测的水质参数种类逐渐增加(周艺等,2004)。水体的光谱特征受很多水质组分的影响,其中起重要作用或与光谱成明显相关关系的水质指标是浮游植物、悬浮物和黄色物质。

(1) 浮游植物

主要是各种藻类。水中叶绿素浓度是浮游植物分布的指标,是衡量水体初级生产力(水生植物的生物量)和富营养化程度的最基本的因素,也是影响水体的光谱响应曲线的一个重要指标(王桥等,2005)。遥感监测叶绿素a具有监测范围广、速度快、成本低和便于长期监测等优势(李素菊等,2002)。

(2) 悬浮物

由浮游植物死亡而产生的有机碎屑以及陆生或湖体底泥经再悬浮而产生的无机悬浮颗粒,总称为非色素悬浮物(周艺等,2004)。水体中悬浮物浓度是重要的水质参数,其含量直接影响水体透明度、浑浊度、水色等光学性质。悬浮物是最先被遥感估测的水质参数,悬浮物浓度、悬浮物颗粒大小和组成是影响光谱反射的主要因素(Kritikos 等, 1974)。

(3) 黄色物质

由黄腐酸、腐殖酸等组成的溶解性有机物(Gitelson 等, 1993)。黄色物质对光谱有很大的影响,且影响生物化学过程。对黄色物质的研究始于20世纪30年代,最初的研究主要是针对黄色物质的组成成分;到了20世纪70年代,才开始对黄色物质的光学特性进行研究。黄色物质的光学特性研究很重要的一个方面是应用于海洋水色的调查。

目前,可通过遥感预测的水质参数种类包括悬浮颗粒物、水体透明度、叶绿素a浓度以及溶解性有机物、水中入射与出射光的垂直衰减系数,以及一些综合污染指标如营养状态指数等(李素菊和王学军,2002)。总的来看,在利用遥感技术监测水质指标的研究和应用中,比较成熟的是对水体中悬浮物和叶绿素 a 浓度的提取。水质遥感可监测的水质指标除了以上的浮游植物、悬浮物和黄色物质外,其他的水质指标也有相应的研究,如溶解性有机碳(DOC)、水温、透明度、溶解氧(DO)、化学需氧量(COD)、五日生化需氧量(BOD_5)、总磷(TP)、总氮(TN)等。但这些指标难以从光谱特征中直接得到,一般是利用不同物质之间的相关关系进行遥感分析, 间接地求出这些物质的含量。

1.4 水质遥感的主要方法

遥感的本质是反演。采用遥感手段进行水质监测,传感器收集大量水体信息后,还需要对各种信息进行处理,得到其与水质参数之间的关系。传统的遥感水质反演方法主要有经验方法、半经验方法和物理分析方法。

(1) 经验方法

经验方法通过建立遥感数据与地面监测的水质参数值之间的统计关系来外推水质参数值。经验模型是一种简单、易用的模型,但是它的缺点也是显而易见的:一方面,经验模型受到地区和时间的限制,没有通用性;另一方面,需要有大量的实时水质采样数据作为基础,才能保证经验模型的可信度。

(2) 半经验方法

半经验方法是用统计方法对已知的水质光谱曲线进行分析,选择最佳的波段或波段组合作为自变量,以水质参数为因变量,估算水质,它是目前最普遍,研究最多的方法(李婉晖,2009)。

经验方法和半经验方法的关键部分都是对遥感数据进行统计分析来估测水质参数的数值。常用的统计方法有多元线性回归、对数转换线性回归、聚类分析、多项式回归、贝叶斯分析、灰色系统理论和主成分分析等。

(3) 物理分析方法

物理分析方法的基础是根据水中光场的理论模型来确定吸收系数与后向散射系数之比与表面反射率的关系,确定了这种关系后,就可以由遥感获取的反射率值计算水中实际吸收系数、后向散射系数,由此得到水体组分的含量。这种方法的优点是有明确的物理意义,水质参数反演结果可靠,且不受时间和地域限制,适用性强(杨一鹏等,2004)。

1.5 水质遥感监测的常用数据

1.5.1 卫星遥感数据

水质遥感监测常用的卫星遥感数据包括美国 LANDSAT 卫星的 MSS/ TM/ ETM+ 数

据、法国SPOT卫星的HRV数据、印度遥感IRS系统的LISS数据和气象卫星NOAA的AVHRR数据等。另外,高分辨率商业卫星的成功发射,也为我们进行水质监测提供了更高分辨率的遥感数据,例如,IKONOS和QuickBird数据的空间分辨率分别达到了1 m和0.61 m。

LANDSAT卫星的MSS数据最先被应用于遥感水质监测。Lathrop等(1991)和Kloiber等(2002)的研究表明内陆水体中的叶绿素a浓度、悬浮物浓度可以通过MSS数据监测。但是由于波段太宽,MSS数据不能用于监测悬浮物含量很高的湖泊、水库中的叶绿素a浓度。由于具备较高的空间、光谱分辨率,TM数据已成为目前水质遥感监测中使用最广泛的多光谱遥感数据。国内外学者利用TM数据开展了大量的研究,在对叶绿素a浓度、悬浮物浓度、透明度的估测方面均取得了比较理想的结果。

搭载在Terra和Aqua上的MODIS(中分辨率成像分光计)具有36个波段,其中8~16波段对浮游植物和水色敏感。MODIS数据具有全球免费获取、光谱分辨率高、观测周期短等优势,在水质监测研究中正受到越来越多的重视。

1.5.2 航空遥感数据

利用航空遥感平台上高光谱分辨率的光谱仪是解决卫星遥感光谱分辨率低的一个途径(齐峰和王学军,1999)。高光谱成像光谱仪是新一代传感器,能够获取大量窄波段连续光谱图像数据,能够分辨出具有诊断性光谱特征的地表物质。

20世纪80年代以来,航空用的高光谱分辨率传感器得到了很大的发展。美国的AVIRIS数据和加拿大的CASI数据最为常用,芬兰的AISA数据、德国的ROSIS数据以及中国的CIS成像光谱数据也已经用于内陆水质遥感研究。航空遥感虽然具有较高的光谱分辨率,但其遥感覆盖范围小,监测成本高于卫星遥感。

参 考 文 献

Gitelson A, Garbuzov G, Szilagyi F, *et al.* Quantitative remote sensing methods for real-time monitoring of inland waters quality [J]. International Journal of Remote Sensing, 1993, 14(7): 1269-1295.

Kloiber S, Brezonik P, Olmanson L, *et al.* A procedure for regional lake water clarity assessment using Landsat multispectral data [J]. Remote Sensing of Environment, 2002, 82: 38-47.

Koponen S, Pulliainen J. Lake water quality classification with airborne hyperspectral spectrometer and simulated MERIS data [J]. Remote Sensing of Environment, 2002, 79: 51-591.

Kritikos H, Yorinks L, Smith H. Suspended solids analysis using ERTS-A data [J]. Remote Sensing of Environment, 1974, 3: 69-80.

Lathrop R, Lillesand T, Yandell B. Testing the utility of simple multi-date Thematic Mapper calibration algorithms for monitoring turbid inland waters [J]. International Journal of Remote Sensing, 1991, 10: 2045-2063.

Thomas J S, William P K, Jerry C R, *et al.* Remote sensing in hydrology [J]. Advances in Water Resources, 2002, 25: 1367-1385.

李素菊，王学军. 内陆水体水质参数光谱特征与定量遥感[J]. 地理学与国土研究，2002，5(2)：26-30.

李素菊，吴倩，王学军，等. 巢湖浮游植物叶绿素含量与反射光谱特征的关系[J]. 湖泊科学，2002，14(3)：228-234.

李婉晖. 水质遥感方法及其应用[J]. 能源与环境，2009，5：62-64.

刘灿德，何报寅. 水质遥感监测研究进展[J]. 世界科技研究与发展，2005，27(5)：40-44.

梅安新，彭望琭，秦其明，等. 遥感导论[M]. 北京：高等教育出版社，2003.

齐峰，王学军. 内陆水体水质监测与评价中的遥感应用[J]. 环境科学进展，1999，7(3)：90-99.

疏小舟，尹球，匡定波. 内陆水体藻类叶绿素浓度与反射光谱特征的关系[J]. 遥感学报，2000，4(1)：41-45.

王桥，杨一鹏，黄家柱. 环境遥感[M]. 北京：科学出版社，2005.

杨一鹏，王桥，王文杰，等. 水质遥感监测技术研究进展[J]. 地理与地理信息科学，2004，20(6)：6-12.

尹改，王桥，郑丙辉，等. 国家环保总局对中国资源卫星的需求与分析(上)[J]. 中国航天，1999(9)：3-7.

喻欢，林波. 遥感技术在湖泊水质监测中的应用[J]. 环境科学与管理，2007，32(7)：152-155.

张博，张柏，洪梅，等. 湖泊水质遥感研究进展[J]. 水科学进展，2007，18(2)：301-310.

张渊智，聂跃平，蔺启忠，等. 表面水质遥感监测研究[J]. 遥感技术与应用，2000，15(4)：214-219.

赵英时. 遥感应用分析原理与方法[M]. 北京：科学出版社，2003.

周艺，周伟奇，王世新，等. 遥感技术在内陆水体水质监测中的应用[J]. 水科学进展，2004，15(3)：312-317.

第 2 章　水质遥感的历史与现状

2.1　水质遥感监测的目的及意义

遥感即“遥远的感知”，在不直接接触物体的情况下获取其信息。“遥远”的物体或目标反射或者发射出来的能量被探测和测量，通过探测的能量对目标种类、本质和空间分布进行辨别和分类。遥感能够大范围地进行检测；传感器可以探测人类可见光范围以外的波长的能量，例如，紫外线、红外线或者微波；同时在不破坏和干扰自然条件的情况下观测特定的环境组分及过程。利用遥感技术监测水环境质量主要是利用遥感卫星接收到的有别于清洁水体的污染水体的特有的光谱特征。这些光谱特征表现在某一特定波长的异于清洁水体光谱特征的吸收和反射。

2.1.1　水质遥感监测的目的

由于海岸带人口密度大和资源过度利用，海岸带水体环境和水生生态系统承受着巨大的压力。一方面，水体环境恶化导致人类淡水资源进一步短缺，以及各种由于饮水导致的疾病的频繁出现。2007 年 10 月 25 日联合国环境规划署发布的《全球环境展望四》指出，污染水源是人类致病、致死的最大原因之一。世界卫生组织调查显示，全世界 80% 的疾病是由饮用被污染的水造成的，全世界 50% 的儿童的死亡是由于饮用了被污染的水。目前发现的由于饮用水不符合卫生要求而导致的疾病有 50 多种，其中包括癌症、结石、心脑血管疾病等。我国目前七大水系不适合作为饮用水源的河段已经接近 40%，工业较发达、污染较突出的城市中 90% 的河段不适合作饮用水源。另一方面，水环境恶化危害水生生物及生态系统。历史上四大环境污染事件之一的“水俣病”事件发生在 1953—1956 年，由于日本氮肥公司排放的废水中含有大量的甲基汞，甲基汞随废水被排放到水俣湾的海水中，居民吃了含有这种毒素的鱼虾，导致大脑和神经系统受到损伤。据 1972 年日本环境厅统计，水俣地区的患者有 180 多人，其中 50 多人死亡。而实际上，受害居民高达1万人。2009年7月20日惊现日本海的名为Nomura的巨型水母，据推测，这可能是由于人类过度捕捞、污染，以及海水水温持续上升等因素造成的。从土壤侵蚀到人类活动导致的水体富营养化作用也使水体生态发生了显著的变化，各点源、面源的营养物质大量涌入水体，水生生物栖息地发生改变，盐度异常的频率和范围增加，持续过度捕捞，许多水体氧含量极低（Hu 等, 2004）。水体生态特征发生改变主要表现在有毒藻类疯长、浮游植物丰度增加、水体透明度和水质显著降低、海草床退化，以及重金属高度富集的贝类对人体的影响（Hu 等, 2004）。

世界上大多数纯水系统的水质正在持续地降低。许多河口毗邻迅速发展的城市区域或者农业活动区或者处于接收内陆源排放的泥沙、营养物质和其他排放物质的下游。理解这些污染怎样对河口生态功能的影响及各种自然和人为因素怎样影响水环境是非常重要的。同时为了加大饮用水标准措施的实施力度，防止水环境对水生生物的影响，大范围、实时有效的水环境质量监测迫在眉睫。

为了预防污染，减少经济损失，确保我们的后代能够使用未受破坏的资源，对水体的监测的实施和适当的管理是非常重要的（Zilioli, 1997）。传统的定点采样的方法一方面在空间上难以得到大范围的异质的水质参数，另一方面，在时间上很难得到水质的时间变化。然而，很难实地监测所有的河口和海区，卫星遥感技术使之成为可能（Hu 等, 2004）。遥感获得的空间图像可以用于各种水质相关的应用，包括水质评价、预测模型、各种重要环境过程的监测（土地覆盖变化、富营养化、藻华、赤潮等）。遥感技术正好弥补了传统水质监测的缺陷，以其实时、高效、持久、数据量大、观测范围广的优点在水质监测中发挥了重要作用。

2.1.2 水质遥感监测的意义

水体水质的遥感监测突破了船舶或浮标的定点观测，遥感从一个新的视角、大尺度、动态地观测水体水质分布及变化。水质遥感可以实现大范围的赤潮监测（潘德炉, 2001）。叶绿素是水体中重要的组成成分，叶绿素主要存在于水体浮游植物中，浮游植物的大量繁殖是水体富营养化的主要表现形式（韩菲,2003），而富营养化又是赤潮发生的物质基础。当赤潮发生时，有些赤潮生物可以分泌有害物质，危害水体生态环境；有些赤潮生物含有毒素，鱼类、贝类等食用后在体内累积，这些鱼类、贝类被人类食用后可造成中毒甚至死亡；有些赤潮藻类虽然无毒，但是由于吸收水体中大量的氧气，造成水体缺氧，危害水质和水生生物。所以赤潮的监测和预防对水质、水生生物以及人类都具有非常重要的意义（张朝贤,2000）。水质遥感反演可以从空间快速获取大量的海面水质的信息，为赤潮预报和监测提供重要的研究手段（杨肖琪和林敏基,1997）。

水质遥感也可用于海洋初级生产力研究。海洋初级生产力是指光合自养生物在单位时间、单位空间将无机物转化为有机物的能力或速率，它是海洋生态系统极为重要的过程之一，它是描述海洋生态系统及其环境特征的重要参数，对海洋生物地球化学循环及全球变化具有重要意义（李国胜和邵宇宾,1998）。水质中的重要参数之一浮游植物生物量本身是影响海洋初级生产力的一个重要因素。水域中生物量的含量通常用叶绿素含量作为指标。海洋中初级生产力的变化主要与叶绿素的种类、数量及分布有关，所以海洋的叶绿素浓度是海洋初级生产力反演的最基本的因子之一，是海洋初级生产力研究的基础。叶绿素浓度反演的精确程度直接影响海洋初级生产力的反演（O' Reilly, 1998；Tang, 2008；赵冬至, 2005）。

水质遥感在海洋-大气系统循环研究中具有重要意义。随着人类向环境中排放的二氧化碳含量的增加，海洋作为二氧化碳的一个巨大的汇，它通过与陆地生物圈的碳循环过程以及对二氧化碳的净吸收对气候系统的调节作用日益成为人们关注的热点问题。二氧化碳在海水与大气间的分压差是二氧化碳在海洋表面和大气之间交换的一个重要控制因子，该过程主要通过两种机制，一种机制是热力学平衡，促使大气中二氧化碳增加，一般情况下，水温与水体中二氧化碳分压成正相关。另一种机制是浮游植物对溶解碳的固化作用，植物光合作用是控制分压差大小的重要因素之一（严国安和刘永定，2001），所以海水温度和叶绿素浓度的分布不同，分压差有差别，海气交换也会存在着差别（张发兵，2004；赵书河和冯学智，2001）。海水中的黄色物质是陆地生物或海洋生物降解的产物，是碳循环中的一个环节，是碳存在的形式之一。黄色物质虽然比较稳定，但是在吸收太阳光辐射后会发生光化学反应（光白化），使黄色物质的结构遭到破坏，发色团的吸光性和荧光性减弱或消失，由溶解有机碳变为溶解无机碳。黄色物质这一过程是海洋溶解有机碳的汇。另外下层海水中的溶解有机碳在细菌的作用下形成甲烷，其在上覆海水的高压作用下与水分子结合形成天然气水合物，它成为碳循环中碳的另一种存在形式。同时为了分析海气之间碳循环的特征，大量学者开始建立适于遥感应用的辐射传输模型，而在海洋水体的辐射传输模式中需要诸如海温、叶绿素、有色溶解有机物等的海洋环境因子，这些水体环境因子的遥感反演是海气传输过程中的一个重要的考虑因素（Allee, 1999；Arenz 等, 1996；Doerffer, 1994；Tassan, 1994）。

水质遥感在海流研究中具有重要意义。水体中的各水色要素以及物理要素的时空分布特征与流场、海温和风场等变化有密切关系。海流和水团的特性及其分布决定了这些物理化学要素的分布情况，所以水质参数的分布特征在一定程度上能够体现海流和水团的特性（邹斌, 2005）。基于卫星遥感技术探测可以获得大范围水质参数的分布数据，很多研究者根据水质参数的分布数据来分析其与当地的流场的关系（Chen 等, 2007；Chen 等, 2003a；Chen 等, 2003b；Wang 等, 2004）。

水质遥感在海洋渔业管理中具有重要意义。基于卫星遥感获得的数据定量分析的叶绿素、海温、营养盐等资料，结合海流可以用于指导渔业生产，促进渔业研究。例如，研究表明西非南部海域沙丁鱼群往往栖息在浮游生物中等密集的区域；另外有研究表明浮游植物的分布特征是海洋锋面季节性变化的较理想的指示器，而海洋锋面移动与鱼类活动有关联（杨文波等，2005）。利用遥感技术监测海洋叶绿素分布状况、洋流、温度场分布，结合地理信息系统可以形成海水养殖的决策系统（黄其泉和王立华，2002）。同时，卫星遥感技术获取的海水叶绿素、海面高度和海流信息等也迅速运用于商业捕捞中，帮助渔民减少寻鱼时间，节约燃料，提高捕捞效率（O'Reilly, 1998; Tang, 2003）。

水体的能见度降低，影响水深的遥感反演。水体中光照强度降低，水体中生物的光合作用速率发生变化。同时水体光场的变化也会改变水体中生物的生存环境。

悬浮泥沙的扩散和沉降过程影响港口、航道水深的维护，对河口地区的生态环境、地貌变化、海岸工程和港口建设都有着非常重要的作用。悬浮泥沙是分析底质冲淤变化、河流入海物质通量、海洋沉积速率和海洋环境的重要参数。河流入海泥沙量的剧烈变化往往引起海岸线及潮滩的明显变化。悬浮泥沙表面附着的重金属通过絮凝、溶解、吸附和解吸附等作用与水体作用，影响水体的重金属含量。

近岸海水中的黄色物质主要是陆地土壤的腐殖质类有机物经过雨水冲刷淋滤被河流携带入海的。通过对陆源黄色物质的监测，分析黄色物质吸收系数与溶解有机碳浓度之间的关系，可以利用黄色物质吸收系数估算河流入海的溶解有机碳通量，进而分析近海海洋生态系统碳的源汇过程及海陆相互作用过程。

2.2 水质遥感的研究新进展

2.2.1 遥感及遥感技术的新进展

(1) 遥感技术的起源

当代的遥感技术可追溯到约150年前摄像机的发明。19世纪40年代，为了绘制地形图，系留气球携带着摄像机拍下了一组地球表面的照片。自此人们开始考虑通过照相技术观察地球表面。第一次世界大战中机载的摄像机提供了大范围的鸟瞰图，这些图在军事侦察中具有不可估量的价值。自此开始直到20世纪60年代，航空摄影一直是描述地表的有力工具。

卫星遥感技术真正开始于采用几种类型的传感器从航天飞船上获得表面地物信息。1946年，德国的V-2火箭从新墨西哥州白沙发射，该火箭虽然没有到达预定轨道，但是在其升空的过程中拍摄了大量的图片。其后，随着20世纪60年代空间项目的出现，宇航员可以透过太空飞船的窗口拍摄一些图片。

20世纪50年代，美国海军研究办公室的Evelyn Pruitt第一次采用“遥感”一词，一直沿用到现在，它表示不直接接触目标而观测地物。20世纪50年代早期，以Duntley为首的学术组在海洋光学的测量仪器、水体基本光学特性的测量、海洋光学理论体系、水色遥感理论和方法与现场测量的结合等方面都作出了重要的贡献。随后法国和苏联等也作出了大量工作。1957年10月苏联发射了人类第一颗人造卫星“伴侣号”，得到的海洋照片激起了科学家们从空间对海洋进行研究的兴趣。真正体现水色变化的图片是20世纪60年代从载人航天器双子星和太阳神上拍摄的彩色图片，自此，科学家们开始研究利用航天器进行水体环境监测。20世纪60年代后期到70年代中期，科学家们采用机载光谱仪在305 m高度对水体中的叶绿素进行监测，监测范围从0.1 $mg \cdot m^{-3}$到3 $mg \cdot m^{-3}$。

（2）海洋遥感技术的新进展

美国国家航空航天局（National Aeronautics and Space Administration, NASA）于 1978 年发射的海岸带水色扫描仪（coastal zone color scanner, CZCS）是第一个用于监测海洋水色的卫星传感器，其主要的目标是在可见光范围内测定有限波长的离水辐亮度，进而获取海水近表层的浮游植物色素浓度。采用的常规算法基于以下假设：可以采用大气中的辐射传输模型将到达卫星传感器的总信号分离成大气和海洋组分。经过大气修正过的信号可以采用经验的算法获得浮游植物色素浓度。尽管卫星传感器的名字是海岸带水色扫描仪，可是此浮游植物色素浓度的反演方法并不适用于海岸带和其他光学复杂的水体。在这类水体中，其他光学物质的存在可能掩盖或者改变了浮游植物的光学信号。因此定量反演的数据主要应用于大范围的开阔海域。

基于 CZCS 的缺陷，研究者对不同高度飞行平台的观测和理论进行研究，同时对水体中的物质的光学特性以及它们对海洋水色的影响的理解，认为有条件从水色数据中获取除了浮游植物以外的水体物质的信息，甚至在理想条件下可以分辨不同浮游植物的种类。这就要求传感器具有更合理的光谱分辨率、更精确的校准以及比 CZCS 更高的信噪比。20 世纪 90 年代初，NASA 以及世界范围的海洋遥感工作者开始筹划高性能的第二代水色遥感器，具有代表性的是 1997 年 8 月 NASA 发射的海视宽视角水色扫描仪（SeaWiFS）。SeaWiFS 的任务是为地球科学工作者提供定量的全球海洋生物光学特性数据。通过水色的微小变化识别海洋浮游植物或微型海洋植物的种类和含量。同时 SeaWiFS 的海洋水色数据应用于海洋初级生产力和全球生物地球化学变化的研究。

1999 年美国地球观测计划发射的地球观测系统卫星 EOS-AM（Terra）和 2002 年发射的 EOS-PM（Aqua）综合平台上的中分辨率成像光谱仪（MODIS）从可见光到热红外有 36 个波段，波长覆盖范围为 400 ~ 14 400 nm，其中 9 个波段用于水色遥感，其他用于陆地或大气遥感。MODIS 设置了荧光波段，是第一个进行全球太阳激发荧光测量的卫星传感器。太阳激发荧光提供了除蓝绿比值以外的另一个叶绿素浓度反演方法，同时也提供了新的浮游植物生长状态信息和生产力信息。MODIS 的 442 ~ 547 nm 波段的遥感反射比可以用于蓝绿比值或其他基于叶绿素吸收特征的算法计算叶绿素浓度，波段 665.5 nm、677.6 nm、746.4 nm 处的遥感反射比可以用于计算叶绿素发射出来的荧光。MODIS Terra 上午星从 1999 年运行至今，Aqua 下午星从 2002 年运行至今。MODIS 是美国国家极轨业务环境卫星系统计划（NPOESS）新系列美国极轨气象卫星——可视红外成像辐射计套件（VIIRS）的蓝本（Hu 等，2004）。

在过去的 30 多年间，提供海洋和毗邻陆地区域的环境参数的机载卫星迅速发展。许多学术研究小组都成功地证明了卫星传感器有能力阐述水体中各种生态过程的变化（Hu 等，2004）。

从 SeaWiFS 到 MODIS 的海洋水色数据显著地增进了我们对全球海洋的理解。然而，还存在一些限制，这些限制在研究近岸水体环境中变得更加突出。1 000 m 的空间分辨率很难达到小区域沿岸水体的观测要求；其他的限制因素还包括大气校正和生物光学算法，还没有一种将沿岸海洋观测转化为有意义的、持续的、可精确反演的水质参数的算法；另外传感器的校正也对水体水质监测提出了很大的挑战，要从沿岸水体中提取有用的信息要求非常精确的测量（Hu 等，2004）。

欧洲环境卫星 ENVISAT 于 2002 年 3 月由欧空局发射升空，2003 年 5 月正式投入运行。其上携带的中分辨率成像光谱仪 MERIS 携带 15 个波段进行海洋水色探测，空间分辨率是 300 m。其空间分辨率和光谱分辨率高于 MODIS 低于 Hyperion。MERIS 被认为是迄今为止波段设置最好的水色成像光谱仪。MERIS 在叶绿素荧光发射波段设置了四个通道，在计算荧光基线高度时，可以根据荧光峰的位置选择相对合适的波段。MERIS 的 412.5 nm 波段用于黄色物质的测定，510 nm 和 620 nm 波段作为悬浮泥沙反演的通道。

（3）高光谱遥感技术的新进展

20 世纪 70 年代末 80 年代初，在研究各种地物光谱特征的基础上，人们发现窄波段连续的地物光谱图像可能实现地物的直接识别。1983 年美国喷气推进实验室研制出第一台航空成像光谱仪（AIS-1），它是以推扫式二维面阵列成像，作为第一代航空成像光谱仪，其光谱分辨率为 9.3 nm，该高光谱分辨率传感器的出现正式标志高光谱遥感的出现。1987 年第二代高光谱仪问世，即 NASA 研制的航空可见光/红外成像光谱仪（AVIRIS），它以扫描式阵列成像，其光谱分辨率为 10 nm。Gastiil 对 AVIRIS 图像采用波段比值法得到叶绿素浓度分布，其准确率达到 70%（崔廷伟等，2003）。许多国家也先后研制了多种类型的航空成像光谱仪，如加拿大的 FLI、CASI，德国的 ROSIS，澳大利亚的 HyMap 等。

20 世纪 90 年代末期迎来了高光谱航天遥感的发展。号称新千年第一星的 EO-1 卫星是 NASA 为了改进观测质量而设计的第一个地球观测平台，Hyperion 成像光谱仪（Hyperion Imaging Spectrometer）是第一个成功观测地球的高空间分辨率的成像光谱仪。EO-1 的轨道几乎与 Lanksat-7 和 Terra 平台同步。Hyperion 在 2000 年 11 月成功发射。Hyperion 包含 220 个光谱波段（400 ~ 2 500 nm），光谱分辨率在 10 nm 左右，其空间分辨率为 30 m。虽然 Hyperion 主要面向陆地应用，但是 Hyperion 有足够的灵敏度探测包含叶绿素、黄色物质和悬浮泥沙的复杂水体的水质参数。

CHRIS 是欧空局 2001 年 10 月 22 日成功发射的 PROBA 卫星上搭载的高光谱传感器。它在可见光到近红外波段（400 ~ 1 050 nm）范围最多可以获取 62 个波段。其目的是为了更好地理解地表方向性发射特性，主要适用于小区域的科学和应用任务。

我国的高光谱成像技术开始于 20 世纪 80 年代初期，经历了从多波段到成像光谱，从机械扫描到面阵推扫的发展过程。80 年代末期，我国自行研制的成像光谱仪 PHI 和实用型模块化成像光谱仪 OMIS 等在国内外得到广泛应用。PHI 成像光谱仪在可见光到近红外波段有 244 个波段，光谱分辨率高于 5 nm，1 000 m 航高时地面分辨率为 1 m。机载成像光谱仪 PHI 基本上能够满足海洋航空高光谱遥感的需求，但是存在光谱定位不精确、数据记录量小的特点（马毅等，2002）。OMIS-1 具有 128 个波段，可见光到近红外光谱区（460 ~ 1 100 nm）有 32 个波段，在短波红外区（1 060 ~ 1 700 nm 及 2 000 ~ 2 500 nm）有

48 个波段,中红外区(3 000 ~ 5 000 nm)有 8 个波段,热红外区(8 000 ~ 12 500 nm)有 6 ~ 8 个波段。疏小舟等(2000)利用 OMIS 高光谱数据研究太湖的藻类叶绿素浓度与遥感反射比之间的关系,结果表明 OMIS 第 18 波段和第 21 波段,即中心波长分别为 669.6 nm 和 704.8 nm 的比值与叶绿素浓度有很好的相关性,OMIS 能够提高藻类叶绿素定量遥感的精度。

我国的航天成像光谱仪开始于 21 世纪初,2002 年 3 月,我国载人航天计划发射的"神舟三号"中,搭载了我国自行研制的中分辨率成像光谱仪。光谱范围在 400 ~ 1 250 nm之间具有 34 个波段。2007 年 10 月 24 日,我国发射的"嫦娥-1"探月卫星上面搭载的成像光谱仪是我国第一台基于傅立叶变换的航天干涉成像光谱仪。2008 年 9 月 6 日,环境与灾害监测预报小卫星星座 A、B 星成功发射,其上搭载了一台工作在可见光到近红外光谱区(450 ~ 950 nm),具有 128 个波段,光谱分辨率高于 5 nm 的高光谱成像光谱仪,它能以较低成本获取环境和灾害信息,提高我国环境监测和灾害评估总体能力和水平。2008 年 5 月 27 日发射的我国首颗新一代极轨气象卫星风云三号上携带的中分辨率成像光谱仪 MERSI 的波段设置与 MERIS 十分相似,可能成为海洋水色监测的一个有效的观测数据源。我国的高光谱成像技术正在一步一步走向成熟。

(4) 陆地卫星技术的新进展

20 世纪 60 年代初期,美国为了利用空间技术勘查地球的资源制定了"地球资源勘察"计划,1972 年 7 月 23 日发射了 Landsat 1(ETRS-1),该卫星是第一个对地观测卫星,旨在陆地的监测和研究。Landsat 1 携带了两个仪器,一个是美国无线电公司(RCA)制造的反束光导管摄像机(RBV),采用滤光器产生蓝绿、黄红、红和红外的多光谱图像;另一个是通用公司设计的多光谱扫描仪(MSS),从可见绿光到近红外有四个光谱波段。虽然该卫星主要侧重于陆地监测,但是有些海洋学家们用它研究和监测水资源。1975 年 1 月 22 日发射了 Landsat 2, 它携带了与 Landsat 1 相同的传感器(RBV 和 MSS),RBV 用于工程评价,而 MSS 主要用于系统的图像校正。运行了 7 年后,Landsat 2 于 1982 年 2 月停止使用。Landsat 3 发射于 1978 年 3 月 5 日,它携带了与之前的两个卫星相同的传感器,只是搭载在 Landsat 3 上的 RBV 的地面分辨率变为 30 m,采用了两个美国无线电公司的摄像机使从前分离的三个波段(绿、红、红外)改变为一个宽的连续的光谱波段(绿波段到近红外,505 ~ 750 nm)。Landsat 4 发射于 1982 年 7 月 16 日,它与前三个相比有显著的不同,Landsat 4 没有携带 RBV。除了 MSS 外,Landsat 4 携带了改进空间和时间分辨率的传感器,可以看到更宽的电磁波频谱和更详细的地物信息,也被称为专题制图仪(thematic mapper, TM),Landsat 4 TM 收集了蓝、绿、红,近红外、中红外(2 个波段)和热红外 7 个光谱波段的电磁波频谱数据。1984 年 3 月 1 日 NASA 发射的 Landsat 5, 它与 Landsat 4 是同时设计和制造的,携带了与 Landsat 4 相同的有效载荷(MSS 和专题制图仪 TM)。Landsat 5 和 Landsat 7 的具体参数参见表 2.1。其中 Landsat 6 发射失败,在此不再赘述。

一类水体叶绿素遥感反演的最常用的方法是蓝绿比值法(Gordon 和 Clark, 1980),该算法初始是用来处理和解译 CZCS 图像的。其后的 SeaWiFS 和 MODIS 卫星的叶绿素算法也都采用了蓝绿比值法。实践证明,此方法对一类水体非常有用。但是对于沿岸二类水体,由于地表径流以及人类活动的影响,蓝绿比值法存在较大误差(Garcia 等, 2006)。

在二类水体中,黄色物质和悬浮泥沙对叶绿素荧光波段的影响相对较小,人们开始研究采用叶绿素荧光来反演水体特别是复杂水体的叶绿素浓度。叶绿素荧光的发现最早在 1963 年,当时 Latimer 发现叶绿素光谱在 685 nm 处有一个波峰,他将这一现象解释为叶绿素的吸收会影响其临近波段光谱的色散,这种色散造成吸收波段在更长波段上的散射和后向散射的增强。Tyler 等(1970)在 San Vicente 水库的光谱测量中,发现 685 nm 处存在一个明显的波峰,但是他们当时并没有意识到那就是叶绿素荧光峰,而是采纳了 Latimer的解释。Gordon(1974)基于 Tyler 的研究,对这种解释也表示认可(Latimer, 1963; Tyler 和 Smith,1970)。Morel 等(1977)在分析不同浊度和色素浓度水体的水表面反射比曲线的过程中,提出 685 nm 处的上行光场能够被探测到,但是下行通量探测不到。下行衰减系数在 660 ~ 670 nm 处存在最大值,上行衰减系数在 685 nm 处出现了最小值。这说明 685nm 处是发射光,也就是说在 685 nm 处的峰很可能是荧光峰(Morel 和 Prieur, 1977)。Neville 等(1977)首次通过机载光谱仪来探测荧光,观测到的荧光基线高度与近表层叶绿素浓度成比例,这种机载观测的高度是 150 m,研究表明当观测高度达 1 200 m 时,荧光基线高度相对不明显。虽然当时观测到的最低叶绿素浓度为 2 mg · m^{-3},但是这种技术有可能探测到比这小许多的叶绿素浓度(Neville 和 Gower,1977)。由于 Morel 和 Neville 等把自然水体反射光谱上的 685 nm 的峰解释为荧光峰,这与 Gordon(1974)对 685 nm 的峰的解释相悖,Gordon(1979)建立了含有荧光项的辐射传输方程,并基于准单次散射的前提近似地求解了量子效率,结果表明观测到的 685 nm 处的峰完全是叶绿素荧光的影响,原来异常散射的解释是不正确的。

此后,许多研究者都进行了基于荧光的叶绿素算法的研究。Kiefer 等利用实测的叶绿素荧光分析荧光与叶绿素浓度的关系(Kiefer 和 Chamberlin,1989)。Fischer 等利用辐射传输方程研究太阳激发叶绿素荧光探测叶绿素的能力,研究表明在不同浓度悬浮泥沙和黄色物质的水体中,叶绿素的荧光都可以很好地反演叶绿素浓度(Fischer 和 Kronfeld, 1990)。Letelier 等结合荧光基线和荧光量子场分析叶绿素的反演算法同时对荧光基线高度的算法进行了敏感性分析,在晴朗的天空下,荧光法能够探测到的最低叶绿素浓度在 0.3 ~2 mg · m^{-3} 范围内(Letelier 和 Abbott,1996)。Gilerson 等(2006)根据荧光信号的非极化特征,通过极化器提取反射光谱的荧光信号来反演叶绿素浓度。Gower 等基于 MERIS 传感器对叶绿素的荧光算法也做了大量的研究,他认为荧光峰可以看做一个高斯光谱曲线,其表达式可以表示为:

$$F(\lambda)=F\exp(-4\ln(2)\times((\lambda-685)/25)^2)$$

式中:F 是荧光峰处的辐亮度值。

同时建立了不同叶绿素浓度的荧光峰辐亮度值与叶绿素浓度之间的关系,对于低叶绿素浓度（$C<0.01\ mg\cdot m^{-3}$），辐亮度值与叶绿素浓度关系为：

$$F(C)=0.15C$$

式中：C 表示叶绿素浓度。

对于高的叶绿素浓度，荧光峰处辐亮度与叶绿素浓度之间的关系可以表示为：

$$F(C)=0.15C(a_w/(a_w+a_cC))$$

式中：a_w表示水体吸收系数；a_c表示叶绿素吸收系数。

Gower 认为当叶绿素浓度低时，荧光信号受到水体吸收的限制，随着叶绿素浓度的增加，呈线性增加；当叶绿素浓度高时，荧光信号增加的部分仅与叶绿素浓度增长有关，所以荧光信号不与叶绿素浓度正相关。同时 Gower 等也对成像光谱仪 MODIS 和 MERIS 对荧光信号的响应做了比较，结果表明 MODIS 仅仅对实际荧光信号的 57% 有响应，而 MERIS 对实际荧光信号的响应大约在 78% 左右。前面已经阐述过 MODIS，MERIS 等成像光谱仪都设有荧光波段，在荧光的叶绿素反演上都进入了业务化的阶段。从 MODIS 到 MERIS，在荧光波段的设置上从 3 个波段增加到 4 个波段。这在一定程度上放宽了荧光基线波段和荧光峰波段的选择空间。Schalles 等（2002）分析 Carter 湖 1995—1996 年的高光谱反射比数据发现叶绿素浓度变化最灵敏的波段是 700 nm 附近的散射峰，他们建立了基线分别位于 670 nm 和 850 nm，峰值位于 700 nm 的反射峰基线高度算法，发现虽然季节性藻类组分变化强烈，但是反演结果仍然比较精确。

对于更高光谱的成像光谱仪，叶绿素反演大多采用半分析算法，因为这种半分析算法对波段的选择依赖性不像经验算法那么强。Brando 和 Dekker（2003）利用固有光学量矩阵反演水色三要素，并成功地将其应用于高光谱图像 Hyperion 上。Lee 等利用半分析算法通过实测的高光谱数据计算浮游植物色素吸收光谱来反演叶绿素浓度（Lee 和 Carder，2004）。因为高光谱遥感光谱连续的特征，在叶绿素反演过程中也引入了一些光谱特征提取方面的技术，其中导数光谱作为一种光谱特征提取技术也被广泛使用于水质反演。Senay 等采用机载的高光谱传感器（compact airborne spectrographic imager，）成功地估算叶绿素浓度的时空分布，发现 705 nm 和 672 nm 波段反射比的一阶导数比值与叶绿素浓度有较高的相关性。Szekielda 等通过分析河口的高光谱曲线，发现光谱的一阶导数与叶绿素浓度相关性差，但是 680 nm 与 670 nm 处导数的比值与叶绿素浓度相关性很好，短波段不适宜反演河口的叶绿素，较长波段的高光谱可以更好地反演叶绿素（Szekielda 等，2003）。Becker 等利用高光谱曲线的二阶导数分析植被特征光谱，发现近红外包含最多的植被信息（Becker 等，2005）。

国外学者对悬浮泥沙定量反演工作开始的较早，Williams 于 1973 年就对切撒比克湾（Chesepeake）进行了悬浮泥沙的遥感定量工作（Williams 和 Grabau，1973），发现了悬浮泥沙含量与遥感数据呈线性关系。1974 年 Klemas 等将遥感资料应用于特拉华湾（Delaware Bay）（Klemas 等，1974），发现悬浮泥沙含量与陆地卫星 MSS 亮度值呈对数关系。1979 年 Munday 和 Alfoldi 等研究芬迪湾（The Bay of Fundy）时认为对数定量模式要比线性定量模式好（Munday，1979）。这些研究一致表明，在选择遥感悬浮泥沙定量反演的最佳波段方面，陆地卫星 MSS5 和 TM3 波段数据与悬浮泥沙相关系数最高，达 90% 以上，其对应的波段范围为 600 ~ 800 nm。Moore(1999)发现 865 nm 和 775 nm 遥感反射比的比值与悬浮泥沙浓度相关性很好，为悬浮泥沙浓度的反演提供了一个思路，但是文章并没有进一步深入研究(MOORE 等，1999)。Pekka 等(2001)利用模拟 MERIS 波段设置的卫星数据研究芬兰沿岸水质，作者采用经过辐射校正和几何校正后的各波段的辐亮度组合来建立各水质参数的反演算法，研究表明，对沿岸水体，705 nm 与 775 nm 的离水辐亮度与悬浮泥沙有较好的相关关系。Ruddick(2003) 研究比利时海岸时利用 MERIS 753 nm 的遥感反射比来反演该海区的悬浮泥沙，得到了较合理的比利时海岸的悬浮泥沙分布。

国内学者也进行了大量的悬浮泥沙遥感反演研究。李四海等(2002)采用 SeaWiFS 第 5、6 波段遥感反射率((R_{555}、R_{670})组合($R_{555}+R_{670}$)/(R_{555}/R_{670})作为反演悬浮泥沙的参数。吕恒等(2005 年)基于模拟的 MERIS 光谱建立了太湖悬浮泥沙的算法，他的研究表明 MERIS 第 5 波段、第 12 波段和第 13 波段可以很好地估测太湖的悬浮泥沙浓度，并且提出了两个回归模型：$SS=-3\ 099.99\times(R13-R12)$；$SS=309.61\times R5$。刘志国等(2007)现场测量长江口水体的高光谱，通过实验数据分析水体反射光谱随泥沙浓度不同而发生的变化，建立了单波段反射率与悬浮泥沙浓度关系以及波段反射率比值与悬浮泥沙浓度关系的回归方程，结果表明 670 nm 和 715 nm 处单波段反射率的指数方程相关系数较高。陈晓玲等(2007)利用 TM/ETM+和 MERIS 模拟光谱数据建立鄱阳湖地区悬浮泥沙反演模型发现，采用 MERIS 第 7 波段建立的对数模型最适宜该地区悬浮泥沙的监测。

利用遥感反演珠江口悬浮泥沙，国内学者已经作过相关研究。黎夏从 1985 年开始研究悬浮泥沙的反演算法，其在李京的负指数模式的基础上，提出了新的统一模式，并建立了利用 TM 数据反演珠江口悬浮泥沙的算法(黎夏，1992；李京，1986)；温令平 2001 年建立了 TM 辐射亮度值与悬浮泥沙浓度的多波段对数模式；陈晓翔等 2004 年建立了利用 FY-1D 反演珠江口悬浮泥沙的算法；邓明等基于 NOAA/AVHRR 珠江河口悬浮泥沙遥感数据研究珠江口悬浮泥沙变化；陈晓玲等利用 NOAA/AVHRR 遥感反演悬浮泥沙浓度结果研究珠江口悬浮泥沙的动态变化；刘小平等(2005)从太阳光在水体中传输的物理机制入手，综合了线性模型、对数模型、Gordon 模型、负指数模型及统一模型建立了珠江口悬浮泥沙的综合模型，并将其应用到 Landsat 5 TM 遥感图像中。

早期基于航天高光谱传感器反演黄色物质的研究相对较少，多数集中在黄色物质吸收的光谱测量、黄色物质的化学组成和结构等方面的研究。随着 1999 年 MODIS 卫星的发射，许多学者建立了基于 MODIS 的黄色物质反演模型，Carder 等采用半分析方法建立了反演黄色物质吸收系数的 MODIS 模式。Hu 等(2004)利用在佛罗里达坦帕湾的黄色物质吸收系数观测数据，采用统计方法建立了适用于该海区的黄色物质吸收系数反演模式。Maritorena 等采用半分析优化方法建立的全球尺度的黄色物质反演模式 GSM01 模式等。Soo Chin Liew(2003)绘制马来西亚半岛东南沿岸 Hyperion 黄色物质吸收系数分布图，发现黄色物质吸收系数与 489 nm 和 550 nm 的比值有很好的相关性(Soo 和 Leong，2003)。陈楚群等(2005)基于珠江口海域的水体遥感反射率和黄色物质吸收系数实测资料建立了可以用于 SeaWiFS 和 COCTS 水色资料反演黄色物质吸收系数的统计模式。

常用的还有基于模式的二类水体水色反演算法。包括代数法、非线性优化法、主成分分析法、神经网络法等。代数法是使用代数式描述海洋光谱特征与水中物质组分浓度之间的定量关系。它首先依据测量光谱数据来建立海洋水色模型,然后对该模式进行简化,通过一些近似减少未知量的个数或者未知量间的相互依赖关系得到一组代数方程,通过求解方程组,获得未知量的解。代数法的优点是将水色因子的已知光学特性与理论模式耦合起来,对特定的二类水体水域较为精确,然而反演物质个数有限。

非线性优化法是确定一个海洋水色模式,通过调整输入参数重复计算,最终使反演值和真实值误差最小的方法。该方法的关键是初始值的确定,浓度初始值较小时,算法的重复次数较少,并能取得较准确的结果。非线性优化的优点是能在模式中体现海水的非线性特征,它不依赖先验的模拟数据集,易于区域化。

主成分分析主要用来减少不同波段的光谱数据特征的相关性,对光谱数据的主成分分析可以决定所需光谱通道数及每一个光谱通道在反演水体组分浓度时所占的权重。相对于使用所有波段,主成分分析考虑了各波段之间的潜在差别,一定程度上提高了水体组分的反演精度。其主要优点是简单稳定运算快捷,同时在分析权重因子时,大气影响也体现在内(Bouillon,2007; Clark 和 Roush,1984; Fischer,1985; Sathyendranath 等,1994)。

人工神经网络是由大量的神经元互连而成的网络,是一种职能建模方法。神经网络是通过具有代表性的训练数据集对神经网络进行训练,是神经网络获取训练数据输入和输出的知识,然后采用获取知识的网络对测试集的输入进行反演,进而得到输出的一种反演方式。2002 年欧洲空间局(ESA)发射的环境卫星 ENVISAT 上搭载的成像光谱仪 MERIS 就是主要采用神经网络算法生成各水色产品。

参考文献

Allee R J and Johnson J E. Use of satellite imagery to estimate surface chlorophyll-a and Secchi disc depth of Bull Shoals, Arkansas, USA[J]. International Journal of Remote Sensing, 1999, 20: 1057-1072.

Arenz J R F, Lewis J W M, Saunders J F. Determination of chlorophyll and dissolved organic carbon from reflectance data for Colorado reservoirs[J]. International Journal of Remote Sensing, 1996, 17(8): 1547-1566.

Becker B L, Lusch D P, Qi J. Identifying optimal spectral bands from in situ measurements of Great Lakes coastal wetlands using second-derivative analysis[J]. Remote Sensing of Environment, 2005, 97(2): 238-248.

Bouillon S, Dehairs F, Velimirov B, *et al*. Dynamics of organic and inorganic carbon across contiguous mangrove and seagrass systems (Gazi Bay, Kenya)[J]. Journal of Geophysical Research, 2007, 112: G02018.

Brando, V E, Dekker A G. Satellite Hyperspectral Remote Sensing for Estimating Estuarine and Coastal Water Quality[J]. IEEE Transactions on Geoscience and Remote Sensing, 2003. 41(6): 1378-1387.

Chen C,Shi P,Zhan H. A local algorithm for estimation yellow substance(gellbstoff) in coastal waters from SeaWiFS data: Pearl River estuary,China[J]. International Journal of Remote Sensing,2003,24(5): 1171-1176.

Chen C,Tang S,Pan Z,*et al.* Remotely sensed assessment of water quality levels in the Pearl River Estuary, China[J]. Marine Pollution Bulletin,2007,54: 1267-1272.

Chen C,Wei J,Shi P. Atmospheric correction of SeaWiFS imagery for turbid waters in Southern China coastal areas[J]. Proceedings of SPIE(Ocean Remote Sensing and Applications),2003,4892: 80-86.

Clark R N,Roush T L. Reflectance spectroscopy: Quantitative analysis techniques for remote sensing applications[J]. Journal of Geophysical Research,1984,89(B7): 6329-6340.

Doerffer R,Fischer J. Concentrations of chlorophyll,suspended matter,and gelbstoff in case II waters derived from satellite coastal zone color scanner data with inverse modeling methods[J]. Journal of Geophysics Research,1994,C4(99): 7457-7466.

Fischer J R. On the information content of multispectal radiance measurements over an ocean[J]. International Journal of Remote Sensing,1985,6: 773-786.

Fischer J,Kronfeld U. Sun-stimulated chlorophyll fluorescence 1: Influence of oceanic properties[J]. International Journal of Remote Sensing,1990,11(12): 2125-2147.

Garcia V M T,Signorini S,Garcia C A E,*et al.* Empirical and semi-analytical chlorophyll algorithms in the southwestern Atlantic coastal region (25-40 degrees S and 60-45 degrees W)[J]. International Journal of Remote Sensing,2006,27(8): 1539-1562.

Gilerson A,Zhou J,Oo M,*et al.* Retrieval of chlorophyll fluorescence from reflectance spectra through polarization discrimination: modeling and experiments[J]. Applied Optics,2006,45(22): 5568-5581.

Gordon H R,Clark D K. Remote sensing optical properties of a stratified ocean: an importance interpretation[J]. Applied Optics,1980,19: 3428-3430.

Gordon H R. Diffuse reflectance of the ocean: the theory of its augmentation by chlorophyll a fluorescence at 685 nm[J]. Applied Optics,1979,18(8): 1161-1166.

Gordon H R. Spectral variation in volume scattering function at large angles in natural waters[J]. Journal of the Optical Society of America,1974,64: 773-775.

Härmä P,Vepsäläinen J,Hannonen T,*et al.* Detection of water quality using simulated satellite data and semi-empirical algorithms in Finland[J]. The Science of The Total Environment,2001,268(1-3): 107-121.

Hu C,Chen Z,Clayton T D,*et al.* Assessment of estuarine water-quality indicators using MODIS medium-resolution bands: Initial results from Tampa Bay,FL[J]. Remote Sensing of Environment,2004,93: 423-441.

Hu C,Muller-Karger F E,Taylor C J,*et al.* Red tide detection and tracing using MODIS fluorescence data: A regional example in SW Florida coastal waters[J]. Remote Sensing of Environment,2005,97: 311-321.

Kiefer D A,Chamberlin W S. Natural fluorescence of chlorophyll a : Relationship to photosynthesis and chlorophyll concentration in the western South Pacific gyre[J]. Limnology and Oceanography,1989,34

(5): 868-881.

Klemas V, Bartlett D, Philpot W, *et al.* Coastal and estuarine sstudies with ERTS-1 and skylab[J]. Remote Sensing of Environment, 1974, 3: 153-174.

Latimer P. Is selective scattering a universal phenomenon[J]? Studies on microalgae and photosynthetic bacteria, 1963, 1: 213-225.

Lee Z, Carder K L. Absorption spectrum of phytoplankton pigments derived from hyperspectral remote-sensing reflectance[J]. Remote Sensing of Environment, 2004, 89: 361-368.

Letelier R M, Abbott M R. An analysis of chlorophyll fluorescence algorithms for the moderate resolution imaging spectrometer(MODIS)[J]. Remote Sensing of Environment, 1996, 58(2): 215-223.

Moore G F, Aiken J, Lavender S J. The atmospheric correction of water colour and the quantitative retrieval of suspended particulate matter in Case II waters: application to MERIS[J]. International Journal of Remote Sensing, 1999, 20(9): 1713-1733.

Morel A, Prieur L. Analysis of variations in ocean color[J]. Limnology and Oceanography, 1977, 22: 709-722.

Munday J C, Alföldi T T. Landsat test of diffuse reflectance models for aquatic suspended solids measurement[J]. Remote Sensing of Environment, 1979, 8: 169-183.

Neville R A, Gower J F R. Passive remote sensing of phytoplankton via chlorophyll fluorescence[J]. Journal of Geophysical Research, 1977, 82(24): 3487-3493.

O'Reilly J E, Maritorena S, Mitchell B G, *et al.* Ocean color chlorophyll algorithms for SeaWiFS[J]. Journal of Geophysical Research, 1998, 103: 24937-24953.

Ruddick K, Park Y, Nechad B. MERIS imagery of Berlian coastal waters: mapping of suspended particulate matter and chlorophyll-a[J]. Proceedings of the MERIS User Workshop, 2003, ESA-SP 549: 10-13.

Sathyendranath S, Hoge F E, Platt T, *et al.* Detection of phytoplankton pigments from ocean colour: improved algorithms[J]. Applied Optics, 1994, 33: 1081-1089.

Schalles J F, Gitelson A A, Yacobi Y Z, *et al.* Estimation of chlorophyll a from time series measurements of high spectral resolution reflectance in an eutrophic lake[J]. Journal of Phycology, 2002, 34(2): 383-390.

Senay G B, Shafique N A, Autrey B C, *et al.* The selection of narrow wavebands for optimizing water quality monitoring on the Great Miami River, Ohio using hyperspectral remote sensor data[J]. Journal of Spatial Hydrology, 2001, 1: 1-22.

Soo C L, Leong K K. Mapping optical parameters of coastal sea waters using the Hyperion Imaging Spectrometer: intercomparison with MODIS ocean color products[J]. Geoscience and Remote Sensing Symposium Proceedings 2003 IEEE International, 2003, 1(21-25): 549-551.

Szekielda K H, Gobler C, Gross B, *et al.* Spectral reflectance measurements of estuarine waters[J]. Ocean Dynamics, 2003, 53: 98-102.

Tang D, Kester D R, Ni I H, *et al.* In situ and satellite observations of a harmful algal bloom and water condition at the Pearl River estuary in late autumn 1998[J]. Harmful Algae, 2003, 2(2): 89-99.

Tang S, Chen C, Zhan H, *et al.* An appraisal of surface chlorophyll estimation by satellite remote sensing in the South China Sea[J]. International Journal of Remote Sensing,2008,29(21): 6217-6226.

Tassan S. Local algorithms using SeaWiFS data for the retrieval of phytoplankton,pigments ,suspended sediment,and yellow substances in coastal waters[J]. Applied Optics,1994,33(12): 2369-2378.

Tyler A N,Preston T,Presing M,*et al.* Remote sensing of the water quality of shallow lakes: A mixture modelling approach to quantifying phytoplankton in water characterized by high-suspended sediment[J]. International Journal of Remote Sensing,2006,27(8): 1521-1537.

Tyler J E,Smith R C. Measurements of spectral irradiance Underwater[M]. New York,London,Paris: Gordon & Breach,1970.

Wang Y,Xia H, Fu J,*et al.* Water quality change in reservoirs of Shenzhen,China: Detection using LANDSAT/TM data[J]. The Science of the Total Environment,2004,328: 195-206.

Williamson A N,Grabau W E. Sediment concentration mapping in tidal estuaries[J]. Third Earth Resources Technology Satellite-1 Sym R. ,1973,NASA SP-351: 1347-1386.

Zilioli E,Brivio P A. The satellite derived optical information for the comparative assessment of lacustrine water quality[J]. The Science of the Total Environment,1997,196: 229-245.

陈楚群. 珠江口黄色物质及其遥感探测初步研究[D]. 中国科学院南海海洋研究所博士学位论文,2005.

陈晓玲,吴忠宜,田礼乔,等. 水体悬浮泥沙动态监测的遥感反演模型对比分析——以鄱阳湖为例[J]. 科技导报,2007,25(6): 19-22.

陈晓玲,袁中智,李毓湘. 基于遥感反演结果的悬浮泥沙时空动态规律研究——以珠江河口及邻近海域为例[J]. 武汉大学学报(信息科学版),2005,30(8): 677-681.

陈晓翔,丁晓英. 用 FY-1D 数据估算珠江口海域悬浮泥沙含量[J]. 中山大学学报(自然科学版),2004,S1: 194-196.

崔廷伟,马毅,张杰. 航空高光谱遥感的发展与应用[J]. 遥感技术与应用,2003,18: 118-122.

邓明,黄伟,李炎. 珠江河口悬浮泥沙遥感数据集[J]. 海洋与湖沼,2002,33(4): 341-348.

韩菲,陈永灿,刘昭伟. 湖泊及水库富营养化模型研究综述[J]. 水科学进展,2003,14(6): 785-791.

黄其泉,王立华. 遥感技术在水产养殖规划中的应用研究[J]. 中国渔业经济,2002,5: 27-28.

黎夏. 悬浮泥沙遥感定量的统一模式及其在珠江口中的应用[J]. 环境遥感,1992,7(2): 106-114.

李国胜,邵宇宾. 海洋初级生产力遥感与 GIS 评估模型研究[J]. 地理学报,1998,53(6): 546-553.

李京. 水域悬浮固体含量的遥感定量研究[J]. 环境科学学报,1986,6(2): 167-713.

李四海,唐军武,恽才兴. 河口悬浮泥沙浓度 SeaWiFS 遥感定量模式研究[J]. 海洋学报,2002,24(2): 51-58.

刘小平,邓孺孺,彭晓鹃. 悬浮泥沙定量遥感综合模式及其在珠江口的应用[J]. 中山大学学报(自然科学版),2005,44(3): 109-113.

刘志国. 长江口水体表层泥沙浓度的遥感反演与分析[D]. 华东师范大学博士学位论文,2007.

吕恒,李新国,江南. 基于反射光谱和模拟 MERIS 数据的太湖悬浮物遥感定量模型[J]. 湖泊科学,2005,17(2): 104-109.

马毅,张杰,张汉德,等. 中国海洋航空高光谱遥感应用研究进展[J]. 海洋科学进展,2002,20(4): 94-98.

潘德炉,林寿仁,李淑菁,等. 海洋水色遥感在海岸带综合管理中的应用[J]. 航天返回与遥感,2001,22(2):34-39.

疏小舟,汪俊发. 航空成像光谱水质遥感研究[J]. 红外与毫米波学报,2000,19(4):273-276.

温令平. 伶仃洋悬浮泥沙遥感定量分析[J]. 水运工程,2001,9(17):9-13.

严国安,刘永定. 水生生态系统的碳循环及对大气 CO_2 的汇[J]. 生态学报,2001,21(5):827-833.

杨军,董超华,卢乃锰,等. 中国新一代极轨气象卫星——风云三号[J]. 气象学报,2009,67(4):501-509.

杨文波,李继龙,罗宗俊. 海洋遥感技术在海洋渔业及相关领域的应用与研究[J]. 中国水产科学,2005,12(3):362-370.

杨肖琪,林敏基. 海洋/海岸带环境与灾害遥感监测[J]. 集美大学学报,1997,2(1):13-19.

张朝贤. 赤潮的危害和预测预报[J]. 海岸工程,2000,19(2):86-89.

张发兵,胡维平,杨龙元. 太湖春季水——气界面碳通量日变化观测研究[J]. 生态环境,2004,13(2):186-190.

赵冬至. 表征赤潮水体太阳激发的叶绿素荧光高度的波段优化[J]. 海洋学报,2005,27(6):146-153.

赵书河,冯学智. 海洋遥感应用研究现状及展望[J]. 海洋科学,2001,25(9):29-32.

邹斌,邹亚荣,金振刚. 渤海海温与叶绿素季节空间变化特征分析[J]. 海洋科学进展,2005,23:487-492.

第 3 章　水质遥感的基本原理

3.1　光学遥感辐射基础

3.1.1　电磁波谱描述

电磁波谱是按电磁波在真空中的波长或频率来划分的。光学遥感常用可见光谱段，位于 0.4 ~ 0.7 μm，可以近似分成以下色段：

紫色：400 ~ 440 nm

蓝色：440 ~ 500 nm

绿色：500 ~ 550 nm

黄色：550 ~ 590 nm

橙色：590 ~ 630 nm

红色：630 ~ 700 nm

（1）波长（wavelength）

在光学遥感中，多用波长来描述波谱范围。波长是指波在一个振动周期内传播的距离，即沿波的传播方向，两个相邻的同相位点（如波峰或波谷）间的距离，符号为 λ。波长用人们熟悉的长度单位来度量，光学辐射中常用微米（μm）、纳米（nm）等。

（2）频率（frequency）

单位时间内完成振动或振荡的次数或周期，符号为 f，单位为 Hz，可表示为：

$$f = c/\lambda \tag{3.1}$$

式中：c 为光速，其值为 $c = 2.998 \times 10^8$ m/s。

3.1.2　电磁辐射度量

（1）立体角（steradian）

本章使用图3.1所示的球形坐标系统，这里 r 是辐射的距离，θ 是天顶角，ϕ 是方位角，θ 和 ϕ 产生的微小变化所产生的微分面积为 dA。

一个任意形状的封闭锥面所包含的空间称为立体角，用符号 Ω 表示，单位为球面度，用 sr 表示。如图3.1所示，一个半径为 r 的球面，从球心向球面作任意形状的锥面，锥面与球面相交的面积为 A，则 A/r^2 就是此锥体的立体角。

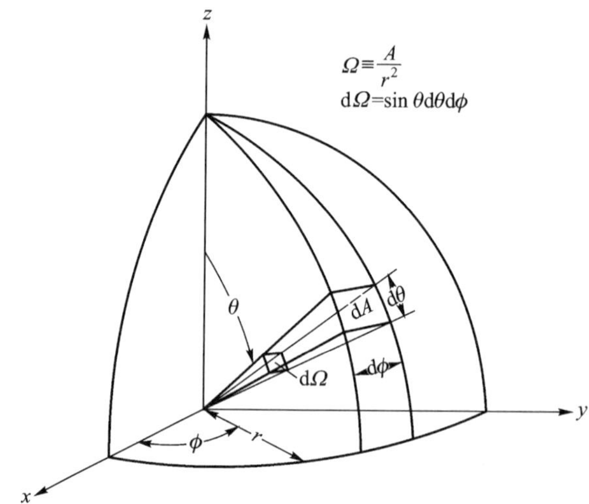

图3.1 立体角定义（李小文，2008）

立体角的微分定义是：

$$d\Omega=\frac{dA}{r^2} \tag{3.2}$$

在球坐标中，

$$dA=(r\sin\theta d\phi)(rd\theta)=r^2\sin\theta d\theta d\phi \tag{3.3}$$

因此

$$d\Omega=\sin\theta d\theta d\phi \tag{3.4}$$

一个球面的面积为 $4\pi r^2$，因此球体的立体角是 4π。

（2）辐射能量（radiant energy）

以电磁波形式发射、传输或接收的能量，称辐射能量，符号为 Q，单位为 J。普朗克（Max Planck）发现电磁辐射能量以离散单元形式（光子、量子）被吸收和发射，指出辐射能量的大小与电磁辐射的频率成正比，表示为：

$$Q=h\times f \tag{3.5}$$

式中：h 为普朗克常数，取值为 $h=6.626\times10^{-34}$ J·s。

（3）辐射通量（radiant flux）

单位时间内，通过某一面积的辐射能量，又称辐射功率，符号 Φ，单位为 W（即 $J\cdot s^{-1}$），表达为

$$\Phi=\frac{\mathrm{d}Q}{\mathrm{d}t} \tag{3.6}$$

(4) 辐射通量密度(radiant exitance)

面辐射源在单位时间内,从单位面积上向半球空间(2π sr 立体角)内发射的辐射能量,即物体单位面积上发出的辐射通量,又称辐射出射度,简称辐出度,符号 M,单位 $\mathrm{W\cdot m^{-2}}$。

$$M=\frac{\mathrm{d}\Phi}{\mathrm{d}A} \tag{3.7}$$

(5) 辐射强度(radiant intensity)

点辐射源在单位立体角、单位时间内向某一方向发出的辐射能量,即点辐射源在单位立体角内发出的辐射通量,符号为 I,单位为 $\mathrm{W\cdot sr^{-1}}$。

$$I=\frac{\mathrm{d}\Phi}{\mathrm{d}\Omega} \tag{3.8}$$

(6) 辐射照度(irradiance)

单位时间内从单位面积上接收的辐射能量,即照射到物体单位面积上的辐射通量,简称辐照度,符号为 E,单位为 $\mathrm{W\cdot m^{-2}}$,如果是单位光谱波长上的,单位为 $\mathrm{W\cdot m^{-2}\cdot \mu m^{-1}}$。

$$E=\frac{\mathrm{d}\Phi}{\mathrm{d}A} \tag{3.9}$$

在海洋水质遥感中,常用以下辐照度参数(常用单位为 $\mathrm{\mu W\cdot cm^{-2}\cdot nm^{-1}}$ 或 $\mathrm{mW\cdot cm^{-2}\cdot \mu m^{-1}}$):

① 大气层外太阳辐照度:符号 F_0,表示大气层外垂直入射的太阳辐照度,其中平均日地距离处的 F_0,记为 $\overline{F}_0$。

② 海面入射辐照度(或海面向下辐照度):符号 E_s 或 $E_d(0^+)$,0^+表示刚好处于水面以上。

③ 刚好处于水表面以下的辐照度:符号 $E_d(0^-)$表示刚好处于水表面以下的向下辐照度,符号 $E_u(0^-)$表示刚好处于水表面以下的向上辐照度,0^-表示为刚好处于水表面以下。

④ 水体剖面向下/向上辐照度:符号 $E_d(z)$表示水下 z 深度处的向下辐照度,符号 $E_u(z)$表示水下 z 深度处的向上辐照度,深度 z 的单位为 m。

⑤ 天空漫射辐照度:符号 E_{dif}表示总辐照度减掉太阳直射辐照度后的结果。

⑥ 太阳直射辐照度:符号 E_{dir}表示总辐照度减掉太阳漫射辐照度后的结果。

(7) 辐射亮度(radiance)

面辐射源在单位立体角、单位时间内,在某一垂直于辐射方向单位面积(法向面积)上辐射出的辐射能量,即辐射源在单位投影面积、单位立体角上的辐射通量,简称辐亮度(又称辐射率),符号为 L,单位为 $\mathrm{W\cdot m^{-2}\cdot sr^{-1}}$,如果是单位光谱波长上的,单位为 $\mathrm{W\cdot m^{-2}\cdot \mu m^{-1}\cdot sr^{-1}}$。

$$L=\frac{\mathrm{d}^2\Phi}{\mathrm{d}A\cos\theta\,\mathrm{d}\Omega} \tag{3.10}$$

如果辐射源的面元非常小,可以看做一个点,则在单位立体角 $\mathrm{d}\Omega$ 内的辐射通量等于辐射强度,其与辐亮度的关系为:

$$I=\frac{d\Phi}{d\Omega}=LdA\cos\theta \tag{3.11}$$

在海洋水质遥感中，常用以下辐亮度参数：（常用单位为 $\mu W\cdot cm^{-2}\cdot nm^{-1}\cdot sr^{-1}$ 或 $mW\cdot cm^{-2}\cdot \mu m^{-1}\cdot sr^{-1}$）

① 刚好处于水表面以下的辐亮度：符号 $L_u(0^-)$ 表示刚好处于水表面以下的向上辐亮度，0^- 表示为刚好处于水表面以下。

② 水体剖面向下/向上辐亮度：符号 $L_d(z)$ 表示水下 z 深度处的向下辐亮度，符号 $L_u(z)$ 表示水下 z 深度处的向上辐亮度，深度 z 的单位为 m；

③ 离水辐亮度：符号 L_w 表示经水气界面反射和透射后的 $L_u(0^-)$

$$L_w=\frac{(1-\rho_w)}{n^2}L_u(0^-) \tag{3.12}$$

式中：n 为水体折射系数，ρ_w 为水气界面的反射率，与海面粗糙度、入射角度等有关。在不考虑离水辐亮度二向性时，可简单表示为

$$L_w\cong 0.54L_u(0^-) \tag{3.13}$$

④ 归一化离水辐亮度：

$$L_{wn}=L_w\frac{F_0}{E_s} \tag{3.14}$$

上式是归一化离水辐亮度最简单且广泛使用的定义，更精确的定义，需要考虑水体的双向反射率特性，可参见 Morel 和 Gentili (1993) 以及 Fargion 和 Mueller (2000)。

(8) 光谱辐射量(spectral radiation)

前面讨论的几个基本辐射量，全部只考虑了辐射功率的空间分布特征，并认为这些辐射量包含了波长从 0 到∞的全部辐射，因此也常把它们叫做全辐射量。然而，任何辐射源发生的辐射，或投射到表面上的辐射，都有一定的光谱(或波长)分布特征。因此，上述各基本辐射量均有相应的光谱辐射量。实际上，卫星仪器都是使用特定的频率或波长，并在特定带宽 $\Delta\lambda$ 内观测海洋。接下来定义辐射量的光谱表述形式，这里“光谱的(spectral)”表示“单位波长或单位频率”的意思(Mobley, 1994)。

如果我们关心在某特定波长附近的辐射特性，则可以在指定波长 λ 附近取一个小的波长间隔 $\Delta\lambda$，设在该间隔内的辐射量 X 的增量为 ΔX，于是，ΔX 与 $\Delta\lambda$ 之比的极限值就定义为相应的光谱辐射量，记为 X_λ。

$$X_\lambda=\left.\frac{dX}{d\lambda}\right|_\lambda \tag{3.15}$$

3.1.3 电磁辐射定律

(1) 普朗克(Planck)辐射定律

所有物体都在不断地发射和吸收辐射能量。假设存在一个理想辐射体，其表面为朗伯面，辐射特性由温度唯一决定且光谱连续，则称为黑体(blackbody)。它是完全的吸收

体,又是完全的辐射体,即发射的能量等于吸收的能量。

对于黑体辐射源,其辐射出射度(M)与温度(T)、波长(λ)的关系可由普朗克定律表示:

$$M(\lambda,T)=2\pi hc^2\lambda^{-5}\cdot[\exp(hc/\lambda kT)-1]^{-1} \tag{3.16}$$

式中:c 为光速,其值为 $c=2.998\times10^8\ \mathrm{m\cdot s^{-1}}$;$h$ 为普朗克常数,取值为 $h=6.626\times10^{-34}\ \mathrm{J\cdot s}$;$k$ 为玻尔兹曼(Boltzmann)常数,其值为 $k=1.3806\times10^{-23}\ \mathrm{J/K}$;$\lambda$ 为波长;T 为热力学温度。

(2) 维恩(Wien)位移定律

所有的黑体辐射与辐射波长的对应关系都是双值的,且在某一个波长上有最大值。维恩位移定律描述了物体辐射的峰值波长与温度的定量关系:

$$\lambda_{max}=A/T \tag{3.17}$$

式中:λ_{max}为辐射强度达到峰值对应的波长;A 为常数,其值为 $A=2\,898\ \mu\mathrm{m\cdot K}$;$T$ 为热力学温度。维恩位移定律可由普朗克公式推导而来。

普朗克公式可以表示为:

$$M(\lambda,T)=\frac{2\pi c_0^2h}{\lambda^5(\exp(hc_0/\lambda kT)-1)}=\frac{c_1}{\lambda^5(\exp(c_2/\lambda T)-1)} \tag{3.18}$$

式中:$c_1=2\pi ch=3.741\times10^8\ \mathrm{W\cdot m^{-2}\cdot\mu m^{-4}}$;$c_2=ch/k=1.439\times10^4\ \mu\mathrm{m\cdot K}$。

令$\frac{dM}{d\lambda}=0$,可得:

$$\frac{-5c_1\lambda^{-6}}{\exp(c_2/\lambda T)-1}+\frac{c_1\lambda^{-5}}{[\exp(c_2/\lambda T)-1]^2}\exp(c_2/\lambda T)\lambda^{-2}c_2T^{-1}=0$$

$$5[\exp(c_2/\lambda T)-1]=(c_2/\lambda T)\exp(c_2/\lambda T) \tag{3.19}$$

令 $x=c_2/\lambda T$,则上式变为:$5(e^x-1)=xe^x$,是一个超定方程,其解为 $x=4.965$。因此,最大值对应波长为:

$$\lambda_{max}=c_2/(4.965T)=1.439\times10^4/(4.965T)=2\,898/T \tag{3.20}$$

上式表明,黑体最大辐射强度对应的波长 λ_{max} 与黑体的热力学温度 T 成反比,即温度越高,峰值对应的波长越短。

(3) 斯蒂芬-玻耳兹曼(Stefan-Boltzmann)定律

如果考虑所有频率上的黑体辐射,

$$M(T)=\int_0^\infty\frac{2\pi c_0^{-2}hf^3}{\exp(hf/kT)-1}df=\frac{2\pi k^4T^4}{c_0^2h^3}\int_0^\infty\frac{X^3}{e^x-1}dX=\frac{\pi^4}{15}\frac{2\pi k^4T^4}{c_0^2h^3}=\sigma T^4 \tag{3.21}$$

任一物体辐射能量的大小是物体表面温度的函数,斯蒂芬-玻耳兹曼定律表达了物体的这一性质。此定律将黑体的总辐射出射度与温度的定量关系表示为:

$$M(T)=\sigma T^4 \tag{3.22}$$

式中:$M(T)$为黑体表面发射的总能量,即总辐射出射度;σ 为斯蒂芬-玻耳兹曼常数,其值为 $\sigma=5.6697\times10^{-8}\mathrm{W\cdot m^{-2}\cdot K^{-4}}$。

(4) 漫辐射源与朗伯余弦定律

辐射亮度与方向无关的辐射源称为漫辐射源，又称朗伯(Lambertian)源，其辐射各向同性。对于漫辐射源，设垂直于漫辐射面和与辐射面法线方向交角为 θ 的辐射强度分别为 I_0 和 I_θ，根据辐亮度的定义，有 $L=I_0/\Delta A=I_\theta/(\Delta A\cos\theta)$，因此可得到朗伯余弦定律：

$$I_\theta=I_0\cos\theta \tag{3.23}$$

也即理想漫辐射源单位表面积向空间指定方向单位立体角内发射(或反射)的辐射功率和该指定方向与表面法线夹角的余弦成正比，漫辐射面的辐射强度按余弦定律变化，由此理想漫射表面也称为余弦表面，或朗伯表面。

根据辐亮度与辐照度的定义：

$$E=\frac{\mathrm{d}\Phi}{\mathrm{d}A} \tag{3.24}$$

而

$$\mathrm{d}^2\Phi=L\cos\theta\mathrm{d}\Omega\mathrm{d}A \tag{3.25}$$

$$\mathrm{d}\Phi=\int_{2\pi}\mathrm{d}^2\Phi=\left(\int_{2\pi}L\cos\theta\mathrm{d}\Omega\right)\mathrm{d}A \tag{3.26}$$

因此

$$E=\int_{2\pi}L\cos\theta\mathrm{d}\Omega \tag{3.27}$$

由于漫射体的辐亮度 L_0 与方向无关，因此漫射体的出射辐照度与辐亮度的关系为：

$$E=L_0\int_{2\pi}\cos\theta\mathrm{d}\Omega=L_0\int_{2\pi}\cos\theta\sin\theta\mathrm{d}\theta\mathrm{d}\phi=\pi L_0 \tag{3.28}$$

对于理想的漫反射表面，即朗伯表面，不管入射辐射的方向如何，其漫反射后的各方向上的辐射亮度相同，即满足辐射强度分布服从余弦定律。其辐射亮度只与其反射比和入射辐照度有关。

$$M=\rho E \tag{3.29}$$

式中：M 为漫射表面的辐射出射度，E 为入射辐照度，ρ 为反射比。

因此，朗伯面的辐亮度为：

$$L=\frac{M}{\pi}=\rho\frac{E}{\pi} \tag{3.30}$$

3.2 水体光学性质

海水是溶解物和颗粒物的混合体，这些溶解物和颗粒物具有各自光学特性，且在组成种类和浓度上有较大的不同。因此，海水的光学特性在时间和空间上有较大的变化，水体光学性质与自然水体生物、化学、地质组分，以及物理环境之间有着密切的联系。

这里讨论的水体光学性质指的是水体的体积或大尺度光学性质，可分成固有性质和表观性质两类：固有光学性质(inherent optical properties，IOP)仅由介质特性决定，不依赖于介质所处的环境光场，吸收系数和体散射函数是两个最基本的固有光学量，还包括折射率、光衰减系数和单次散射反照率等；表观光学性质（apparent optical properties，AOP）由介质固有性质和环境光场的几何（方向）结构共同决定，表现出规律性特征和足够的稳定性，常用的有辐照度反射率、平均余弦和各种漫射衰减系数等。

3.2.1 固有光学性质

如图 3.2 所示，光谱辐射通量为 $\Phi_i(\lambda)$ 的单色准直窄光束入射到厚度为 Δr、体积为 ΔV 的水体，入射光通量 $\Phi_i(\lambda)$ 的一部分 $\Phi_a(\lambda)$ 被该水体吸收，另一部分 $\Phi_s(\psi,\lambda)$ 被散射到 ψ 角度方向，剩下的部分 $\Phi_t(\lambda)$ 透过水体且保持原方向。令 $\Phi_s(\lambda)$ 等于所有方向散射光的总通量，进一步假定都是弹性散射（光子在散射过程中波长没有改变），根据能量守恒定律，有：

$$\Phi_i(\lambda)=\Phi_a(\lambda)+\Phi_s(\lambda)+\Phi_t(\lambda) \tag{3.31}$$

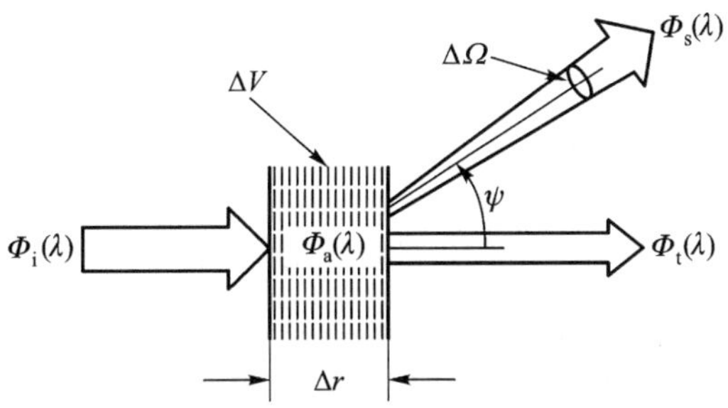

图 3.2 固有光学量定义示意图（Mobley，1994）

将光谱吸收 $A(\lambda)$ 定义为水体吸收的通量与入射通量之比：

$$A(\lambda)\equiv\frac{\Phi_a(\lambda)}{\Phi_i(\lambda)} \tag{3.32}$$

同理，光谱散射 $B(\lambda)$ 定义为散射通量与入射通量之比：

$$B(\lambda)\equiv\frac{\Phi_s(\lambda)}{\Phi_i(\lambda)} \tag{3.33}$$

光谱透射定义为透过水体且保持原方向的通量与入射通量之比：

$$T(\lambda)\equiv\frac{\Phi_t(\lambda)}{\Phi_i(\lambda)} \tag{3.34}$$

显然

$$A(\lambda)+B(\lambda)+T(\lambda)=1 \tag{3.35}$$

为了便于区分吸收 $A(\lambda)$ 与吸光度（也称光密度）$D(\lambda)$，将 $D(\lambda)$ 定义为：

$$D(\lambda)\equiv\lg\frac{\Phi_i(\lambda)}{\Phi_s(\lambda)+\Phi_t(\lambda)}=-\lg[1-A(\lambda)] \tag{3.36}$$

水光学中常用的固有光学性质是光谱吸收系数和光谱散射系数，分别为介质内单位长度上的光谱吸收和散射。如图 3.2 所示，定义光谱吸收系数（单位：m^{-1}）：

$$a(\lambda) \equiv \lim_{\Delta r \to 0} \frac{A(\lambda)}{\Delta r} \tag{3.37}$$

光谱散射系数(单位:m^{-1}):

$$b(\lambda) \equiv \lim_{\Delta r \to 0} \frac{B(\lambda)}{\Delta r} \tag{3.38}$$

光束衰减系数(单位:m^{-1}):

$$c(\lambda) \equiv a(\lambda) + b(\lambda) \tag{3.39}$$

现在考虑散射通量的角分布,如图 3.2 所示,设 $B(\psi,\lambda)$ 为入射光束中以角度 ψ 散射出的通量,它进入角度 ψ 附近的立体角 $\Delta\Omega$ 内,于是,该方向上单位立体角单位距离的散射为 $\beta(\psi,\lambda)$ 单位:$m^{-1} \cdot sr^{-1}$)

$$\beta(\psi,\lambda) \equiv \lim_{\Delta r \to 0}\lim_{\Delta\Omega \to 0} \frac{B(\psi,\lambda)}{\Delta r \Delta\Omega} = \lim_{\Delta r \to 0}\lim_{\Delta\Omega \to 0} \frac{\Phi_s(\psi,\lambda)}{\Phi_i \Delta r \Delta\Omega} \tag{3.40}$$

散射到 ψ 方向 $\Delta\Omega$ 立体角内的光谱通量也就是散射到 ψ 方向的光强与立体角的乘积,即 $\Phi_s(\psi,\lambda) = I_s(\psi,\lambda)\Delta\Omega$。而且,如果入射通量 $\Phi_i(\lambda)$ 投射到面积 ΔA 上,则相应的入射辐照度 $E_i(\lambda) = \Phi_i(\lambda)/\Delta A$。考虑被入射光束照射的水体体积 $\Delta V = \Delta r \Delta A$,则

$$\beta(\psi,\lambda) = \lim_{\delta x \to 0} \frac{I_s(\psi,\lambda)}{E_i(\lambda)\Delta V} \tag{3.41}$$

$\beta(\psi,\lambda)$ 被称为体散射函数,其物理意义是单位入射辐照度在单位水体体积的散射光强;$\beta(\psi,\lambda)$ 也可以解释为单位体积的微分散射截面。对所有方向(立体角)将 $\beta(\psi,\lambda)$ 积分便得到单位入射辐照度及单位水体体积的总散射通量,即光谱散射系数:

$$b(\lambda) = \int_{\Xi} \beta(\psi,\lambda)\,d\Omega = 2\pi \int_0^{\pi} \beta(\psi,\lambda) \sin\psi\, d\psi \tag{3.42}$$

第二个等号的成立是基于自然水的散射在入射方向上是呈方位角对称的(对非偏振光源和随机取向散射体而言)。这个积分一般被分为两部分:前向散射,$0 \leqslant \psi \leqslant \pi/2$,和后向散射,$\pi/2 \leqslant \psi \leqslant \pi$。对应的光谱前向散射系数和光谱后向散射系数分别为:

$$b_f(\lambda) \equiv 2\pi \int_0^{\pi/2} \beta(\psi,\lambda) \sin\psi\, d\psi \tag{3.43}$$

$$b_b(\lambda) \equiv 2\pi \int_{\pi/2}^{\pi} \beta(\psi,\lambda) \sin\psi\, d\psi \tag{3.44}$$

光谱体散射相函数 $\tilde{\beta}(\psi,\lambda)$ 为:

$$\tilde{\beta}(\psi,\lambda) \equiv \frac{\beta(\psi,\lambda)}{b(\lambda)} \tag{3.45}$$

体散射函数 $\beta(\psi,\lambda)$ 表示为散射系数 $b(\lambda)$ 与散射相函数 $\tilde{\beta}(\psi,\lambda)$ 的乘积,其中,散射系数 $b(\lambda)$ 表示散射的强度,单位为 m^{-1};$\tilde{\beta}(\psi,\lambda)$ 表示散射光子的角度分布,单位为 sr^{-1}。

结合上两式,得到相函数的归一化条件为:

$$2\pi \int_0^{\pi} \tilde{\beta}(\psi;\lambda) \sin\psi\, d\psi = 1 \tag{3.46}$$

对散射相函数与散射角度余弦的乘积在所有散射方向进行积分可得：

$$g \equiv 2\pi \int_0^{\pi} \widetilde{\beta}(\psi, \lambda) \cos \psi \sin \psi \, d\psi \tag{3.47}$$

上式给出了相函数“形状”的一种方便度量。例如，若散射角度小时，$\widetilde{\beta}(\psi,\lambda)$ 非常大，则 g 接近于 1；若 $\widetilde{\beta}(\psi,\lambda)$ 关于 $\psi=90°$ 对称，则 $g=0$。平均余弦通常称为相函数的非对称函数。

在水光学中另一个常用的固有光学量为光谱单次散射反照率 $\omega_0(\lambda)$，其定义式为：

$$\omega_0(\lambda) \equiv \frac{b(\lambda)}{c(\lambda)} \tag{3.48}$$

若水体的衰减主要来自于散射，ω_0 接近于 1。若水体的衰减主要来自于吸收，ω_0 接近于 0。单次散射反照率是在任意给定的相互作用中，光子被散射（而不是被吸收）的概率，因此，ω_0 也被称为光子存活几率。

表 3.1 概括了水光学中常用的固有光学参量。

表 3.1　常用固有光学量

物理量	单位	推荐符号	历史符号
折射率（实部）	无量纲	n	m
吸收系数	m^{-1}	a	a
体散射函数	$m^{-1} \cdot sr^{-1}$	β	σ
散射相函数	sr^{-1}	$\widetilde{\beta}$	p
散射系数	m^{-1}	b	s
后向散射系数	m^{-1}	b_b	b
前向散射系数	m^{-1}	b_f	f
光束衰减系数	m^{-1}	c	α
单次散射反照率	无量纲	$\widetilde{\omega}$ 或 ω_0	ρ

3.2.2 表观光学量

当我们用除了辐亮度之外的辐射量来描述水体光场时，就需要用到表观光学量。如前所述，表观光学量既依赖于水体固有光学量，也依赖于环境光场的方向结构。任意辐射量（例如，辐照度）都满足前半段定义，然而，后半段定义要求这些量具有足够的规律性和稳定性，这样才能有效用于描述水体。例如，当云在天空遮住太阳，或风吹皱海面，辐照度的数值将可能在几秒内发生显著变化。然而，观测显示，辐射量的特定比值对海况环境等因素相对不敏感，辐射量随深度的变化通常也是如此。因此，辐射量比值及其对深度的导数也可作为表观光学量。

一个理想表观光学量随外部环境变化仅有微小改变，但从一种水体转换到另一种水体时，足以表征两种水体的不同光学特性。值得注意的是，表观光学量不像固有光学量可以在水样中测量，因为它们依赖于水体自身的环境辐亮度分布。

表 3.2 列出了最常用的表观光学量，以及它们的推荐符号和历史符号。

表 3.2　常用表观光学量

物理量	SI 单位	推荐符号	历史符号
分布函数	无量纲	D	D
光场的平均余弦	无量纲	$\bar{\mu}$	$D=1/\bar{\mu}$
下行光平均余弦	无量纲	$\bar{\mu}_d$	$D(-)=1/\bar{\mu}_d$
上行光平均余弦	无量纲	$\bar{\mu}_u$	$D(+)=1/\bar{\mu}_u$
辐照度反射比	无量纲	R	$R(-)$
遥感反射比	sr^{-1}	R_{rs}	—
(垂直)漫射衰减系数(K-函数分布)			
辐亮度 $L(z;\theta,\phi)$	m^{-1}	$K(\theta,\phi)$	$K(\theta,\phi)$
下行辐照度 $E_d(z)$	m^{-1}	K_d	$K(-)$
上行辐照度 $E_u(z)$	m^{-1}	K_u	$K(+)$
上行标量辐照度 $E_{0d}(z)$	m^{-1}	K_{0d}	$k(-)$
下行标量辐照度 $E_{0u}(z)$	m^{-1}	K_{ou}	$k(+)$
总的标量辐照度 $E_0(z)$	m^{-1}	K_0	k
$PAR(z)$	m^{-1}	K_{PAR}	—

假设水体是水平均质的，测量几何深度为 z 时，将平均海平面向下方向作为正方向。那么，

$$\bar{\mu}_d(z;\lambda)\equiv\frac{\int_{\Xi_d}L(z;\theta,\phi;\lambda)\cos\theta\,\mathrm{d}\Omega}{\int_{\Xi_d}L(z;\theta,\phi;\lambda)\,\mathrm{d}\Omega}\equiv\frac{E_d(z;\lambda)}{E_{0d}(z;\lambda)} \tag{3.49}$$

上式被称为光谱下行光平均余弦。该定义表示 $\bar{\mu}_d(z,\lambda)$ 是在给定深度和波长处所有对光谱向下辐亮度有贡献的光子极角余弦的平均值。同理，光谱上行光平均余弦可定义为：

$$\bar{\mu}_u(z,\lambda)=\frac{E_u(z,\lambda)}{E_{0u}(z,\lambda)} \tag{3.50}$$

平均余弦是描述上行和下行光场的方向性结构的一种很有用的单参数度量。例如，如果下行光场(辐亮度分布)是沿方向 (θ_0,ϕ_0) 的平行光，$0\leqslant\theta_0\leqslant\pi/2$，则 $\bar{\mu}_d=\cos\theta_0$，(在这种情况下，$\bar{\mu}_u$ 未被定义，因为在上行方向没有光子)。如果辐亮度分布是各向同性的 $\bar{\mu}_d=\bar{\mu}_u=1/2$。被太阳和天空光照亮的水体的典型平均余弦值 $\bar{\mu}_d\approx3/4$ 和 $\bar{\mu}_u\approx3/8$。对等式(3.49)中所有方向 Ξ 进行积分，给出整个光场平均余弦的定义：

$$\bar{\mu}(z;\lambda) \equiv \frac{\int_{\Xi} L(z;\theta,\phi;\lambda)\cos\theta \mathrm{d}\Omega}{\int_{\Xi} L(z;\theta,\phi;\lambda)\mathrm{d}\Omega} \equiv \frac{E_{\mathrm{d}}(z;\lambda) - E_{\mathrm{u}}(z;\lambda)}{E_0(z;\lambda)} \tag{3.51}$$

当辐亮度各向同性时，$\bar{\mu}=0$；对于沿(θ_0,ϕ_0)的平行光束，$\bar{\mu}=\cos\theta_0$；因此，$-1\leqslant\bar{\mu}\leqslant1$对于太阳照射的自然水体，$\bar{\mu}$总为正值，可以看出，$\bar{\mu}$并不是$\bar{\mu}_{\mathrm{d}}$和$\bar{\mu}_{\mathrm{u}}$之和。

一些文献通常会提到分布函数D_{d}和D_{u}，而不是平均余弦。分布函数是平均余弦的倒数，即：

$$D_{\mathrm{d}}(z;\lambda) \equiv \frac{1}{\bar{\mu}_{\mathrm{d}}(z;\lambda)} \text{和} D_{\mathrm{u}}(z;\lambda) \equiv \frac{1}{\bar{\mu}_{\mathrm{u}}(z;\lambda)} \tag{3.52}$$

另一个常用的表观光学量就是光谱辐照度反射比（辐射率）$R(z,\lambda)$，定义为向上平面光谱辐照度与向下平面光谱辐照度之比：

$$R(z,\lambda) \equiv \frac{E_{\mathrm{u}}(z,\lambda)}{E_{\mathrm{d}}(z,\lambda)} \tag{3.53}$$

$R(z,\lambda)$在通常用来评价刚好在水面之下的情况，这时，深度$z=w\approx0$。

光谱的遥感反射率R_{rs}（单位：sr^{-1}）定义为：

$$R_{\mathrm{rs}}(\theta,\phi;\lambda) \equiv \frac{L(z=a;\theta,\phi;\lambda)}{E_{\mathrm{d}}(z=a;\lambda)} \tag{3.54}$$

其中，深度$z=a$表示R_{rs}采用的是仅在海面之上空气中的L和E_{d}，这里的L通常是指离水辐亮度，遥感反射率是指有多少下行光照射到海面，最终在方向(θ,ϕ)返回的下行光。

在典型的海洋条件下，即太阳光和天空光作为入射光，各种辐亮度和辐照度都会随深度近似成指数下降，至少是在水面下足够远（在浅水区，离水底也足够远）且无边界效应的区域是这样。例如，$E_{\mathrm{d}}(z,\lambda)$与深度的关系：

$$E_{\mathrm{d}}(z,\lambda) \equiv E_{\mathrm{d}}(0,\lambda)\exp\left[-\int_0^z K_{\mathrm{d}}(z',\lambda)\mathrm{d}z'\right] \tag{3.55}$$

式中：$K_{\mathrm{d}}(z,\lambda)$是向下平面光谱辐照度的光谱漫射衰减系数。求解得：

$$K_{\mathrm{d}}(z,\lambda) = -\frac{\mathrm{d}\ln E_{\mathrm{d}}(z,\lambda)}{\mathrm{d}z} = -\frac{1}{E_{\mathrm{d}}(z,\lambda)}\frac{\mathrm{d}E_{d}(z,\lambda)}{\mathrm{d}z} \tag{3.56}$$

定义$\bar{K}_{\mathrm{d}}(z,\lambda)$是0到$z$之间的$K_{\mathrm{d}}(z,\lambda)$的平均值，也就是：

$$\bar{K}_{\mathrm{d}}(z,\lambda) \equiv \frac{1}{z}\int_0^z K_{\mathrm{d}}(z',\lambda)\mathrm{d}z' \tag{3.57}$$

可以将上式写为：

$$E_{\mathrm{d}}(z,\lambda) \equiv E_{\mathrm{d}}(0,\lambda)\exp\left[-\bar{K}_{\mathrm{d}}(z,\lambda)z\right] \tag{3.58}$$

其他的漫射衰减系数，如K_{u}、K_{od}、K_{ou}、K_{PAR}和$K(\theta,\phi)$都可以采用相应的辐射量以相似的等式定义。例如，$K(\theta,\phi)\equiv K(z;\theta,\phi;\lambda)$，表示辐亮度$L(z;\theta,\phi;\lambda)$的漫射衰减系数，即：

$$K(\theta,\phi) \equiv -\frac{1}{L(z;\theta,\phi;\lambda)}\frac{\mathrm{d}L(z;\theta,\phi;\lambda)}{\mathrm{d}z} \tag{3.59}$$

各种不同的漫射衰减系数，或者 K 函数的定义都是明确的。实际上，除了在水表面，它们通常在数值上非常相近，在很深的地方它们都会趋向于同一值，在均匀水体里（垂向很好混合），这些 K 函数随深度的变化很小，所以可以方便地描述水体。

切记，实际上不管 K 函数多么有用，毕竟它们是表观光学量，环境（太阳角或海况）的变化会使其跟着改变，这种改变有时可以忽略，但有时影响非常大。然而，Gordon（1989）的数值模拟表明，进行少量附加但非常简单的测量，可将 $K_d(z,\lambda)$ 和 $\overline{K}_d(z,\lambda)$ 的测量值“归一化”，去除太阳角和海况的影响。归一化的 K_d 和 $\overline{K}_d$ 值等于太阳在天顶且海面平静时的测量值。经过归一化后，在所有实际应用中 $K_d(z,\lambda)$ 和 $\overline{K}_d(z,\lambda)$ 可以作为近似固有光学量。

3.2.3 自然水体中重要的光学组分

纯海水由纯水和各种溶解盐（重量上平均占海水的 35‰）组成，这些盐使得海水的散射比纯水要高 30%。这些盐对吸收的影响（如果有的话）还不是很清楚，但是，它们很可能在一定程度上增加了海水在紫外波段的吸收。

淡水和盐水里都含有不同浓度的溶解有机混合物。这些混合物是植物腐烂的产物，主要由腐殖酸和棕黄酸组成，呈棕褐色，当浓度足够大时会使水呈黄褐色，因此，这些混合物一般被称为黄色物质（yellow matter, gelbstoff or gilvin）。黄色物质对红光吸收很少，但随着波长的减小，吸收迅速增加。由于黄色物质的主要来源是陆生植物的腐烂，湖、河以及受河流影响的近岸海域水中的黄色物质浓度一般是最高的。在这些水中，黄色物质成为光谱蓝端的主要吸收者。在海洋中部，与其他成分相比，黄色物质引起的吸收通常很小，但是，浮游植物的腐烂也可能会产生一些黄色物质，特别是在藻华末期。

海洋中的颗粒物质有两种截然不同的来源：生物的和物理的。对光学性质产生重要影响的有机颗粒主要是细菌、浮游植物和浮游动物在通过光合作用或吞食同伴进行生长和繁殖时产生。一些特定大小的微粒可通过各种方式被破坏掉而形成海洋中的颗粒物质，比如说通过死后破裂、絮凝成更大的凝聚微粒或者从水中沉淀出来等形式。无机颗粒主要产生于陆地岩石和泥土的风化，这些颗粒可通过多种途径进入海水中，如风将灰尘吹落到水面，又如河水将风化的泥土冲入海中，或者水流使得底沉淀物再悬浮。无机颗粒会通过沉淀、聚结或溶解等方式从水中分离出来。颗粒物质通常是自然水体吸收和散射特性的主要决定因素，而且光学性质的时空多变性主要由这些颗粒引起的。

有机颗粒有多种存在形式：

病毒：自然海水中病毒颗粒的浓度范围为 $10^{12} \sim 10^{15}\ \mathrm{m^{-3}}$，尺寸（2 ~ 200 nm）一般比可见光波长还要小很多，其对海水的光学性质产生怎样的直接影响还不为人知。

胶体：0.4 ~ 1.0 μm 大小的无生命胶状颗粒的典型浓度是 $10^{13}\ \mathrm{m^{-3}}$，尺度 ≤0.1 μm 的胶体浓度为 $10^{15}\ \mathrm{m^{-3}}$。传统观点认为由溶解物质引起的吸收实际上有一部分可能是由胶体贡献的，在电子显微镜下，一些胶体与棕黄酸非常相像。

细菌：大小在 0.2 ~ 1.0 μm 的活细菌的典型浓度为 $10^{11} \sim 10^{13}\,m^{-3}$。直到最近，人们才认识到细菌是重要的散射体和吸收体，尤其是在蓝光波段和在大型浮游植物相对稀少的清洁大洋水中。

浮游植物：这些无处不在的微小植物在种类、大小、形状及浓度上有着难以置信的多样性。它们的细胞尺寸从 1 μm 到大于 200 μm 不等，而且有些种类可以组成更大的单细胞链。人们很早就已经认识到主要是浮游植物决定了大部分大洋水的光学性质。它们的叶绿素和相关色素对红蓝光有强烈地吸收，特别是在浓度高的时候，浮游植物就决定了海水的光谱吸收。这些颗粒一般远比可见光波长大，是很有效的散射体，尤其是通过衍射，从而影响了海水的散射性质。

有机碎屑：当浮游植物死后，它们的细胞破裂，各种大小的无生命有机颗粒便产生了。它们还可能是浮游动物进食浮游植物时留下的细胞碎屑和排泄物。即使这些碎屑颗粒在形成时还含有色素，但很快便被光氧化而失去了活浮游植物所拥有的吸收光谱的特性，只留下对蓝光的显著吸收。

大颗粒物：比 100 μm 大的颗粒包括浮游动物（大小从几十 μm 到 2 cm 不等的活体动物）和由较小颗粒组成的脆弱的无定形聚合体（“海雪”，大小在 0.5 mm 到几十 cm 之间）。这样的颗粒每立方米的数目从几乎没有到成千上万，变化很大。但即使在浓度很高的情况下，这些大粒子也有可能被光学仪器漏测，因为仪器只是随机地取几个立方厘米的水体，或者会机械地打碎聚合体。然而，由于这些大型颗粒是光的有效漫散射体，因此，能显著影响大体积水体的光学性质（尤其是后向散射），正如遥感设备所拍到的那样。尽管我们已经认识到这些光学效应，但还没有定量分析。

无机颗粒：它们一般由细的石英砂、黏土矿物和金属氧化物组成，粒径从远小于 1 μm 到几十 μm 不等。尽管大家公认在光学上无机颗粒有时比有机颗粒更重要，但海水中这些颗粒所导致的光学影响还没得到足够的重视。而这种情况会发生在高悬浮物含量的混浊沿岸水和可以接收到风携微尘的非常清洁的大洋水体中。在其生命中特定的阶段，浮游植物颗石藻的一种 *Emiliania huxleyi*，是晶体颗粒的最主要的来源。在 *Emiliania huxleyi* 的藻华期内，它们生长并脱落大量的小（2 ~ 4 μm）方解石片，观测到的浓度是 $3\times10^{11}\ m^{-3}$。尽管它们对光吸收的作用可以忽略，但这些方解石是非常高效的光散射体，在藻华期，观测到的在蓝光波段的辐照度反射率 $R=0.39$，使海水呈现乳白色或绿松石色。

3.3 辐射传输

3.3.1 辐射传输方程

考虑一束位于 $\vec{x}=(x,y,z)$ 的辐射光源，沿 (θ,ϕ) 方向传播。在这个方向传播过程中，将受到吸收及偏离该方向散射的作用,同时还将获得来自热辐射以及外源散射到该方向上的能量。综合上述各项可得下述辐射传输方程的形式(Kirk,1996):

$$\frac{\mathrm{d}}{\mathrm{d}r}L(\lambda,\vec{x},\theta,\phi)=-k_E(\lambda,\vec{x})L(\lambda,\vec{x},\theta,\phi)+\Pi(\lambda,\vec{x},\theta,\phi) \tag{3.60}$$

式中:r 是由(θ,ϕ)确定的方向,方程左边是辐亮度在该方向上单位距离发生的变化;右边第一项表示由于吸收和散射所产生的衰减,第二项是源项,由下式给出:

$$\Pi(\vec{x},\theta,\phi)=\Pi_{\mathrm{emit}}(\vec{x},\theta,\phi)+\Pi_{\mathrm{scat}}(\vec{x},\theta,\phi) \tag{3.61}$$

式中:$\Pi_{\mathrm{emit}}(\vec{x},\theta,\phi)$是发射源项,$\Pi_{\mathrm{scat}}(\vec{x},\theta,\phi)$是散射源项,包括所有从非传输方向散射到传输方向上的散射分量。其中,热发射源项可以表示为:

$$\Pi_{\mathrm{emit}}=k_A(T,p,\lambda)f_p[\lambda,T(\vec{x})] \tag{3.62}$$

由于大气和海洋的温度都在 300 K 左右,所以可见光波段的发射源项可以忽略。散射源项比发射源项要复杂得多,以下讨论散射源项的过程中,为简便起见,将省略 λ 的标识。

假设一个体元素位于 x 处,长度在观测方向上为 $\mathrm{d}r$,在 x 处,所有从非传输方向散射到传输方向(θ,ϕ)上的散射分量之和构成了该散射源项。散射的几何关系见图 3.3。图中来自外源项的一束辐射 L_{ex},以角度(θ',ϕ')入射到坐标零点上,有一部分辐射被散射到面向传感器的方向(θ,ϕ)上,α 为入射辐射与散射辐射之间的夹角。

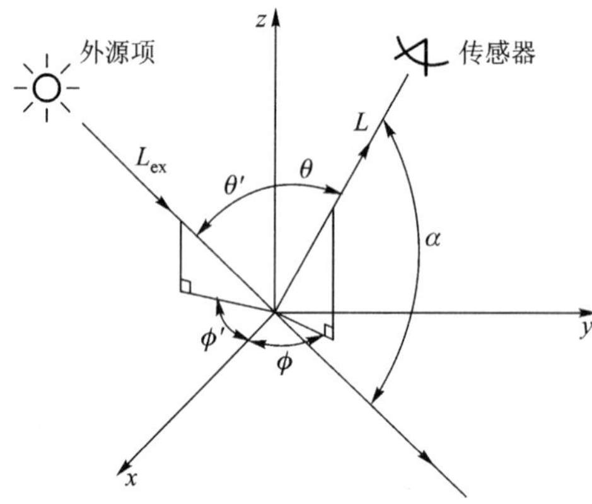

图 3.3　讨论散射源时用到的坐标系和几何关系(蒋兴伟,2008)

针对上述几何关系,散射源项 Π_{scat} 可以写为体散射函数 β 的形式。入射辐照度表示为 $E_{\mathrm{ex}}=L_{\mathrm{ex}}\Delta\Omega'$,其中 $\Delta\Omega'$是光源对着的立体角,此时传感器接收到从坐标零点散射过来每单位长度上的辐亮度为:

$$\Pi_{\mathrm{scat}}=\frac{\mathrm{d}L}{\mathrm{d}r}=\beta(\alpha)L_{\mathrm{ex}}\Delta\Omega' \tag{3.63}$$

在有多个外部辐射源的情况下,对上式在所有立体角内积分,可得:

$$\Pi_{\text{scat}}(\theta,\phi)=\int_{4\pi}\beta(\theta,\phi;\theta',\phi')L_{\text{ex}}(\theta',\phi')\,\mathrm{d}\Omega' \tag{3.64}$$

式中:L_{ex}代表所有外部辐射源。在给定 L_{ex}和 β 的情况下,对上式右边进行积分可得散射源项。

辐射传输方程是一个复杂的微分积分方程,目前有多种数值解法,常用的包括逐次散射法(successive order of scattering, SOS)、离散坐标法(discrete coordinate)、矩阵算子法(matrix operator)、不变嵌入法(invariant imbedding)等。

3.3.2 大气辐射传输

海表面到卫星传感器之间的大气层对辐射传输有极大的影响。各种混合密度大气气体的存在,如氧气、二氧化碳、臭氧和二氧化氮等,以及各种含量的水汽,对不同谱段的电磁辐射起着吸收和散射作用,并且这些作用随着大气成分变化而变化,还受到大气气溶胶的影响。

电磁波在大气传播时,因大气的吸收和散射作用,使强度减弱,即被大气衰减,由此引起的光线强度衰减称为消光。大气对辐射的衰减作用,可由衰减系数 k 表示,单位为 m^{-1},它是吸收系数 a 与散射系数 b 之和。若太阳辐照度为 E_0、大气路径为 x,则穿过该大气路径大气衰减后的辐照度 E'为:

$$E'=E_0\mathrm{e}^{-kx} \tag{3.65}$$

大气衰减作用也可用透过率 τ 表示:

$$\tau=\frac{E'}{E_0}=\mathrm{e}^{-kx} \tag{3.66}$$

式中:kx 为光学厚度或光学深度,当辐射强度减弱到 1/e 时,光学厚度定义为 1。

在可见光波段,消光主要由散射引起,吸收作用所占比例小(仅 3%),主要由臭氧等引起。臭氧大部分集中于 20~30 km 高度的平流层,由高能的紫外辐射与大气中的氧分子相互作用生成。臭氧在紫外(0.22~0.32 μm)有很强的吸收带,在 0.6 μm 附近有一宽的弱吸收带。虽然臭氧在大气中含量很低,但其对地球能量平衡起着重要作用,臭氧的吸收,阻碍了低层大气的辐射传输。

大气散射是指电磁辐射受到大气中微粒(大气分子或气溶胶等)影响改变传播方向的现象,其散射强度依赖于微粒的大小、含量、辐射波长以及辐射传输穿过的大气厚度。

大气中分子与颗粒物散射可以分为选择性散射和无选择性散射。

选择性散射的散射强度与波长有关,又可以分为两类:瑞利散射(Rayleigh scattering)或分子散射,以及米氏散射(Mie scattering)或气溶胶散射。散射的类型依赖于分子或气溶胶散射体相对于入射波长的尺寸,或者称作尺度参数 q 的大小,定义为:

$$q=\frac{2\pi\alpha}{\lambda} \tag{3.67}$$

式中:α 是分子或颗粒物半径;λ 是入射波长。对瑞利散射而言,$q<<1$,引起散射的大气

粒子半径远小于入射波长。大气中的气体分子 O_2、N_2 等对可见光的散射属此类。由 Thomas 和 Stamnes（1999），瑞利散射可由下式计算：

$$P_R(\alpha)=\frac{3}{4}(1+\cos^2\alpha),k_R(\lambda)\sim\lambda^{-4} \tag{3.68}$$

它的散射强度与波长的 4 次方成反比，波长越短、散射越强，且前向散射与后向散射强度相同。瑞利散射多在 9 ~ 10 km 的晴朗（无云、能见度好）高空发生，“蓝天”正是瑞利散射的一种表现。当日光与大气相互作用时，可见光的蓝光散射要比可见光其他波段的散射强得多，因而天空呈现天蓝色。

当 q 趋近于 1 时，入射光在颗粒物周围形成的折射产生强烈的前向散射，出现米氏散射，大气中的水滴和气溶胶散射都属此类。米氏散射往往影响到比瑞利散射更长的波段，可见光及以外的广大范围，它的效果依赖于波长，但与瑞利散射模式不同，其前向散射大于后向散射。米氏散射与大气中微粒的结构、数量有关，其强度受气候影响较大。尽管在一般大气条件下，瑞利散射起主导作用，但米氏散射能叠加于瑞利散射之上，使天空变得阴暗。

无选择性散射的散射强度与波长无关，当引起散射的大气粒子的直径远大于入射波长时，出现无选择性散射。大气中云、雾等的散射属此类，它们大约同等的散射所有可见光、近红外波段。正因为此类散射对所有可见光波段的散射是等量的，因而，我们观察云、雾呈白色、灰白色。

大气散射对光学遥感的影响极大，散射对窄光束辐射至少有两个方面影响：偏离光束方向的散射造成了能量损失；当传感器在特定方向观测大气或海洋时，太阳或其他外部能量源散射造成观测方向能量的增加。前一种情形是光束能量的损失，后一种情形是不想获取的能量增加。

3.3.3 水气界面辐射传输

对可见光波段，水-气界面辐射传输有两种反射发生：气-水界面处太阳辐射的直射反射及天空光的表面反射；与离水辐亮度有关的漫反射，离水辐亮度是空气入射辐射经气-水界面进入水中，然后又有部分辐射经后向散射再次通过水-气界面进入大气层。由水体内部散射产生的离水辐亮度对可见光遥感至关重要，使水体组分浓度等水体特性反演得以实现。

对海表面反射和散射而言，表面平滑或粗糙取决于瑞利粗糙度准则。根据 Rees（2001），图 3.4 描述了入射到某一表面的辐射，其中 σ_η 为均方根海面高度。一般来说，若辐射以 θ 角入射，波长为 λ，满足下式时为镜面散射：

$$\frac{(\sigma_\eta\cos\theta)}{\lambda}<\frac{1}{8} \tag{3.69}$$

若上式成立，表面是平滑的，否则为粗糙表面。上式表明，散射依赖于 3 个变量——σ_η，θ 和 λ。若 σ_η 和 θ 为常数，随着 λ 的增加，表面粗糙度的重要性降低。当 σ_η 和 λ 为常数时,粗糙度则依赖于 θ。一个表面在接近垂直入射时是粗糙的,但在接近水平入射时则是平滑的。当上式在任何角度都不成立的极限情况下,则为拉曼反射。

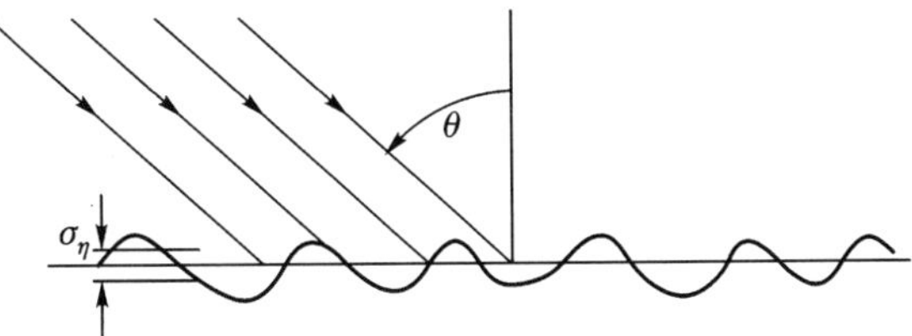

图 3.4　讨论表面散射与镜面反射时用到的几何关系［摘自 Rees (2001)］

图 3.5 给出入射辐射在四个粗糙度依次增大的表面上的反射。图 3.5(a)是理想平滑表面上的镜面反射,反射辐射以与入射角大小相同、方向相反的角度传输。这是纯粹的相干镜面散射或反射,表明反射光束与入射辐射有特定的相位关系(Rees, 2001)。在低粗糙度的情况下,参见图 3.5(b)。沿镜面反射方向有部分相干(coherent)散射,在所有方向上都有部分非相干散射或漫射散射,其中非相干散射与入微辐射有随机的相位关系,随着粗糙度的增加,镜面散射减少而非相干散射增加。对更粗糙的表面而言,散射变为准朗伯散射,意味着大部分散射是随机的,只有在镜面反射方向有一小部分相干散射,参见图 3.5(c)。最后,图 3.5(d)给出理想粗糙表面上的反射情形,为完全朗伯反射。

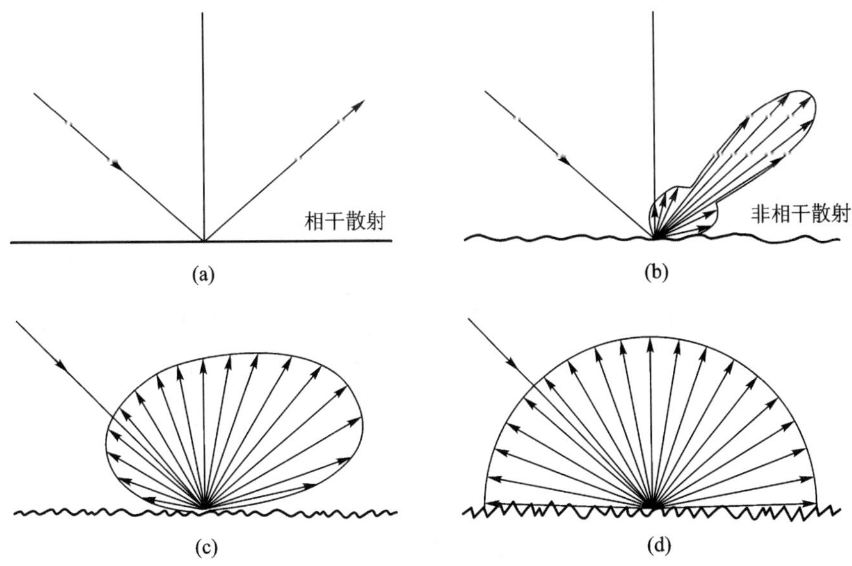

图 3.5　表面反射与散射的极限形式

(a) 镜面反射;(b) 准镜面反射;(c) 准朗伯反射;(d) 朗伯反射(蒋兴伟,2008)

如图 3.5(a)所示的理想平面界面,界面之上为大气,之下为水,且上-下介质内的光学特性只随着距离界面的距离垂直变化。Mobley(1994)认为水-气界面可假设为一个无限薄的薄片,通过这个薄片,折射指数的实部从大气中的相应值阶跃变化为海水中的相应值,入射辐射与界面的相互作用可假设为线性的,这样反射和透过辐射的大小是随入射辐射的增加而线性增加;而不发生频率倍加等非线性效应。

图 3.6 给出一窄光束入射阶平滑水平面上新产生的镜面反射与透射,这里窄光束表示入微辐射的立体角很小。图中的上半部分为大气,下半部分为水。我们可以分两部分描述光束与海表面相互作用时产生的反射与折射:与界面相互作用的几何关系和由菲涅耳定理给出的反射辐射与折射辐射。

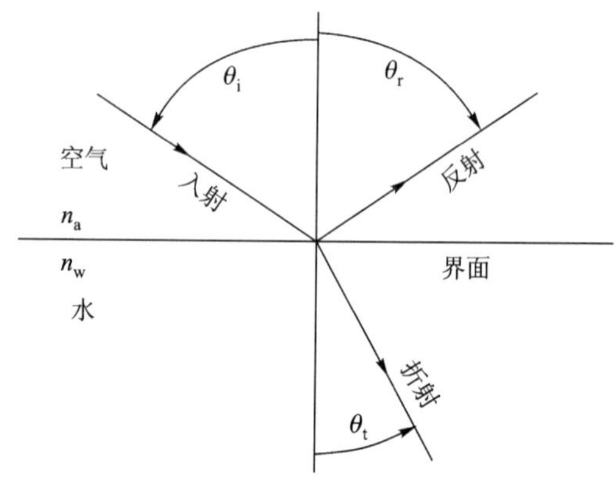

图 3.6 由大气入射的辐射在平滑界面上的折射与散射(蒋兴伟,2008)

图 3.6 中,n_a 和 n_w 分别代表大气和水折射指数的实部,θ_i、θ_r 和 θ_t 分别代表入射角、反射角和透射角,其中入射角和反射角大小相同,方向相反,即有 $\theta_i=-\theta_r$。透射辐射被折射到方向 θ_t 上,满足 Snell 定律:

$$\frac{n_w}{n_a}\equiv n=\frac{\sin\ \theta_i}{\sin\ \theta_t} \tag{3.70}$$

为简化下面讨论,将上式中的 n 设为折射指数之比。在可见光波段有 $n_a=1$ 和 $n_w\approx1.34$。

菲涅耳方程(Fresnel equations)给出反射和透射相对入射辐射的大小。考虑辐亮度入射平滑界面上的情况,将辐亮度反射率定义为反射辐亮度与入射辐亮度之比:

$$r(\theta_r)=\frac{L_r(\theta_r)}{L_i(\theta_i)} \tag{3.71}$$

由菲涅耳方程,$r(\theta_i)$可表示为 θ_i 和 θ_t 的函数(Mobley, 1994; Born 和 Wolf, 1999)

$$r(\theta_i)=\frac{1}{2}\left\{\left[\frac{\sin\ (\theta_i-\theta_t)}{\sin\ (\theta_i+\theta_t)}\right]^2+\left[\frac{\tan\ (\theta_i-\theta_t)}{\tan\ (\theta_i+\theta_t)}\right]^2\right\} \tag{3.72}$$

式中：$\theta_i \neq 0$，且 θ_i 和 θ_t 可由公式（5.3）联系起来。当入射辐射是垂直入射时，反射率变为：

$$r(0)=\frac{(n-1)^2}{(n+1)^2} \tag{3.73}$$

在风驱粗糙表面上，菲涅耳反射产生太阳耀斑（sun glint），即入射太阳辐射从粗糙表面被散射到传感器方向。在所有观测波长下，太阳耀斑都可能远远大于反射或发射的海表辐亮度，所以要避免或掩掉（mask）。

水体中太阳辐射的后向散射只在可见光谱段产生向上传输的辐照度，并从水下入射到水-气界面上，穿过界面的辐照度产生离水辐亮度。

当辐射从水下入射到平滑的水-气界面，辐射传输方向与图 3.6 正好相反，根据 Snell 定律有：

$$\frac{\sin\theta_i}{\sin\theta_t}=\frac{1}{n}=0.75 \tag{3.74}$$

图 3.7 给出从水下入射的辐射穿过水-气界面时，根据上式得出的反射率 r 随入射角的变化。由图可以看出，当 $\theta_i \leqslant 30°$时，r 近似为一常数 0.02，当 $\theta_i=49°$时，r 突然上升到 1，因此当 $\theta_i>49°$时发生全反射，没有透射发生。以入射角 $\theta_i=49°$从水下入射的辐亮度折射到大气中的折射角为 $\theta_t=90°$，此时辐亮度与界面平行。

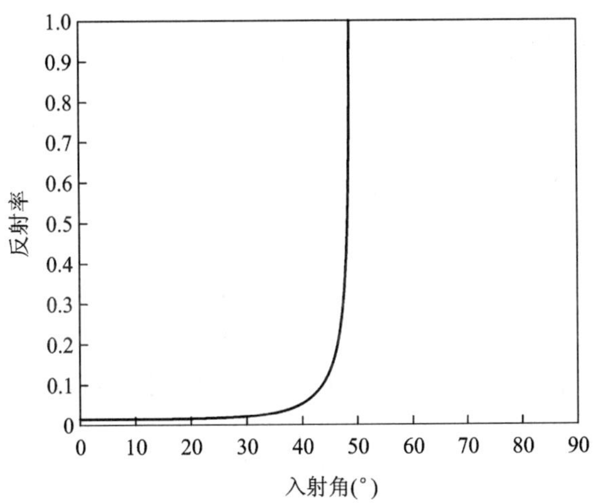

图 3.7　从水下入射的非极化辐射穿过水-气界面时，可见光波段的反射率随入射角的变化（蒋兴伟，2008）

以小的立体角从水下向上传输的光线在空气中会将光线的角度拉大，反之亦然，这种界面上的聚焦和散焦作用分别称作折射汇聚或发散（refractive convergence or divergence）。假设一束窄光束从水下入射到水平水-气界面上，其中水的折射指数为 n_1，大气的折射指数为 n_2，下面给出界面两侧辐亮度的关系。

假设辐亮度以角度 θ_1 入射到界面上面积为 ΔA_s 的区域（图 3.8），其中部分入射辐射

能以角度 θ_2 穿透界面。若定义 $T(\theta_1)=1-r(\theta_1)$ 为界面透过率，则界面处的辐射能 Φ_1 和 Φ_2 有如下关系：

$$\Phi_2=T(\theta_1)\Phi_1 \tag{3.75}$$

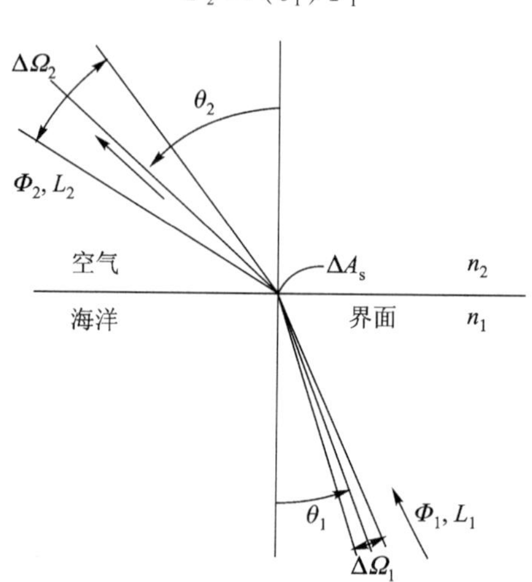

图 3.8　从水下入射的辐亮度作用在水-气界面的微小面积上向上传输，穿过界面时有折射发散现象发生，辐亮度发生改变（Martin,2004）

当入射角小于 40°时，向上入射到大气和向下入射到水中的辐射透过率都满足 $T\cong 0.98$，相应辐亮度分别以立体角 $\Delta\Omega_i(i=1,2)$ 在界面两侧传输。利用辐亮度的形式，将上式改写为如下形式 ：

$$L_2\cos\theta_2\Delta\Omega_2=T(\theta_1)L_1\cos\theta_1\Delta\Omega_1 \tag{3.76}$$

根据定义有：

$$\Delta\Omega_i=\sin\theta_i\Delta\theta_i\Delta\phi_i \tag{3.77}$$

由于方位角 ϕ_i 位于界面所处平面内，则界面两侧的 ϕ_i 关系式与 Snell 定律无关，有 $\Delta\phi_1=\Delta\phi_2$。将 $\theta_i(i=1,2)$ 关系用 Snell 定律表示，再结合上式可得：

$$\Delta\Omega_1\cos\theta_1=\left(\frac{n_2}{n_1}\right)^2\Delta\Omega_2\cos\theta_2 \tag{3.78}$$

上式给出界面两侧的立体角、入射角和折射指数之间的关系，称为 Staubel 不变定律（Mobley, 1994）。

将上式代入式(3.76)可得：

$$L_2=\left(\frac{n_2}{n_1}\right)^2 TL_1 \tag{3.79}$$

如图 3.8 所示，令 L_1 为刚好在界面以下的上行辐亮度，L_2 为离水辐亮度，并有 $n=\frac{n_1}{n_2}=1.34$，则当 $\theta<40°$或 $T\approx 0.98$ 时，方程(3.79)变为：

$$L_2 = \frac{TL_1}{n^2} \cong 0.55L_1 \tag{3.80}$$

相反，当辐射从大气入射，$\theta<50°$时，方程(3.79)变为：

$$L_1 = n^2 TL_2 \cong 1.76L_2 \tag{3.81}$$

由上式可以看出，当辐射从水下入射时，透过海表面的辐亮度降低了一半左右；而从大气入射时，透射辐亮度则几乎加倍。

3.3.4 水体辐射传输

太阳光在大气穿行到达气-水界面，除部分反射回大气层外，将穿透界面进入水体。辐射能量在水体的传输过程，受到水体中分子与颗粒的吸收散射作用，能量逐渐衰减。

以无限深水体的向下辐照度 E_d 为例，刚好在水表面下的 $E_d(0^-)$ 与某一深度 z 处的向下辐照度 $E_d(z)$ 的关系为：

$$E_d(z) = E_d(0^-)\exp\left[-\int_0^z K_d(z)\,dz\right] \tag{3.82}$$

式中：$K_d(z)$ 为 E_d 在深度 z 的漫衰减系数，其差分运算为：

$$K_d(z) = -\frac{\ln\left[E_d(z_2)\right] - \ln\left[E_d(z_1)\right]}{z_2 - z_1} \tag{3.83}$$

如果 $z_1 \sim z_2$ 深度范围为均匀混合水层，其间的 $K_d(z)$ 基本是常数 K_d，则有：

$$E_d(z_2) = E_d(z_1)\exp(-K_d z) \tag{3.84}$$

水体中其他辐射量以相似规律随着深度衰减，当水体中的分子或颗粒物进行吸收作用时，辐射能量将转化为其他能量形式，这时辐射能量是真正意义上的衰减；而当水体中的分子或颗粒进行散射时，辐射能量继续以原来的能量形式存在，只是偏离了原有的传播方向。散射过程中，后向散射与水质遥感密切相关，正是由于后向散射的存在，才使得下行辐射可能转化为上行辐射，最终穿过水-气界面，成为离水辐射被我们所观测，因此才有了水质遥感中的关键辐射参数，离水辐亮度。

下面首先给出平面辐照度反射率 $R(z)$ 的定义，然后讨论离水辐亮度和入射辐射及海水吸收和散射特性的关系。Zaneveld 和 Kitchen (1995)将 $R(z)$ 定义为上行平面辐照度与下行辐照度之比：

$$R(z) = \frac{E_u(z)}{E_d(z)} \tag{3.85}$$

用 $R(0^-)$ 表示刚好处于水表面以下的辐照度反射率，由刚好处于水表面以下的上行辐照度 $E_u(0^-)$ 和下行辐照度 $E_d(0^-)$ 决定。为了与离水辐亮度建立联系，在朗伯体假设下，引入如下关系式：

$$L_u(0^-) = \frac{E_u(0^-)}{\pi} \tag{3.86}$$

根据上一节的分析，$L_u(0^-)$ 和 $E_d(0^-)$ 与刚好处于水表面以上的上行辐亮度（离水辐亮度）和下行辐照度的关系近似为：

$$E_{\mathrm{d}}(0^{-}) = TE_{\mathrm{d}}(0^{+}) \tag{3.87}$$

$$L_{\mathrm{u}}(0^{-}) = \frac{1}{T}\left(\frac{n_1}{n_2}\right)^2 L_{\mathrm{u}}(0^{+}) = \frac{n^2}{T}L_{\mathrm{w}} \tag{3.88}$$

综合式(3.85)~式(3.88),我们可以从离水辐亮度 L_{w} 和入射辐照度 $E_{\mathrm{d}}(0^{+})$ 得到刚好处于水表面以下的辐照度反射率 $R(0^{-})$。将 $R(0^{-})$ 看做一个刚好处于水表面以下的假想反射体,代表水体中的所有散射与吸收作用,其位置恰好避免了界面透射的问题。为获得该反射体的特性,定义光谱后向散射系数 b_{b} 为 $\beta(\alpha)$ 在上半平面内的积分所得:

$$b_{\mathrm{b}} = 2\pi\int_{\frac{\pi}{2}}^{\pi}\beta(\alpha)\sin\alpha\mathrm{d}\alpha \tag{3.89}$$

其中 π 是后向散射的方向。水体中的辐射传输在一阶近似时表现为吸收与散射之间的平衡,如果一个下行光子被吸收就不能再散射,但如果一个光子被悬浮物或水分子后向散射就会变成上行光子(Mobley, 1994)。描述这一过程最简单的模型是假设 $R(0^{-})$ 与 b_{b} 成正比而与 a 成反比,因为在后向散射较强而吸收较弱的情况下,上行辐照度可能比下行辐照度更强一些(Mobley, 1994; Roesler 和 Perry, 1995; Zaneveld 和 Kitchen, 1995)。所以在一阶近似下有:

$$R(0^{-}) \equiv R \sim \frac{b_{\mathrm{b}}}{a} = G\frac{b_{\mathrm{b}}}{a} \tag{3.90}$$

式中:G 是一个依赖于入射光场和体散射函数的常数,对于太阳天顶角下的平坦海面,$G=0.33$(Gordon 等, 1975)。式(3.90)将水体中的固有光学量与表观光学量联系起来,我们可以根据它们之间的关系对辐照度反射率和吸收及散射系数进行计算。对离水辐亮度和入射辐射及海水吸收和散射特性的关系更详细深入的描述请参考 Mobley(1994)等的研究结果。

参考文献

Born M, Wolf E. Principles of Optics[M], 7th edn. Cambridge: Cambridge University Press, 1999.

Fargion G S, Mueller J L. Ocean Optics Protocols for Satellite Ocean Color Sensor Validation[M], Revision 2, NASA/TM-2000-209966, 2000.

Gordon H R, Brown O B, Jacobs M M. Computed relationships between the inherent and apparent optical properties of a flat homogeneous ocean[J]. Applied Optics, 1975, 14:417-427.

Gordon H R. Can the Lambert-Beer law be applied to the diffuse attenuation coefficient of ocean water[J]? Limnology and Oceanography, 1989, 34(8): 1389-1409.

Kirk J T O. Light and Photosynthesis in Aquatic Ecosystems[M]. Cambridge: Cambridge University Press, 1996.

Mobley C D. Light and Water: Radiative Transfer in Natural Waters[M]. San. Diego: Academic Press, 1994.

Morel A, Gentili B. Diffuse reflectance of oceanic waters-II Bidirectional aspects[J]. Applied Optics, 1993, 32(33): 6864-6879.

Rees W G. Physical Principles of Remote Sensing[M], 2nd edn. Cambridge: Cambridge University Press, 2001.

Roesler C S, Perry M J. In situ phytoplankton absorption, fluorescence emission, and particulate backscattering spectra determined from reflectance[J]. Journal of Geophysical Research, 1995, 100: 13279-13294.

Thomas G E, Stamnes K. Radiative Transfer in the Atmosphere and Ocean[M]. Cambridge: Cambridge University Press, 1999.

Zaneveld J R V, Kitchen J C. The variation in the inherent optical properties of phytoplankton near an absorption peak as determined by various models of cell structure[J]. Journal of Geophysical Research, 1995, 100: 13309-13320.

李小文，刘素红. 遥感原理与应用[M]. 北京：科学出版社，2008.

马丁 S. 海洋遥感导论[M]. 蒋兴伟，译. 北京：海洋出版社,2008.

徐希孺. 遥感物理[M]. 北京：北京大学出版社，2005.

赵英时. 遥感应用分析原理与方法[M]. 北京：科学出版社，2003.

第4章　水质遥感大气校正

4.1　大气校正理论基础

太阳光子进入大气层后，就会与大气分子和气溶胶等物质发生碰撞，要么被吸收，要么散射到其他方向上。在宏观上，太阳辐射能量在大气传播过程中会发生衰减，其传播方向和偏振方向也发生改变。有部分辐射经过大气直接反射回外太空，有部分辐射向下与下垫面发生作用。对于海洋而言，有部分下行太阳辐射经过海表面直接反射回去，有部分透过海表面进入水体，与水分子、叶绿素、黄色物质和悬浮物质等物质发生吸收和散射等衰减作用，大部分辐射被水体吸收，但也有小部分辐射经水体散射返回大气，这部分能量称为离水辐射，离水辐射和海表面反射辐射在上行过程中与大气再次发生吸收和散射作用，部分辐射透过大气返回外太空，但也有部分能量经过大气反射返回到海面，再次与海面和水体发生光学作用。太阳辐射多次在大气和海洋间发生相互光学作用，随着碰撞次数的增加，大气海洋之间的辐射交换不断减弱。对于一类水体，由于其离水辐射率很小，辐射计算可以只考虑大气和海洋间的第一次相互作用，而忽略多次相互作用；但对于二类水体，由于水体泥沙等悬浮物质的高散射率，离水辐射率比一类水体高很多，辐射计算必须考虑大气和海洋间的多次相互作用。太阳辐射在与大气-海洋耦合系统传输时，其传输方向和偏振方向不断发生改变。

大气校正是水色遥感的关键问题。由于来自水体的信号甚微，90%以上信号来自大气瑞利散射、气溶胶散射以及太阳反射。因此，准确获取水色要素遥感信息的前提是进行精确大气校正，去除大气分子和气溶胶的影响。如何将水体信息同大气信息分离，是水色遥感得以应用的关键，直接影响水体组分反演等后续分析的精度。

4.1.1 大气分子的吸收与散射作用

4.1.1.1 大气分子的吸收作用

大气各种气体分子对电磁辐射具有吸收性质。太阳辐射经过大气层时会被气体分子吸收一部分能量。大气分子通过改变分子的旋转、振动或者电磁状态完成对辐射的吸收(Vermote 等, 2006)。旋转状态的改变主要发生在微波或者远红外等低能量区域;振动状态的改变主要发生在较高能量的近红外区域,而电磁状态的改变主要发生在紫外线和可见光部分等高能量区域。大气分子吸收主要源于氧气、臭氧、水汽、二氧化碳、甲烷和二氧化碳这六种气体的吸收作用。其中前四种气体在大气中分布稳定,而且与大气充分混合,可以看成是常数。后两者在大气中变化较大,与时间和地点紧密相关。

气体吸收对波长具有较明显的选择性。氮气吸收主要发生在紫外光以外,波长小于 0.2 μm 的电磁波几乎被氮气吸收;臭氧吸收主要发生在小于 0.3 μm 的波长范围内,波长小于 0.3 μm 的太阳短波辐射在入射到地表之前已被吸收完毕。氧气吸收主要发生在 0.76 μm 处;水汽吸收主要发生在大于 0.7 μm 的波长上;二氧化碳主要发生在 2 μm 处,至于甲烷的吸收发生在更远的波长。不同的大气分子含量会具有不同的吸收率和透过率,但各种气体的吸收作用相对独立,其综合吸收作用是各种气体吸收作用的相乘。

4.1.1.2 大气分子的散射作用

太阳辐射与大气分子发生碰撞时会发生散射作用,从而改变光场能量分布。由于太阳辐射的波长远大于大气分子半径,其散射为瑞利散射。

光子通过大气层时会与气体分子发生瑞利散射,波长为 λ 的瑞利散射光学厚度 τ_λ^R 定义为:

$$\tau_\lambda^R = \int_0^\infty \beta_\lambda(z)\,\mathrm{d}z \tag{4.1}$$

式中:$\beta_\lambda(z)$ 为高度为 z 的大气层气体分子的衰减系数(m^{-1})。

Hansen 等(1974)给出了 τ_λ^R 简单计算公式:

$$\tau_\lambda^R = 0.008\ 569\lambda^{-4}(1+0.011\ 3\lambda^{-2}+0.000\ 13\lambda^{-4})\frac{P}{1\ 013.25}\mathrm{e}^{-0.125A} \tag{4.2}$$

式中:P 为地表大气压强(hPa);A 为海拔高度(km)。

从该公式可以看出 τ_λ^R 近似与 λ^{-4} 成正比。Hansen 公式只能粗略计算 τ_λ^R,要得到较精确的 τ_λ^R,必须知道大气廓线,Elterman(1964)、Hoyt(1977)和 Vermote(2006)等给出了如下相关计算公式:

$$\beta_\lambda(z) = \sigma_\lambda N_r(z)\cdot 10^5 \tag{4.3}$$

$$N_r(z) = N_s\frac{P(z)}{1\ 013.25}\left(\frac{273.15+15}{T(z)}\right) \tag{4.4}$$

$$\sigma_\lambda = \frac{24\pi^3\ (n_s^2-1)^2}{\lambda^4 N_s^2\ (n_s^2+2)^2}\left(\frac{6+3\delta}{6-7\delta}\right) \tag{4.5}$$

式中:$N_r(z)$为大气高度 z 处的气体分子数密度(cm^{-3});σ_λ 为单位数密度的散射截面积(cm^2)。N_s 为标准大气压下的单位体积分子数,其值约为 $2.547\ 43\times10^{19}$;$P(z)$和 $T(z)$为 z 高度处的气体压强和温度;δ 为退极化率,用于描述分子非各向同性对散射的影响。Rudder 和 Bach(1968)取其值为 0.013 9,而 Young(1980)取其值为 0.027 9。δ 除了影响到光学厚度,还影响到瑞利散射的散射相函数;n_s 为标准大气下的分子折射系数,Edlen(1964)给出 n_s 的计算公式:

$$(n_s-1)\cdot 10^8=8\ 342.13+\frac{2\ 406\ 030}{130-\lambda^{-2}}+\frac{15\ 997}{38.9-\lambda^{-2}}\ (\lambda \text{ 单位为 cm}) \tag{4.6}$$

不考虑退极化率 δ 的瑞利散射散射矩阵为(Chandrasekhar,1960):

$$P(\Theta)=\frac{3}{2}\begin{bmatrix} \frac{1}{2}(1+\cos^2\Theta) & -\frac{1}{2}(1-\cos^2\Theta) & 0 & 0 \\ -\frac{1}{2}(1-\cos^2\Theta) & \frac{1}{2}(1+\cos^2\Theta) & 0 & 0 \\ 0 & 0 & \cos(\Theta) & 0 \\ 0 & 0 & 0 & \cos(\Theta) \end{bmatrix} \tag{4.7}$$

考虑退极化率 δ 的散射相函数如下(Chandrasekhar,1960):

$$P(\Theta)=\frac{3}{2}\frac{(1-\delta)}{(1+\delta/2)}\begin{bmatrix} \frac{1}{2}(\frac{1+\delta}{1-\delta}+\cos^2\Theta) & -\frac{1}{2}(1-\cos^2\Theta) & 0 & 0 \\ -\frac{1}{2}(1-\cos^2\Theta) & \frac{1}{2}(1+\cos^2\Theta) & 0 & 0 \\ 0 & 0 & \cos(\Theta) & 0 \\ 0 & 0 & 0 & \frac{1-2\delta}{1-\delta}\cos(\Theta) \end{bmatrix} \tag{4.8}$$

4.1.2 气溶胶的吸收散射作用

4.1.2.1 气溶胶的辐射影响

气溶胶是悬浮在大气中的多种固体微粒和液体微小颗粒群。气溶胶来源比较广泛,但根据其来源可以归为两类:一是自然界,如火山喷发的烟尘、被风吹起的土壤微粒、海水飞溅扬入大气后而被蒸发的盐粒、细菌、微生物、植物的孢子花粉、流星燃烧所产生的细小微粒和宇宙尘埃等;二是人类活动,如煤、油及其他矿物燃料的燃烧物质,以及车辆产生的废气排放至空气中的大量烟粒等。

气溶胶通过改变局部行星反射率和吸收地球热辐射,来影响全球气候,对地球辐射平衡起着重要作用(Twomey, 1977; 罗云峰等, 1988; Haywood 等, 1995; Lohmann 等, 2005; Penner 等, 2004; Yu 等, 2006)。气溶胶对辐射强迫有直接和间接两种作用机制。气溶胶直接作用是增加行星反射率,反射更多太阳辐射返回外太空,同时煤烟型等有色气溶胶具有强吸收性,能够吸收部分太阳光并转化为热能, 减小到达地球表面的太阳辐射,对地球表面起降温作用。另外,气溶胶还能起到温室气体的作用,吸收部分地球热辐射,降低地表降温的速度。气溶胶间接作用机制比较复杂,小粒径气溶胶可作为云凝结核,有助于形成和发展云层和降水,改变云层反射率和降水过程。气溶胶对气候的影响错综复杂,对地球最终是否起到降温作用还是升温作用还未有明确定论。对遥感领域科学家而言,关注更多的不是地球辐射收支平衡问题,而是气溶胶对卫星接收信号的影响。显然,气溶胶会增加大气层的反射能力,从而增加行星反射率和卫星接收信号强度。气溶胶严重影响到地表反射率的测量精度,要精确获取地表反射率,必须了解气溶胶信息并进行有效的大气校正,可见气溶胶信息对遥感的重要性,这也是目前水色卫星大气校正的焦点和难点所在。

4.1.2.2 相对湿度对气溶胶的影响

随着空气相对湿度的增加,更多水汽依附在气溶胶表面,使得气溶胶吸收更多水分,从而加大气溶胶的粒径和改变气溶胶的折射系数,进而改变气溶胶的吸收系数和衰减系数等光学属性(Hänel, 1972, 1976)。当然,相对湿度只对吸湿性气溶胶(水溶气溶胶或者海盐气溶胶)有作用,对一些非吸湿气溶胶(矿物质气溶胶和煤烟型气溶胶等)不起任何作用。Hänel(1984)分析了相对湿度对气溶胶光学性质的影响,并给出了气溶胶半径 r 随相对湿度的变化公式:

$$r(a_m)=r_0\left[1+\rho\frac{m_w(a_w)}{m_0}\right]^{\frac{1}{3}} \tag{4.9}$$

式中:r_0 为干粒子的半径;ρ 为粒子相对于水的密度;m_0 为干粒子的质量,m_w 为吸湿后粒子的质量;a_w 为水活动能力。

$$a_m=f\cdot\exp\left(\frac{-2\sigma V_w}{R_w\cdot T\cdot r}\right) \tag{4.10}$$

式中:f 为相对湿度;σ 为湿粒子表面张力;V_m 为水的特征体积;R_m 为水的特征气体常数;T 为热力学温度(K)。在常温(298 K)下,

$$\frac{2\sigma V_w}{R_w\cdot T}\cong 0.001\ 056 \tag{4.11}$$

则

$$a_m=f\cdot\exp\left(\frac{-0.001\ 056}{r}\right) \tag{4.12}$$

可以通过迭代方法得到不同相对湿度下的气溶胶半径,然后通过下式计算气溶胶吸湿后的复折射系数($m=n-\mathrm{i}k$):

$$m=m_0+(m_0-m_w)\left[\frac{r_0}{r(a_w)}\right]^3 \tag{4.13}$$

式中:m_0 为干粒子复折射系数;m_w 为水复折射系数。

Hänel(1984)进一步给出了吸湿气溶胶折射系数虚部的表达式:

$$\frac{k}{n^2+2}=\frac{k_w}{n_w^2+2}+\left(\frac{k_0}{n_0^2+2}-\frac{k_w}{n_w^2+2}\right)\left[\frac{r_0}{r(a_w)}\right]^3 \tag{4.14}$$

式中：n_w 和 k_w 为水折射系数的实部和虚部；n 和 k 为气溶胶吸湿后折射系数的实部和虚部；n_0 和 k_0 为干气溶胶的实部和虚部。

4.1.2.3 气溶胶光学属性计算

常见的气溶胶光学属性包括垂直光学厚度 τ_a、单次散射反照率 ω_a 和散射矩阵 $P_a(\Theta)$ 等。已知气溶胶的复折射系数（$m=n-\mathrm{i}k$）和粒径谱分布函数，通过 Mie 散射理论计算就可得到气溶胶的各种光学属性。

光在前进中碰见粒子，如果光波波长小于粒子的半径，就会发生 Mie 散射（Mie，1908）。气溶胶的粒径一般相对较大，符合 Mie 散射条件。Mie 散射理论较复杂，这里只给出一般推导过程。设入射波（波速为 k）为：

$$E_{\mathrm{i}}=E_0\mathrm{e}^{\mathrm{i}(kr\cos\theta-\omega t)}[\sin\theta\cos\varphi\, e_r+\cos\theta\cos\varphi\, e_\theta-\sin\varphi\, e_\varphi] \tag{4.15}$$

当该入射波照射到半径为 a 的均质球粒子上时，在远处 $\boldsymbol{r}(r,\theta,\varphi)$ 处（$kr\gg1$）激发的散射电场可由麦克斯韦方程组求得（Bohen 和 Huffman，1998）

$$E_{\mathrm{s}}=E_0\mathrm{e}^{\mathrm{i}(kr\cos\theta-\omega t)}[-S_2(\theta)\cos\varphi\, e_\theta+S_1(\theta)\sin\varphi\, e_\varphi] \tag{4.16}$$

其中，

$$\begin{cases} S_1(\theta)=\sum_{n=1}^{\infty}\dfrac{2n+1}{n(n+1)}\left(a_n\dfrac{P_n^1(\cos\theta)}{\sin\theta}+b_n\dfrac{dP_n^1(\cos\theta)}{d\theta}\right) \\ S_2(\theta)=\sum_{n=1}^{\infty}\dfrac{2n+1}{n(n+1)}\left(a_n\dfrac{dP_n^1(\cos\theta)}{d\theta}+b_n\dfrac{P_n^1(\cos\theta)}{\sin\theta}\right) \end{cases} \tag{4.17}$$

记 $\mu=\cos\theta$，$\pi_n(\mu)=\dfrac{P_n^1(\mu)}{\sin\theta}$ 和 $\tau_n(\mu)=\dfrac{\mathrm{d}P_n^1(\mu)}{\mathrm{d}\theta}$，则 $\pi_n(\mu)$ 和 $\tau_n(\mu)$ 可通过如下递推公式计算：

$$\begin{cases} \pi_n(\mu)=\dfrac{2n-1}{n-1}\mu\pi_{n-1}(\mu)-\dfrac{n}{n-1}\pi_{n-2}(\mu), \quad \tau_n(\mu)=n\mu\pi_n(\mu)-(n-1)\pi_{n-1}(\mu) \\ \pi_0(\mu)=0, \quad \pi_1(\mu)=1 \end{cases} \tag{4.18}$$

把 $\pi_n(\mu)$ 和 $\tau_n(\mu)$ 代入 $S_1(\theta)$ 和 $S_2(\theta)$ 的表达式后得到：

$$\begin{cases} S_1(\theta)=\sum_{n=1}^{\infty}\dfrac{2n+1}{n(n+1)}(a_n\pi_n(\mu)+b_n\tau_n(\mu)) \\ S_2(\theta)=\sum_{n=1}^{\infty}\dfrac{2n+1}{n(n+1)}(a_n\tau_n(\mu)+b_n\pi_n(\mu)) \end{cases} \tag{4.19}$$

式中：a_n 和 b_n 都是尺寸参数（$x=ka=2\pi a/\lambda$）和粒子复折射系数（$m=n-\mathrm{i}k$）的函数

$$\begin{cases} a_n(x,m)=\dfrac{m\phi_n(mx)\phi_n'(x)-\phi_n(x)\phi_n'(mx)}{m\phi_n(mx)\xi_n'(x)-\xi_n(x)\phi_n'(mx)} \\ b_n(x,m)=\dfrac{\phi_n(mx)\phi_n'(x)-m\phi_n(x)\phi_n'(mx)}{\phi_n(mx)\xi_n'(x)-m\xi_n(x)\phi_n'(mx)} \end{cases} \tag{4.20}$$

式中：$\phi_n(x)$ 和 $\xi_n(x)$ 分别是 Riccati-Bessel 函数和 Riccati-Hankel 函数，满足如下递推关系：

$$\begin{cases} \phi_n(x)=\dfrac{(2n-1)\phi_{n-1}(x)}{x}-\phi_{n-2}(x) \\ \xi_n(x)=\dfrac{(2n-1)\xi_{n-1}(x)}{x}-\xi_{n-2}(x) \\ \phi_0(x)=\sin x, \quad \phi_1(x)=\dfrac{\sin x-x\cos x}{x^2} \\ \xi_0(x)=-\mathrm{i}\exp(\mathrm{i}x) \quad \xi_1(x)=\dfrac{\mathrm{i}+x}{x}\exp(\mathrm{i}x) \end{cases} \tag{4.21}$$

现在可计算粒子的消光效率 Q_e、散射效率 Q_s、后向散射效率 Q_{bs}和吸收系数 Q_a：

$$Q_e(x,m)=\frac{2}{x^2}\sum_{n=1}^{\infty}\left[(2n+1)Re\left(a_n(x,m)+b_n(x,m)\right)\right] \tag{4.22}$$

$$Q_s(x,m)=\frac{2}{x^2}\sum_{n=1}^{\infty}\left[(2n+1)\left(|a_n(x,m)|^2+|b_n(x,m)|^2\right)\right] \tag{4.23}$$

$$Q_{bs}(x,m)=\frac{1}{x^2}\left|\sum_{n=1}^{\infty}\left[(2n+1)(-1)^n\left(a_n(x,m)-b_n(x,m)\right)\right]\right|^2 \tag{4.24}$$

$$Q_a(x,m)=Q_{ext}(x,m)-Q_{sca}(x,m) \tag{4.25}$$

对于球型粒子，散射矩阵为：

$$P(\Theta)=\begin{bmatrix} P_{11}(\Theta) & P_{12}(\Theta) & 0 & 0 \\ P_{12}(\Theta) & P_{11}(\Theta) & 0 & 0 \\ 0 & 0 & P_{33}(\Theta) & P_{34}(\Theta) \\ 0 & 0 & -P_{34}(\Theta) & P_{33}(\Theta) \end{bmatrix} \tag{4.26}$$

其中 $P_{11}(\Theta)=\frac{1}{2}(|S_2|^2+|S_1|^2)$，$P_{12}(\Theta)=\frac{1}{2}(|S_2|^2-|S_1|^2)$，$P_{33}(\Theta)=\frac{1}{2}(S_2^*S_1+S_2S_1^*)$，$P_{34}(\Theta)=-\frac{1}{2}(S_1S_2^*+S_2S_1^*)$。其中 $P_{11}(\Theta)$为标量形式下的散射相函数，其标准化形式为：

$$p(\Theta)=\frac{P_{11}(\Theta)}{\pi x^2 Q_s(x,m)} \tag{4.27}$$

非对称因子：

$$g(x,m)=\frac{4}{x^2Q_s(x,m)}\sum_{n=1}^{\infty}\left[\frac{n(n+2)}{n+1}Re\left(a_n(x,m)a_{n+1}^*(x,m)+b_n(x,m)b_{n+1}^*(x,m)\right)+\frac{2n+1}{n(n+1)}Re\left(a_n(x,m)b_n(x,m)\right)\right] \tag{4.28}$$

对于气溶胶群，假设其粒径分布为 $n(r)=\frac{\mathrm{d}N(r)}{\mathrm{d}r}$，则气溶胶的消光系数 β_e、散射系数 β_s 和吸收系数 β_a，散射相函数 p，单次散射反照率 ω，非对称因子 g 可由 Mie 计算结果计算如下：

$$\beta_{e,s,a}(\lambda,m)=\int_{r_{min}}^{r_{max}}Q_{e,s,a}(2\pi r/\lambda,m)\pi r^2 n(r)\mathrm{d}r \tag{4.29}$$

$$p(\lambda,m,\Theta)=\frac{1}{\beta_s(\lambda,m)}\int_{r_{min}}^{r_{max}}P_{11}(2\pi r/\lambda,m,\Theta)4\pi r^2 n(r)\mathrm{d}r \tag{4.30}$$

$$\omega(\lambda,m)=\frac{\beta_s(\lambda,m)}{\beta_e(\lambda,m)} \tag{4.31}$$

$$g(\lambda,m)=\frac{\int_{-1}^{1}\cos\Theta\cdot p(\lambda,m,\Theta)\mathrm{d}\cos\Theta}{\int_{-1}^{1}p(\lambda,m,\Theta)\mathrm{d}\cos\Theta} \tag{4.32}$$

4.1.2.4　气溶胶建模方法

气溶胶的物理化学性质复杂，时空分布变化大，而且与下垫面性质紧密相关，这造成了气溶胶分布信息在全球范围内存在较大的不确定性。为方便处理，遥感科学家需要一定的气溶胶模型来模拟简化气溶胶状态。气溶胶模型是对典型气溶胶状态的一种简单、一般化的描述（Shettle 和 Fenn, 1979）。定义气溶胶模型是一个复杂的过程，需要考虑不同时空下的气溶胶物理光学性质。构造气溶胶模型一般有两种方法：一种是直接测量不同时间、不同地方的气溶胶光学属性；另外一种是先收集并平均各种气溶胶粒子得到几种气溶胶基本粒子，然后由这些基本粒子按照不同比例混合计算而得到气溶胶模型（Levoni 等, 1997）。第一种方法非常直接，但需要在较长时间内对较大空间内的气溶胶进行测量，测量成本远远超过目前经济承受力，所以目前还不存在具有要求精度的全球气溶胶观测数据集。正是如此，利用气溶胶基本粒子混合组成气溶胶类型的构造方法依然是目前较合理的构造方法（Almeida, 1991）。

大量科学家对气溶胶模型的提出和完善做了贡献（Toon 和 Pollack, 1976; Fenn, 1964; Shettle 和 Fenn, 1979; Deepak 和 Gerbers, 1983; Mc Clatchey 等, 1992; d'Almeida 等, 1991; Koepke 等, 1997; Levoni 等, 1997）。Hess 等在总结前人研究的基础上，提出了广泛应用于遥感科学与研究的气溶胶和云光学属性数据集 OPAC（optical properties of aerosols and clouds）。OPAC 含有常见气溶胶基本粒子，预定义几种常见气溶胶模型，而且提供接口供用户自由选择各种气溶胶组分含量以构造新的气溶胶模型。每种气溶胶基本粒子具有特定粒径分布和折射系数，而且充分考虑了不同相对湿度对气溶胶基本粒子的折射系数和粒径分布的影响。

OPAC 含有如下 6 类气溶胶基本粒子（Hess 等, 1998）：

- 非水溶性粒子（water-insoluble particles, INSO）：非水溶性粒子主要包括泥沙颗粒和绝大部分有机物质。
- 水溶性粒子（water-soluble particles, WASO）：水溶性粒子起源于气体向颗粒转化过程中，包含各种硫化物、氮氧化物以及其他有机水溶物质。人类活动产生的硫化物约占水溶性粒子的 50%。

• 煤烟型粒子(SOOT):煤烟型粒子代表的是吸收性强的黑炭,主要产生于稻谷燃烧、煤炭燃烧和汽车尾气,广泛存在于工业城市中。

• 海盐粒子(sea salt):海盐粒子主要由海面风矢量在海面上拖曳形成飞沫蒸发而成的各种含盐分颗粒,一般包含 30% 的海盐和 10% 的水分。海盐粒子可进一步分为两种:一种是颗粒较大、与短时间内风速相关的粗模态海盐粒子 SSCM(sea salt at coarse mode);另一种是长期漂浮在海洋上空的积聚模态海盐粒子 SSAM(sea salt at accumulated mode)。

• 矿物质粒子(mineral particles):矿物质粒子主要代表产生于干旱地区的沙漠气溶胶,一般由石英和干土混合而成。按照其粒径大小,可分为核模态矿物质粒子 MINM、积聚模态矿物质粒子 MIAM 和粗模态矿物质粒子 MICM。另外,OPAC 还定义输送型矿物质粒子 MITR(mineral transported)。

• 75% 硫酸盐粒子(75% H_2SO_4):75% 硫酸盐粒子代表南极上空的含硫酸盐气溶胶。它也可以作为平流层背景气溶胶使用。它不适合代表人类活动产生的硫化物。

每种气溶胶基本粒子 i 的粒径符合对数正态分布(Deepak 和 Gerber, 1983)

$$\frac{\mathrm{d}N_i(r)}{\mathrm{d}r}=\frac{N_i}{\sqrt{2\pi}r\log\sigma_i\ln 10}\exp\left[\frac{1}{2}\left(\frac{\log r-\log r_{\mathrm{mod}\,N,i}}{\log\sigma_i}\right)^2\right] \tag{4.33}$$

式中:N_i 为基本粒子 i 的粒子总数(cm^{-3});$r_{\mathrm{mod}\,N,i}$为模半径;σ_i 为分布宽度。其中 N_i 与气溶胶浓度有关,关系到气溶胶的光学厚度,而 $r_{\mathrm{mod}\,N,i}$ 和 σ_i 分别反映粒子群的平均半径和方差,直接关系到气溶胶的吸收和散射特征。

4.1.3 海表面对光辐射的影响

4.1.3.1 海面白冠反射率的计算

白冠是波浪破碎后漂浮在海面的白色泡沫,能增加海面的反射率。Koepke(1984)指出白冠的光学影响是其面积 W 和其相应的反射率 ρ_{f} 的乘积。然而随着时间的增长,白冠的面积 W 变大,但其反射率 ρ_{f} 却减小,所以 $W\rho_{\mathrm{f}}$ 过高估计白冠反射率。对此,Koepke 使用泡沫有效反射率 ρ_{ef}代替 ρ_{f}:

$$\rho_{\mathrm{wc}}=W\rho_{\mathrm{ef}}=W\cdot f_{\mathrm{ef}}\cdot\rho_{\mathrm{f}} \tag{4.34}$$

式中:f_{ef}为效率因子,与风速弱相关,对波长不敏感,其值为 0.4±0.2。Koepke 给出了有效反射率随波长的变化曲线,如图 4.1 所示。从图中可见,在可见光部分,有效反射率高达 22%,并且随着波长的增加,其反射率整体呈下降趋势,到 2.7 μm 左右,有效反射率为 0,可以忽略不计。

图 4.2 是根据白冠面积和 Koepke 有效反射率计算得到的白冠反射率 ρ_{wc}随风速的变化。图中,不同曲线分别表示不同的波长,从上到下的波长从 0.4 μm 开始递增,间隔为 0.1 μm,一直到 2.5 μm。从图中可以看出,在风速小于 4 m/s 的时候,白冠反射率 ρ_{wc}可以忽略。

Gregg 和 Carder(1990)认为白冠反射率并不与海面风速直接相关,而是与大气对海

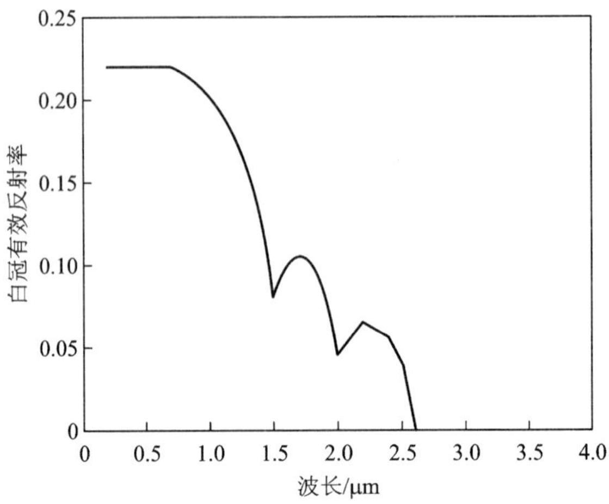

图 4.1　白冠有效反射率

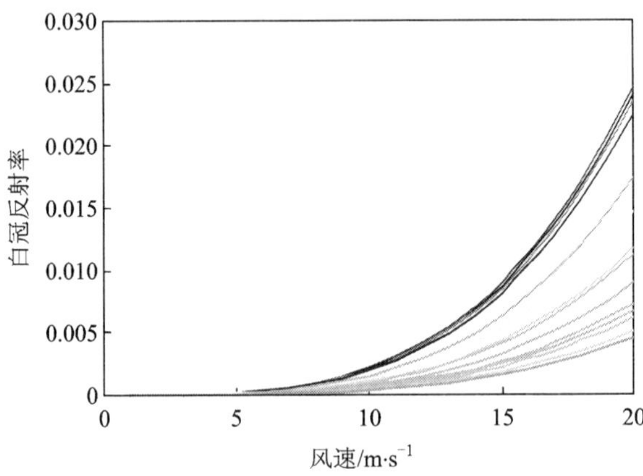

图 4.2　白冠反射率随风速的变化

面拖曳形成的摩擦速度相关,并在 Koepke(1984)的观测基础上提出了白冠反射率 ρ_{wc} 与拖曳系数的关系:

$$\rho_{wc}=\begin{cases} 0 & w_s \leqslant 4\ \text{m/s} \\ 0.000\,022\rho_a C_D w_s^2-0.000\,40 & 4<w_s \leqslant 7\ \text{m/s} \\ (0.000\,045\rho_a C_D-0.000\,04)w_s^2 & w_s>7\ \text{m/s} \end{cases} \tag{4.35}$$

式中:w_s 为海面 10 m 高度处的风速;ρ_a 为海表空气密度(1.2×10^{-3} g/m^3);C_D 为拖曳系数,为风速的函数:

$$C_D=\begin{cases} (0.62+1.56w_s^{-1})\times10^{-3} & w_s \leqslant 7\ \text{m/s} \\ (0.49+0.065w_s)\times10^{-3} & w_s>7\ \text{m/s} \end{cases} \tag{4.36}$$

Gregg 和 Carder(1990)提出的公式在理论上阐述了白冠反射率的产生机制,而且该公式计算结果非常接近 Koepke(1984)观测结果。

4.1.3.2 海面镜面反射率的计算

依据 Cox 和 Munk(1954, 1955),粗糙海面可以用不同倾斜角度的小平面来模拟,其倾斜角度符合一定的高斯分布,而且高斯分布的方差与海面风速成一定的数量关系。为便于说明,首先建立坐标系($P;X,Y,Z$):P 为海面上观测点,Z 为其高度,PX 指向入射光的方向,PY 垂直于入射平面,并且符合右手法则。在该坐标系下,波面斜率可以用水平方向斜率 Z_x 和垂直方向斜率表示 Z_y:

$$Z_x=\frac{\partial Z}{\partial X}=\sin(\alpha)\tan(\beta) \qquad Z_y=\frac{\partial Z}{\partial Y}=\cos(\alpha)\tan(\beta) \tag{4.37}$$

式中:倾角 α 是小波面与 PX 方向的夹角(逆时针);偏角 β 为小波面与 PY 方向的夹角。利用三角几何关系,可以用观测参数($\theta_s,\theta_v,\phi_s,\phi_v$)代替 α 和 β:

$$Z_x=\frac{-\sin(\theta_v)\sin(\phi_s-\phi_v)}{\cos(\theta_s)+\cos(\theta_v)} \qquad Z_y=\frac{\sin(\theta_s)+\sin(\theta_v)\cos(\phi_s-\phi_v)}{\cos(\theta_s)+\cos(\theta_v)} \tag{4.38}$$

若波面斜率概率密度与风向相关,则需要依据风向 ϕ_w 建立起新坐标系($P';X',Y',Z'$),该坐标系直接由($P;X,Y,Z$)在水平方向旋转角度 $\chi(=\phi_s-\phi_w)$ 而得到。根据坐标轴旋转公式,新坐标系下的波面斜率可由 Z_x 和 Z_y 得到:

$$Z'_x=\cos(\chi)\cdot Z_x+\sin(\chi)\cdot Z_y \qquad Z'_y=\sin(\chi)\cdot Z_x+\cos(\chi)\cdot Z_y \tag{4.39}$$

波面概率密度函数可用 Gram-Charlier 级数表示:

$$\begin{aligned}P(Z'_x,Z'_y)=&\frac{1}{2\pi\sigma'_x\sigma'_y}\exp\left(-\frac{\xi^2+\eta^2}{2}\right)\left\{1-\frac{1}{2}C_{21}(\xi^2-1)-\frac{1}{6}C_{03}(\eta^3-\eta)\right.\\&\left.+\frac{1}{24}C_{40}(\xi^4-6\xi^2+3)+\frac{1}{4}C_{22}(\xi^2-1)(\eta^2-1)+\frac{1}{24}C_{04}(\eta^4-6\eta^2+3)\right\}\end{aligned} \tag{4.40}$$

式中:$\zeta=Z'_x/\sigma'_x$,$\eta=Z'_y/\sigma'_y$,$(\sigma'_x)^2=0.003+0.001\ 92w_s\pm0.002$,$(\sigma'_y)^2-0.003\ 16w_s\pm0.004$,$C_{21}=0.01-0.008\ 6w_s\pm0.03$,$C_{03}=0.04-0.033w_s\pm0.12$,$C_{40}-0.4\pm0.23$,$C_{22}=0.12\pm0.06$,$C_{04}=0.23\pm0.41$。所以海面方向镜面反射率为:

$$\rho_{gl}(\theta_s,\theta_v,\phi_s,\phi_v)=\frac{\pi P(Z'_x,Z'_y)R(n,\theta_s,\theta_v,\phi_s,\phi_v)}{4\cos(\theta_s)\cos(\theta_v)\cos^4(\beta)} \tag{4.41}$$

式中:n 为复折射系数 n_r-in_i,$R(n,\theta_s,\theta_v,\phi_s,\phi_v)$ 为 Fresnel 反射系数,可表示为(Born 和 Wolf, 1975):

$$R(n,\theta_s,\theta_v,\phi_s,\phi_v)=\frac{1}{2}\frac{[(n_r^2-n_i^2)\cos(\theta_i)-u]^2+[2n_rn_i\cos(\theta_i)+v]^2}{[(n_r^2-n_i^2)\cos(\theta_i)+u]^2+[2n_rn_i\cos(\theta_i)-v]^2} \tag{4.42}$$

式中:$u^2=\frac{1}{2}\left\{|n_r^2-n_i^2-\sin^2(\theta_i)|+\sqrt{|n_r^2-n_i^2-\sin^2(\theta_i)|^2+4n_r^2n_i^2}\right\}$;

$v^2=\frac{1}{2}\left\{-|n_r^2-n_i^2-\sin^2(\theta_i)|+\sqrt{|n_r^2-n_i^2-\sin^2(\theta_i)|^2+4n_r^2n_i^2}\right\}$;

$\cos(\theta_i)=\sqrt{\frac{1}{2}[1+\cos(\theta_s)\cos(\theta_v)+\sin(\theta_s)\sin(\theta_v)\sin(\phi_s-\phi_v)]}$;

$$\cos(\theta_i)=\sqrt{\frac{1}{2}[1-\cos(\theta_s)\cos(\theta_v)+\sin(\theta_s)\sin(\theta_v)\sin(\phi_s-\phi_v)]}\text{。}$$

4.1.4 矢量辐射传输方程及其求解

4.1.4.1 偏振光基础知识

光电磁波是垂直于传播方向的电场和磁场交替转换的振动形成的。由于电磁振动方向与光的传输方向垂直,一般把光称为横波。横波存在偏振问题,即电磁在不同方向的振动幅度问题。一般把磁矢量方向称为偏振方向,并把磁矢量的传播方向所决定的平面称为偏振面。从本质上讲,单个光波都具有特定的振动方向,但是自然界存在的光都是由各个不同光波所组成,其振动性就出现多样化。如果在垂直于光传播方向的平面内,各个尽可能的方向上都具有相同的振幅,则称为非偏振光,否则称为偏振光。

偏振光常用 Stokes 参数表示(Collett, 1992; McLinden, 1999)

$$I=[I,Q,U,V]^{\mathrm{T}} \tag{4.43}$$

Stokes 四参数可以通过光束的电磁特性决定。沿观测者方向传播的任何光束的电矢量的振动,可以分解为垂直于视向平面内的两个正交方向上的振动之和。设 E_l 和 E_r 分别表示平行和垂直与波面的电磁分量,则 Stokes 四参数可表示为:

$$\begin{bmatrix} I \\ Q \\ U \\ V \end{bmatrix}=\frac{\varepsilon_0 c}{2}\begin{bmatrix} \langle E_l\hat{E}_l\rangle+\langle E_r\hat{E}_r\rangle \\ \langle E_l\hat{E}_l\rangle-\langle E_r\hat{E}_r\rangle \\ \langle E_l\hat{E}_r\rangle+\langle E_r\hat{E}_l\rangle \\ \langle E_l\hat{E}_r\rangle-i\langle E_r\hat{E}_l\rangle \end{bmatrix}=\frac{\varepsilon_0 c}{2}\begin{bmatrix} \langle E_{l0}^2\rangle+\langle E_{r0}^2\rangle \\ \langle E_{l0}^2\rangle-\langle E_{r0}^2\rangle \\ \langle 2E_{l0}E_{r0}\cos\delta\rangle \\ \langle 2E_{l0}E_{r0}\sin\delta\rangle \end{bmatrix} \tag{4.44}$$

式中:c 为光束;ε_0 为真空介电常数;δ 为光束垂直分量和水平分量的相对时延。$\langle x\rangle$表示 x 在足够长时间内求均值。

Stokes 四个参数具有清晰的物理意义:I 表示光束在各不同振动方向上的电磁辐射总强度;Q 表示垂直或平行于参考平面方向上的线性极化光强度,U 表示与参考平面成 45°夹角方向上的线性极化光强度;V 表示圆极化光的强度。另外,Stokes 各参数还具有相同量纲的优势,各参数可通过偏振光学元件的不同组合而进行分离测量(王东光,2003)。

4.1.4.2 矢量辐射传输方程

辐射传输方程描述的是光在介质中的传输规律,能够定量考虑光的吸收和散射等光学过程,是定量遥感的理论基础。辐射传输方程具有标量和矢量形式。标量辐射传输方程只考虑 Stokes 参数中的 I,忽略其他参数在散射或者反射中对 I 的贡献,从而影响其精度。为提高计算精度,必须采用矢量辐射传输方程,这也是遥感技术发展的必然要求。矢量传输方程具有如下一般形式(Lenoble 等, 2007):

$$\mu\frac{\mathrm{d}\boldsymbol{L}(\tau,\mu,\varphi)}{\mathrm{d}\tau}=\boldsymbol{L}(\tau,\mu,\varphi)-\boldsymbol{S}(\tau,\mu,\varphi) \tag{4.45}$$

式中:μ 表示光传输的天顶角;τ 为光学厚度,一般大气层顶光学厚度为0,而地表光学厚度为最大光学厚度 τ^*;$\boldsymbol{S}$ 为源项,可进一步表示为:

$$\boldsymbol{S}(\tau,\mu,\varphi)=\frac{\omega(\tau)}{4\pi}\boldsymbol{P}(\tau,\mu,\varphi,\mu_0,\varphi_0)\boldsymbol{E}_0\mathrm{e}^{\tau/\mu_0}+\frac{\omega(\tau)}{4\pi}\int_0^{2\pi}\int_{-1}^{1}\boldsymbol{P}(\tau,\mu,\varphi,\mu',\varphi')\boldsymbol{L}(\tau,\mu',\varphi')\mathrm{d}\mu'\mathrm{d}\varphi' \tag{4.46}$$

式中:ω 为单次散射反照率;$\boldsymbol{E}_0$ 表示大气层顶初始入射太阳光。上式右边第一项表示太阳直射光的第一次散射,第二项表示太阳光的多次散射。上式忽略大气层热辐射的影响。$\boldsymbol{P}$ 是考虑不同偏振参考平面的散射矩阵:

$$\boldsymbol{P}(\tau,\mu,\varphi,\mu',\varphi')=\boldsymbol{R}(\pi-\gamma)\boldsymbol{P}(\tau,\Theta)\boldsymbol{R}(\beta) \tag{4.47}$$

式中:$\boldsymbol{P}(\tau,\Theta)$ 为散射矩阵,可由 MIE 散射计算得到(Mie, 1908),具有如下的形式:

$$\boldsymbol{P}(\tau,\Theta)=\begin{bmatrix}P_{11}(\tau,\Theta) & P_{12}(\tau,\Theta) & 0 & 0\\ P_{12}(\tau,\Theta) & P_{22}(\tau,\Theta) & 0 & 0\\ 0 & 0 & P_{33}(\tau,\Theta) & P_{34}(\tau,\Theta)\\ 0 & 0 & -P_{34}(\tau,\Theta) & P_{44}(\tau,\Theta)\end{bmatrix} \tag{4.48}$$

$\boldsymbol{R}$ 为旋转矩阵(Hovenier, 1968)

$$\boldsymbol{R}(\alpha)=\begin{bmatrix}1 & 0 & 0 & 0\\ 0 & \cos(2\alpha) & \sin(2\alpha) & 0\\ 0 & -\sin(2\alpha) & \cos(2\alpha) & 0\\ 0 & 0 & 0 & 1\end{bmatrix} \tag{4.49}$$

散射角 Θ、旋转角度 β 和 γ 可由入射方向和散射方向计算(Hovenier, 1968):

$$\cos\Theta=\cos\theta\cdot\cos\theta_0+\sqrt{1-\cos^2\theta}\sqrt{1-\cos^2\theta_0}\cos(\phi-\phi_0) \tag{4.50}$$

$$\cos(\beta)=\frac{-\cos\theta+\cos\theta_0\cos\Theta}{\pm\sqrt{(1-\cos^2\Theta)(1-\cos^2\theta_0)}} \tag{4.51}$$

$$\cos(\gamma)=\frac{-\cos\theta_0+\cos\theta\cos\Theta}{\pm\sqrt{(1-\cos^2\Theta)(1-\cos^2\theta)}} \tag{4.52}$$

当 $0<\phi-\phi_0<\pi$,式中取负号,当 $\pi<\phi-\phi_0<2\pi$,取正号。

对矢量辐射传输方程一般形式进行积分计算得到向下和向上辐亮度的一般解:

$$\boldsymbol{L}(\tau,\mu<0,\varphi)=-\int_0^{\tau}\mathrm{e}^{-(\tau'-\tau)/\mu}\boldsymbol{S}(\tau',\mu,\varphi)\mathrm{d}\tau'/\mu \tag{4.53}$$

$$\boldsymbol{L}(\tau,\mu>0,\varphi)=\boldsymbol{L}^{\mathrm{up}}(\tau^*,\mu>0,\varphi)\mathrm{e}^{-(\tau^*-\tau)/\mu}+\int_{\tau}^{\tau^*}\mathrm{e}^{-(\tau'-\tau)/\mu}\boldsymbol{S}(\tau',\mu,\varphi)\mathrm{d}\tau'/\mu \tag{4.54}$$

式中:L^{up}表示地表上行辐亮度,在地表为黑体的假设下,其值为零,否则取决于地表的反射特点。

4.1.4.3 逐次散射求解法

矢量辐射传输方程的求解复杂度大大超过标量辐射传输方程的求解。最近有不少科学家提出了基于离散坐标法(disort)、倍增法(adding-doubling method)和 Monte Carlo 模拟的矢量辐射传输方程求解算法(Weng 等,1992;Schulz 等,1999;Dejong 等,1987;Evans 等,1996;何贤强等,2006;Ramella-Roman 等,2005),然而在这些方法中,Monte Carlo 模拟法虽然物理意义明显,但其运算量大,不适合业务化运行;而其他方法不能区分各阶散射的贡献,不能研究散射过程中所发生的吸收现象(Min 等,2004)。而逐次散射法能够跟踪光子的散射过程,并且能够把吸收过程整合到光子路径上,具有较明显的物理意义,相对容易分析散射-吸收现象的作用和特征(Liou 等,1996)。逐次散射法的缺点是要经过多次迭代,特别是在光学厚度较大的情况下,其运算时间较长,然后对于大气而言,其光学厚度一般较小,只需要经过几次迭代就可以获取足够精度的辐亮度值。可见,逐次散射法在众多算法中具有较大优势,并被广泛应用到遥感科研和业务化工作中,被 NASA 采纳用于制造气溶胶查找表的 6SV 矢量版本就是采用矢量逐次散射方法计算大气程辐射、大气透过率和大气球面反照率等重要物理量。下面详细介绍逐次散射方法的主要思想(Min 等,2004;Lenoble 等,2006)。

逐次散射法 SOS 的思想是把最终的辐亮度分解为 1 次、2 次、3 次,…,n 次散射之和:

$$L(\tau,\mu,\varphi)=\sum_{n=1}^{N}L_n(\tau,\mu,\varphi) \tag{4.55}$$

把上式代入矢量辐射传输方程的一般解可得到:

$$L_n(\tau,\mu<0,\varphi)=-\int_0^{\tau}\mathrm{e}^{-(\tau'-\tau)/\mu}S_n(\tau',\mu,\varphi)\mathrm{d}\tau'/\mu \tag{4.56}$$

$$L_n(\tau,\mu>0,\varphi)=L_n^{up}(\tau^*,\mu>0,\varphi)\mathrm{e}^{-(\tau^*-\tau)/\mu}+\int_{\tau}^{\tau^*}\mathrm{e}^{-(\tau'-\tau)/\mu}S_n(\tau',\mu,\varphi)\mathrm{d}\tau'/\mu \tag{4.57}$$

其中源项 S 可分解为:

$$S_1(\tau,\mu,\varphi)=\frac{\omega(\tau)}{4\pi}P(\tau,\mu,\varphi,\mu_0,\varphi_0)E_0\exp\left(\frac{\tau}{\mu_0}\right) \tag{4.58}$$

$$S_{n>1}(\tau,\mu,\varphi)=\frac{\omega(\tau)}{4\pi}\int_0^{2\pi}\int_{-1}^{1}P(\tau,\mu,\varphi,\mu',\varphi')\,L_{n-1}(\tau,\mu',\varphi')\mathrm{d}\mu'\mathrm{d}\varphi' \tag{4.59}$$

下垫面上行辐亮度 L 可分解为:

$$L_1^{up}(\tau^*,\mu>0,\varphi)=(-\mu_0)R(\tau^*,\mu,\varphi,\mu_0,\varphi_0)E_0\mathrm{e}^{\tau^*/\mu_0}/\pi \tag{4.60}$$

$$L_{n>1}^{up}(\tau^*,\mu>0,\varphi)=\int_0^{2\pi}\int_{-1}^{0}(-\mu')R(\tau^*,\mu,\varphi,\mu',\varphi')\mathrm{d}\mu'\mathrm{d}\varphi'/\pi \tag{4.61}$$

其中 R 为地表二向反射率。

4.2 水色遥感数据大气校正标准方法

4.2.1 归一化离水辐射率

水色遥感数据大气校正的目的是为精确获取海面归一化离水辐亮度或者归一化离水辐射率。根据 Gordon 和 Clark(1981)的定义,归一化离水辐亮度$[L_w(\lambda)]_N$可表示为:

$$L_w(\lambda)=a_{\oplus}^{-2}[L_w(\lambda)]_N\cos\theta_0\exp\left[-\left(\frac{\tau_r(\lambda)}{2}+\tau_{O_3}(\lambda)\right)\left(\frac{1}{\cos\theta_0}\right)\right] \tag{4.62}$$

式中:$L_w(\lambda)$为波长λ的离水辐亮度;$\tau_r(\lambda)$和$\tau_{O_3}(\lambda)$分别为大气分子瑞利散射光学厚度和臭氧吸收光学厚度;$a_{\oplus}$为日地距离(单位为 AU);θ_0为太阳天顶角。根据定义,归一化离水辐亮度为无大气效应、太阳在日地平均距离(1AU)和垂直入射条件下的离水辐亮度。归一化离水辐亮度已消除大气分子和太阳天顶角对离水辐射的影响,能够较客观地描述水下成分对离水辐亮度的影响。目前,所有水色遥感算法及其水色产品都是基于归一化离水辐亮度。为方便处理,一般采取反射率来代替辐亮度。归一化离水辐射率定义为:

$$[\rho_w(\lambda)]_N=\frac{\pi}{\overline{F_0}(\lambda)}[L_w(\lambda)]_N \tag{4.63}$$

式中:$\overline{F_0}$为日地平均距离下的地外日射辐照度,其值为$a_{\oplus}^2F_0$。归一化离水辐射率与归一化离水辐亮度的关系为:

$$\rho_w(\lambda)=[\rho_w(\lambda)]_N\exp\left[-\left(\frac{\tau_r(\lambda)}{2}+\tau_{O_3}(\lambda)\right)\left(\frac{1}{\cos\theta_0}\right)\right]=[\rho_w(\lambda)]_N t(\theta_0,\lambda) \tag{4.64}$$

式中:$t(\theta_0,\lambda)$为大气漫透过率。

有些算法采用遥感反射率代替归一化离水辐射率。遥感反射率定义为:

$$R_{rs}(\lambda)=\frac{L_w(\lambda)}{E_d(\lambda)} \tag{4.65}$$

式中:E_d为海面向下辐照度。这两者可有如下近似关系:

$$[\rho_w]_N=\pi R_{rs}(\lambda) \tag{4.66}$$

4.2.2 大气校正基本原理

在大气顶层,传感器接收到的辐亮度$L_t(\lambda_i)$可线性分解为以下形式:

$$L_t(\lambda_i)=L_{path}(\lambda_i)+T(\lambda_i)L_g(\lambda_i)+t(\lambda_i)L_{wc}(\lambda_i)+t(\lambda_i)L_w(\lambda_i) \tag{4.67}$$

式中:$L_{path}(\lambda_i)$为大气程辐射辐亮度,是不经过海面而由大气散射到传感器的辐亮度和太阳漫散射光经过粗糙海面镜面反射回到传感器的辐亮度的总和;$L_g(\lambda_i)$为太阳耀光辐亮度,是海面对太阳直射光的镜面反射;$L_{wc}(\lambda_i)$为海面白冠反射产生的辐亮度;$L_w(\lambda_i)$为离水辐亮度。$T(\lambda_i)$和$t(\lambda_i)$分别为大气漫散射透过率和大气直射透过率。离水辐射和白冠辐射近似各向同性,可使用大气漫散射透过率描述大气对其辐射衰减作用,而太阳耀光是针对太阳直射光而言,所以用大气直射透过率描述大气对其辐射衰减作用。$T(\theta_v,\lambda)$可进一步表示为:

$$T(\theta_v,\lambda)=\exp\left[-(\tau_r(\lambda)+\tau_{O_3}(\lambda)+\tau_a(\lambda))\left(\frac{1}{\mu_v}\right)\right] \tag{4.68}$$

式中:μ_v 为观测天顶角的余弦;τ_r、τ_{O_3} 和 τ_a 分别为大气分子瑞利散射光学厚度、臭氧光学厚度和气溶胶散射光学厚度。$T(\theta_v,\lambda)$的表达式中忽略了水汽的影响,一是因为水色波段都位于大气窗口,水汽在大气窗口水汽吸收较弱,二是因为在水汽吸收较弱的情况下难以区分水汽直接吸收作用和水汽对吸湿性气溶胶衰减系数的间接作用(Fraser,1975)。

把大气顶层辐亮度转化为反射率之后,卫星接收到的反射率可变为:

$$\rho_t(\lambda_i)=\rho_{path}(\lambda_i)+T(\lambda_i)\rho_g(\lambda_i)+t(\lambda_i)\rho_{wc}(\lambda_i)+t(\lambda_i)\rho_w(\lambda_i) \tag{4.69}$$

要从仪器测量值 $\rho_t(\lambda_i)$ 推导出 $\rho_w(\lambda_i)$,必须首先计算 $\rho_{path}(\lambda_i)$、$T(\lambda_i)\rho_g(\lambda_i)$、$t(\lambda_i)\rho_{wc}(\lambda_i)$和 $t(\lambda_i)$。在太阳耀光附近,$T(\lambda_i)\rho_g(\lambda_i)$值特大,会严重影响影像质量,必须识别并剔除该项;远离太阳耀光的地方,$T(\lambda_i)\rho_g(\lambda_i)$值其微小,对 $\rho_t(\lambda_i)$影响最大的项是$\rho_{path}(\lambda_i)$。$\rho_{path}(\lambda_i)$可分解为以下三部分:

$$\rho_{path}(\lambda_i)=\rho_r(\lambda_i)+\rho_a(\lambda_i)+\rho_{ra}(\lambda_i) \tag{4.70}$$

式中:$\rho_r(\lambda_i)$为无气溶胶条件下的大气瑞利多次散射反射率;$\rho_a(\lambda_i)$为无气体分子条件下的气溶胶多次散射反射率;$\rho_{ra}(\lambda_i)$为气体分子散射和气溶胶散射的交叉项(Antoine 和 Morel,1999)。$\rho_{ra}(\lambda_i)$考虑的是分子和气溶胶的相反作用,比如光子先是与大气分子发生瑞利散射,然后与气溶胶发生米散射,或者光子先于气溶胶发生米散射,后与大气分子发生瑞利散射。在大气光学厚度较低的条件下,大多数光子只与大气分子或者气溶胶发生一次散射,在这种情况下可以忽略 $\rho_{ra}(\lambda_i)$。

水色遥感数据大气校正基本原理:对一类水体,近红外波段的离水辐射率可忽略不计,则传感器在近红外波段接收到的大气顶层反射率都来自大气程辐射。根据两个近红外波段的大气程辐射率,估算气溶胶类型及其在其他波段的大气程辐射率,然后计算得到卫星接收到的海面离水辐射率。在气溶胶类型已知的情况下,可以根据近红外波段估算出光学厚度,从而可以计算其他波段的大气漫散射透过率。在大气漫散射率已知情况下,就可以计算出海面离水辐射率。

4.2.3 单次散射校正法

大气程辐射率在单次散射条件下可表示为:

$$\rho_{path}(\lambda_i)=\rho_r(\lambda_i)+\rho_{as}(\lambda_i) \tag{4.71}$$

根据单次散射理论,气溶胶单次散射反射率为:

$$\rho_{as}(\lambda)=\omega_a(\lambda)\tau_a(\lambda)p_a(\theta_v,\phi_a;\theta_0,\phi_0;\lambda)/4\cos\theta_v\cos\theta_0 \tag{4.72}$$

$$p_a(\theta_v,\phi_a;\theta_0,\phi_0;\lambda)=P_a(\Theta_-,\lambda)+(r(\theta_v)+r(\theta_0))P_a(\Theta_+,\lambda) \tag{4.73}$$

$$\cos\Theta_\pm=\pm\cos\theta_0\cos\theta_v-\sin\theta_0\sin\theta_v\cos(\phi_v-\phi_0) \tag{4.74}$$

式中:$P_a(\Theta,\lambda)$为气溶胶散射相函数;$\omega_a(\lambda)$为气溶胶单次散射反照率;r为下垫面反射率。只要给出大气压强和海面风速,就可以精确计算瑞利散射(Gordon 等,1988;Gordon 和 Wang,1992)。

假设两个近红外波段的波段中心波长为λ_s和λ_l(MODIS 两个近红外波段中心波长分别为748 nm和869 nm),则这两个近红外波段的气溶胶单次散射反射率之比:

$$\varepsilon(\lambda_s,\lambda_l)=\frac{\rho_{as}(\lambda_s)}{\rho_{as}(\lambda_l)}=\frac{\rho_{path}(\lambda_s)-\rho_r(\lambda_s)}{\rho_{path}(\lambda_l)-\rho_r(\lambda_l)}=\frac{\omega_a(\lambda)\tau_a(\lambda)p_a(\theta_v,\phi_a;\theta_0,\phi_0;\lambda_s)}{\omega_a(\lambda)\tau_a(\lambda)p_a(\theta_v,\phi_a;\theta_0,\phi_0;\lambda_l)} \quad (4.75)$$

对于不同气溶胶类型、不同波段的$\varepsilon(\lambda_i,\lambda_l)$构成的曲线具有不同的形状。在 SeaWiFS/MODIS 标准方法中内置气溶胶模型有不同相对湿度下的对流层气溶胶、海洋性气溶胶和沿岸带气溶胶。对流层气溶胶由70%水溶粒子和30%类尘埃粒子(dust-like)混合而成,代表边界层上自由对流层中的气溶胶;海洋型气溶胶由99%的对流层气溶胶和1%的海盐粒子混合而成;沿岸带气溶胶由99.5%的对流层气溶胶和0.5%的海盐粒子混合而成。海洋型气溶胶和对流层气溶胶直接选自 Shettle 和 Fenn 气溶胶模型(1979),而沿岸带气溶胶是 Gordon 和 Wang 于1994年引入的,用于代表近岸受城市污染大气影响的气溶胶类型(含有较少的海盐粒子)。这三种类型基本能模拟海盐大气中的气溶胶情况,都属于非吸收或者弱吸收气溶胶类型。每一种气溶胶模型都具有特定的$\varepsilon(\lambda_i,\lambda_l)$曲线,其形状近似满足如下对数关系:

$$\varepsilon(\lambda_i,\lambda_l)=\exp[c(\lambda_l-\lambda_i)] \quad (4.76)$$

式中:系数c为常数,不同气溶胶模型在不同相对湿度下具有不同c值(Gordon 和 Wang,1994a)。

在已知$\varepsilon(\lambda_s,\lambda_l)$的情况下,就可计算其他波段的$\varepsilon$、$\rho_{as}(\lambda_i)$和$t(\lambda_i)\rho_w(\lambda_i)$:

$$\varepsilon(\lambda_i,\lambda_l)=\exp[c(\lambda_l-\lambda_i)]=\exp\left[\left(\frac{\lambda_l-\lambda_i}{\lambda_l-\lambda_s}\right)\ln\left(\frac{\rho_{as}(\lambda_s)}{\rho_{as}(\lambda_l)}\right)\right] \quad (4.77)$$

$$\rho_{as}(\lambda_i)=\varepsilon(\lambda_i,\lambda_l)\rho_{as}(\lambda_l) \quad (4.78)$$

$$t(\lambda_i)\rho_w(\lambda_i)=\rho_t(\lambda_l)-\rho_{path}(\lambda_l)=\rho_t(\lambda_l)-\rho_r(\lambda_l)-\varepsilon(\lambda_i,\lambda_l)\rho_{as}(\lambda_l) \quad (4.79)$$

4.2.4 多次散射校正法

在大气光学厚度较大的情况下,单次散射假设不再成立,需要进行修改。Gordon 等(1989)对气溶胶的多次散射分析发现,气溶胶的多次散射与单次散射近似存在如下线性关系:

$$\rho_a(\lambda)+\rho_{ra}(\lambda)=K[\lambda,\rho_{as}(\lambda)]\rho_{as}(\lambda) \quad (4.80)$$

或者

$$\rho_{as}(\lambda)=\frac{\rho_a(\lambda)+\rho_{ra}(\lambda)}{K[\lambda,\rho_{as}(\lambda)]} \quad (4.81)$$

则两个近红外波段的气溶胶单次散射反射率比值可进一步表示为:

$$\varepsilon(\lambda_s,\lambda_l)=\frac{\rho_{as}(\lambda_s)}{\rho_{as}(\lambda_l)}=\frac{K[\lambda_l,\rho_{as}(\lambda_l)]\rho_a(\lambda_s)-\rho_{ra}(\lambda_s)}{K[\lambda_s,\rho_{as}(\lambda_s)]\rho_a(\lambda_l)-\rho_{ra}(\lambda_l)} \quad (4.82)$$

$\varepsilon(\lambda_s,\lambda_l)$中引入了 K 值,从而在气溶胶类型未知的情况下,不能直接估算 $\varepsilon(\lambda_s,\lambda_l)$。Gordon 和 Wang(1994)提出了如下 $\varepsilon(\lambda_s,\lambda_l)$的迭代估算方法。该估算方法首先定义:

$$\varepsilon(\lambda_s,\lambda_l)=\frac{1}{N}\sum_{j=1}^{N}\varepsilon_j(\lambda_s,\lambda_l) \tag{4.83}$$

式中:$\varepsilon_j(\lambda_s,\lambda_l)$是在假设第 j 个气溶胶模型是正确的前提下,根据 $\rho_a(\lambda_s)-\rho_{ra}(\lambda_s)$和 $\rho_a(\lambda_l)-\rho_{ra}(\lambda_l)$计算得到的 $\varepsilon(\lambda_s,\lambda_l)$。如果参与上式均值计算的气溶胶模型整体上与实际气溶胶较接近,则估算的 $\varepsilon(\lambda_s,\lambda_l)$较接近实际气溶胶的 $\varepsilon(\lambda_s,\lambda_l)$。根据这样的思想,通过迭代方法从所有备选气溶胶类型中不断剔除与均值相差较大的气溶胶类型,从而不断提高 $\varepsilon(\lambda_s,\lambda_l)$估算精度。首先对所有备选气溶胶模型都参与计算得到 $\varepsilon(\lambda_s,\lambda_l)$,然后按 $\varepsilon(\lambda_s,\lambda_l)-\varepsilon_i(\lambda_s,\lambda_l)$从大到小对气溶胶模型进行排序,去除两个最大值和两个最小负值所对应的气溶胶模型;然后对剩下的气溶胶模型进行迭代计算,直到参与均值计算的气溶胶模型只剩下四个,而且其中两个气溶胶模型的 $\varepsilon(\lambda_s,\lambda_l)-\varepsilon_i(\lambda_s,\lambda_l)>0$,另外两个气溶胶模型的 $\varepsilon(\lambda_s,\lambda_l)-\varepsilon_i(\lambda_s,\lambda_l)<0$。迭代终止得到的 $\varepsilon(\lambda_s,\lambda_l)$,就是最后的 $\varepsilon(\lambda_s,\lambda_l)$估算值。

估算 $\varepsilon(\lambda_s,\lambda_l)$之后,下一步任务是估算各波段的 $\varepsilon(\lambda_i,\lambda_l)$。一般而言,$\varepsilon(\lambda_s,\lambda_l)$估算值落于所有备选气溶胶模型中的两个 $\varepsilon(\lambda_s,\lambda_l)$之间,这样根据 $\varepsilon(\lambda_s,\lambda_l)$估算值从备选气溶胶类型选出两个最接近的气溶胶模型。对于选出的每个模型 j,分别计算其他波段的 $\varepsilon_j(\lambda_i,\lambda_l)$:

$$\varepsilon(\lambda_i,\lambda_l)=\exp[c(\lambda_l-\lambda_i)]=\exp\left[\left(\frac{\lambda_l-\lambda_i}{\lambda_l-\lambda_s}\right)\log_e\varepsilon(\lambda_s,\lambda_l)\right] \tag{4.84}$$

假设 $\varepsilon(\lambda_i,\lambda_l)$跟 $\varepsilon(\lambda_s,\lambda_l)$一样按照一定比例位于两个备选气溶胶模型之间,这样就可以计算出 $\varepsilon(\lambda_i,\lambda_l)$。另外由选出的两个气溶胶模型,都可计算出 $K[\lambda_i,\rho_{as}(\lambda_l)]$值,同样假设 $K[\lambda_i,\rho_{as}(\lambda_l)]$跟 $\varepsilon(\lambda_s,\lambda_l)$一样按照一定比例位于两个气溶胶模型中,据此可以估算出 $K[\lambda_i,\rho_{as}(\lambda_l)]$。有了估算得到的 $\varepsilon(\lambda_i,\lambda_l)$和 $K[\lambda_i,\rho_{as}(\lambda_l)]$,就可以根据以下计算各波段卫星接收到的离水辐射率 $t(\lambda_i)\rho_w(\lambda_i)$:

$$\rho_{as}(\lambda_l)=\frac{\rho_a(\lambda_l)+\rho_{ra}(\lambda_l)}{K[\lambda_l,\rho_{as}(\lambda_l)]} \tag{4.85}$$

$$\rho_{as}(\lambda_i)=\varepsilon(\lambda_i,\lambda_l)\rho_{as}(\lambda_l) \tag{4.86}$$

$$\rho_a(\lambda_i)+\rho_{ra}(\lambda_i)=K[\lambda_i,\rho_{as}(\lambda_l)]\rho_{as}(\lambda_i) \tag{4.87}$$

$$t(\lambda_i)\rho_w(\lambda_i)=\rho_t(\lambda_l)-\rho_r(\lambda_l)-\rho_a(\lambda_i)+\rho_{ra}(\lambda_i) \tag{4.88}$$

以上计算需要多次计算 $K[\lambda_i,\rho_{as}(\lambda_l)]$,$K[\lambda_i,\rho_{as}(\lambda_l)]$取决于 $\rho_a(\lambda_i)+\rho_{ra}(\lambda_i)$和 $\rho_{as}(\lambda_i)$的相互关系。$\rho_a(\lambda_i)+\rho_{ra}(\lambda_i)$和 $\rho_{as}(\lambda_i)$的相互关系需要通过辐射传输方程的求解才能得出并以查找表的形式给出,以加快大气校正的速度。对每个气溶胶模型的辐射传输计算中,输入参数为:太阳天顶角 θ_0从 0°到 80°,间隔为 2.5°;观测天顶角 θ_v有 33 个;至于反射率相对方位角依赖则通过傅立叶分析而得到;气溶胶光学厚度从 0.05 到 0.8。由于涉及多个气溶胶模型,查找表会过大,为减小存储空间,对于每个(θ_0,θ_v),模拟结果可以拟合为：

$$\log[\rho_{a}(\lambda)+\rho_{ra}(\lambda)]=\log[a(\lambda)]+b(\lambda)\log[\rho_{as}(\lambda)]+c(\lambda)\log^{2}[\rho_{as}(\lambda)] \quad (4.89)$$

式中：系数 $a(\lambda)$、$b(\lambda)$ 和 $c(\lambda)$ 通过最小二乘法确定。对于相对方位角 ϕ_{v}，Gordon 等把 $a(\lambda)$、$b(\lambda)$ 和 $c(\lambda)$ 进行傅立叶变换，并在查找表中只保留其傅立叶系数。由于反射率为相对方位角 ϕ_{v} 的偶函数，$a(\lambda)$、$b(\lambda)$ 和 $c(\lambda)$ 也是 ϕ_{v} 的偶函数。所以，

$$a(\theta_{v},\theta_{o},\phi_{v},\lambda)=a^{(0)}(\theta_{v},\theta_{o},\lambda)+2\sum_{m=1}^{M}a^{(m)}(\theta_{v},\theta_{o},\lambda)\cos m\phi_{v} \quad (4.90)$$

式中：$a^{(m)}(\theta_{v},\theta_{o},\lambda)$ 为傅立叶系数：

$$a^{(m)}(\theta_{v},\theta_{o},\lambda)=\frac{1}{\pi}\int_{0}^{\pi}a(\theta_{v},\theta_{o},\phi_{v},\lambda)\cos m\phi_{v}d\phi_{v} \quad (4.91)$$

4.2.5 大气漫散射修正

通过以上校正方法可以得到水色传感器各波段接收到的离水辐射率 $t(\lambda_{i})\rho_{w}(\lambda_{i})$，要得到海面离水辐射率还需要知道大气漫散射透过率 $t(\lambda_{i})$。$t(\lambda_{i})$ 与光学厚度 τ_{a} 相关。之前在利用两个近红外波段的反射率之比估算气溶胶 $\varepsilon(\lambda_{s},\lambda_{l})$ 时，就得到与实际气溶胶最近的两个气溶胶模型；在气溶胶类型已知的情况下，可通过 $\rho_{a}(\lambda_{l})+\rho_{ra}(\lambda_{l})$ 推算出 τ_{a}。最后，由以下公式计算 $t(\lambda_{i})$。由于之前得到的是两个气溶胶模型，所以需要分别计算这两个气溶胶模型的 τ_{a} 和 $t(\lambda_{i})$，然后加权平均得到最后的 $t(\lambda_{i})$。

Gordon 等(1983)给出了 $t(\lambda_{i})$ 的近似值：

$$t^{*}(\theta_{v},\phi_{v},\lambda)=\exp\left[-\left(\frac{\tau_{r}(\lambda)}{2}+\tau_{O_3}(\lambda)\right)\left(\frac{1}{\mu_{v}}\right)\right]t_{a}(\theta_{v},\lambda) \quad (4.92)$$

式中：$t_{a}(\theta_{v},\lambda)$ 为气溶胶散射透过率，可表示为：

$$t_{a}(\theta_{v},\lambda)=\exp\left[-\frac{[1-\omega_{a}(\lambda)F_{a}(\theta_{v},\lambda)]\tau_{a}(\lambda)}{\mu_{v}}\right] \quad (4.93)$$

式中：$\tau_{a}(\lambda)$ 为气溶胶光学厚度；$F_{a}(\theta_{v},\lambda)$ 为气溶胶散射相函数 $P_{a}(\alpha,\lambda)$ 的函数。

$$F_{a}(\theta_{v},\lambda)=\frac{1}{4\pi}\int_{0}^{1}P_{a}(\alpha,\lambda)\mathrm{d}\mu\mathrm{d}\phi \quad (4.94)$$

α 为散射角：

$$\cos\alpha=\mu\mu_{v}+\sqrt{(1-\mu^{2})(1-\mu_{v}^{2})}\cos\phi \quad (4.95)$$

如果 $\theta_{v}\leqslant 60^{\circ}$，则 $1-\omega_{a}(\lambda)F_{a}(\theta_{v},\lambda)$ 远小于 1，所以 t_{a} 与气溶胶光学厚度弱相关，并且在 CZCS 算法中默认取值为 1。

4.3 二类水体遥感数据常见大气校正方法

标准方法是在近红外波段的离水辐射率为零的假设下，基于两个近红外波的大气顶层反射率之比估算气溶胶类型和光学厚度，并且外推到可见光部分完成大气校正。该算

法的校正精度主要取决于实际海面近红外波段的离水辐射是否可忽略。对于一类水体，由于其气溶胶一般属于非吸收性或者弱吸收性气溶胶，而且其在近红外波段的离水辐射甚微，因而标准校正方法在大部分一类水体处理精度可以达到业务化需求，其校正后得到的离水辐射率误差在5%以内(McClain,1998)。

然而，如果一类水体中存在较高浓度的叶绿素，或者近岸海水中存在较高浓度的泥沙，而高浓度的泥沙和叶绿素即使在近红外波段也具有较高的反射率，从而其在近红外波段的离水辐射率不能忽略。对于二类水体，假设在近红外波段后向散射系数 $b_b(\lambda)$ 不随波长而变化(Zhang 等,1999)，而吸收系数 $a(\lambda)$ 主要取决于水的吸收系数 $a_w(\lambda)$，离水辐射对大气表观反射率 $\Delta\rho_a(\lambda)$ 的增量近似与 b_b/a_w 成正比，因为 $a_w(\lambda_s)<a_w(\lambda_l)$，所以，$\Delta\rho_a(\lambda_s)>\Delta\rho_a(\lambda_l)$，从而标准方法会过高估算 $\varepsilon(\lambda_s,\lambda_l)$，当 $\varepsilon(\lambda_s,\lambda_l)$ 高过预设阈值，标准方法会报错。$\varepsilon(\lambda_s,\lambda_l)$ 的过高估算，会过高估算气溶胶在可见光部分的反射率，波长越短，估算越偏高，所以在蓝光波段(412 nm)校正得到的离水辐射率会出现负值。所以在二类水体中，大气校正标准方法会失效。

另外，大气标准方法的校正精度还取决于实际气溶胶是否在备选气溶胶模型以内。备选气溶胶类型为对流层型气溶胶、海洋型气溶胶和沿岸带气溶胶，都属于非吸收或者弱吸收气溶胶类型。在一类水体，备选气溶胶类型一般能模拟绝大部分气溶胶状态，但对于城市气溶胶类型或者沙尘等吸收性气溶胶，标准方法校正效果较差。近岸水体一般较混浊，而且受到城市气溶胶等吸收性气溶胶的影响，必须对标准方法进行修正或者采用其他思路才能进行大气校正。

到目前为止，科学家提出了多种解决方案，常见的主要有最佳邻近法校正方法、迭代校正方法、光谱匹配校正方法和光谱优化方法、两个短波红外波段组合的校正方法。这些方法在二类水体区域大气校正方面都具有一定的优点和缺点，以下分别介绍。

4.3.1 最佳邻近法校正方法

Hu 等(2000) 针对 SeaWiFS，提出了一种利用邻近清洁水体上空气溶胶类型对混浊水体进行大气校正的实用方法，能够较好地分离气溶胶和水体对卫星接收信号的影响。该方法基于气溶胶类型中尺度空间范围内(100 ~ 1 000 km)不变的假设(Gordon 和 Morel,1983)，这样，混浊水体的气溶胶类型可以用邻近相对清洁海域的气溶胶类型代替。至于气溶胶浓度可以随像元而发生变化。为计算近红外波段的气溶胶光学厚度，作者进一步假设近红外波段下水体后向散射系数不随波长而变化，则近红外波段离水辐射对大气总反射率的贡献可近似表示为 $\beta\cdot t(\lambda)/a(\lambda)$ (Carder 等,1999)，其中 λ 为 765 nm 或 865 nm；β 为未知常数，相同像元的 β 不随波长而变，但不同像元的 β 值可不同；$a(\lambda)$ 为水体吸收系数，可近似为水的吸收系数；$t(\lambda)$ 是大气漫散射透过率，通过最佳邻近法从相邻像元获取。所以，对每个混浊像元的近红外波段，有如下关系：

$$\rho_{as}^{*}(\lambda)=\rho_{as}(\lambda)-\beta\cdot t(\lambda)/a(\lambda) \tag{4.96}$$

式中：$\rho_{as}(\lambda)$ 为在 $\rho_w(\lambda)=0$ 假设下卫星测量得到的气溶胶单次散射反射率(Gordon 和

Wang,1994);$\rho_{as}^{*}(\lambda)$为去除离水辐射影响下的气溶胶单次散射反射率。

如果该混浊水体气溶胶类型可以从邻近像元获取,则在相同几何观测条件下,气溶胶类型能唯一确定 ε_0,所以有:

$$\rho_{as}^{*}(765)/\rho_{as}^{*}(865)=\varepsilon_0 \tag{4.97}$$

根据以上两个式子,可以得到未知常数 β 的估算值:

$$\beta=\frac{\rho_{as}(765)-\varepsilon_0\cdot\rho_{as}(865)}{t(765)/a(765)-\varepsilon_0\cdot t(865)/a(865)} \tag{4.98}$$

有了气溶胶类型和 β,就可以计算 $\rho_{as}^{*}(865)$和相应的光学厚度。

Hu 是在集成标准大气校正方法的 SeaWiFS 软件的基础上整合实现上面方法,首先让标准方法运行一遍,然而根据标准方法计算结果中的标签选定混浊像元。对每一混浊像元,采用最佳邻近法从邻近清洁水体中获取气溶胶类型,并通过上面的计算获取气溶胶光学厚度。最后,利用混浊像元的气溶胶优化参数,接着运行标准方法。Hu 方法在墨西哥湾测试并证明它能减小离水辐射率和叶绿素浓度估算误差,并且对于标准方法运行失败的区域,它能较成功的运行。

最佳邻近法利用邻近清洁水体上空气溶胶类别校正混浊水体的大气效应,算法成功运行要求影像中存在清洁像元个数不能太少,否则会影响到校正效果。

4.3.2 迭代校正方法

Land 和 Haigh(1996)对二类水体遥感数据提出一种迭代校正方法,该方法在大气校正的同时能够反演水下的物质浓度。该算法需要一定的气溶胶模型和水下光学模型。其中,气溶胶模型为大陆气溶胶、海洋气溶胶和城市气溶胶按照不同比例混合而成。每种气溶胶成分都具特定的单次散射反照率、衰减系数、散射相函数和光学厚度等光学属性。由于这三种气溶胶类型的体积百分比之和为 1,所以只要确定大陆气溶胶和城市气溶胶的体积百分比,就可以确定海洋气溶胶的体积百分比。在各个体积百分比已知的情况下,就可计算最终气溶胶的光学属性,接着根据单次散射理论计算气溶胶程辐射反射率和透过率等变量,最后用多次散射理论修正单次散射计算结果。只要知道海面反射率,就可以确定大气顶层表观反射率。海面反射率为叶绿素、悬浮泥沙和黄色物质的浓度的函数,一般用经验公式表示。水体综合衰减系数 $k(\lambda)$和后向散射系数 $b_b(\lambda)$可近似表示为(Gordon,1988):

$$k(\lambda)=k_w(\lambda)+k_c(C,\lambda)+k_s^{*}(\lambda)S+k_g(\lambda) \tag{4.99}$$

$$b_b(\lambda)=b_{bw}(\lambda)+b_{bc}(C,\lambda)+b_{bs}^{*}(\lambda)S \tag{4.100}$$

式中:$k_w(\lambda)$和 $b_{bw}(\lambda)$分别为清洁水体的衰减系数和后向散射系数;S 为悬浮泥沙浓度;$k_s^{*}(\lambda)$ 和 $b_{bs}^{*}(\lambda)$ 为泥沙归一化衰减系数和归一化后向散射系数(Tassan,1994);C 为叶绿素浓度;$k_c(C,\lambda)$ 和 $k_{bc}(C,\lambda)$ 分别为叶绿素的衰减系数和后向散射系数,可表示为(Gordon,1988):

$$k_c(C,\lambda)=k_{0c}(\lambda)C\exp\{-[k_{1c}(\lambda)\log_{10}(2C)]^2\}+0.001C^2 \tag{4.101}$$

$$b_{bc}(C,\lambda)=A(\lambda)C^{B(\lambda)} \tag{4.102}$$

式中:叶绿素系数 $k_{0c}(\lambda)$、$k_{1c}(\lambda)$、$A(\lambda)$ 和 $B(\lambda)$ 从 SeaWiFS 文献中获取(Gregg,1993)。

$k_g(\lambda)$ 为黄色物质的衰减系数,可表示为(Prieur 和 Sathyendranath,1981):

$$k_g(\lambda)=k_g(\lambda_0)\exp[-k_{g1}(\lambda-\lambda_0)] \tag{4.103}$$

式中:λ_0 为 0.38 μm;k_{g1} 为 0.014 μm^{-1}。

有了水体综合衰减系数 $k(\lambda)$ 和后向散射系数 $b_b(\lambda)$,就可以根据下式计算离水辐射率 R_w:

$$R_w(\mu_0,\mu,\varphi,\lambda)=\frac{\pi[1-\overline{\rho_+}(\lambda)][1-\rho_-(\mu',\lambda)]t(\mu_0,\lambda)R_{ss}(\lambda)}{Q(\mu_0,\mu,\varphi,\lambda)n^2(\lambda)-\overline{\rho_-}(\lambda)Q(\mu_0,\mu,\varphi,\lambda)R_{ss}(\lambda)} \tag{4.104}$$

$$\frac{R_{ss}(\lambda)}{Q(\mu_0,\mu,\varphi,\lambda)}=0.11\frac{b_b(\lambda)}{k(\lambda)}\approx\frac{b_b(\lambda)}{9k(\lambda)} \tag{4.105}$$

式中:$\overline{\rho_+}(\lambda)$ 为水面上表面的漫反射率;$\overline{\rho_-}(\lambda)$ 为水面下表面的漫反射率;$\rho_-(\mu',\lambda)$ 入射角度余弦值为 μ' 的水面下表面反射率;$t(\mu_0,\lambda)$ 为在太阳入射光方向上的漫透过率;$Q(\mu_0,\mu,\varphi,\lambda)$ 为水面下表面处的上行辐照度与辐亮度之比,是描述水体二向反射特征的重要参数,对于朗伯体而言,Q 值取 π,对于垂直入射观测条件下,水体的 Q 值一般取 4 ~ 5,Land 和 Haigh 参照 Gordon(1988)取值为 4.55。

以上大气-海洋光学模型含有叶绿素浓度 C,泥沙浓度 S,悬浮物质浓度 $k_g(\lambda_0)$,大陆气溶胶类型体积百分比 Percent1,城市气溶胶类型体积百分比 Percent2。而 SeaWiFS 在可见光/近红外波段具有 8 个波段,利用这 8 个波段就可以估算这 5 个自由参数。Land 和 Haigh 通过得 Powell 迭代方法(Powell,1964)计算最终获取这 5 个参数,从而完成大气校正。迭代计算采用的评价函数为模型曲线与测量曲线的欧拉几何距离,若该距离大于预设阈值或者未达到最大迭代次数,则修改 5 个参数的取值,然后进入下一次迭代。

迭代计算的收敛速度或者能否找到最优解取决于对这 5 个自由参数的初始化。因为由 5 个自由参数确定的评估系统可能存在多个极小值,从而存在多解的可能。而迭代方法一般寻找的是极小值而非极大值,所以初始化点必须位于极大值附近,这样才能搜索到极大值。Land 和 Haigh 假设在 Percent1 和 Percent2 分别取值为 4% 和 1% 的情况下确定大气气溶胶模型,然后经过计算确定 R_w 和 R_{ss},通过 NASA 叶绿素通用算法确定叶绿素浓度 C(Gordon,1983),然后利用 SeaWiFS 6 波段和 8 波段求解泥沙浓度 S,最后通过任一非零波段计算得到 $k_g(\lambda_0)$,从而完成迭代计算的初始化。

迭代法基于特定的水体经验光学模型,而经验光学模型是在特定时空条件下建立的,只适合实验区域实验时间的水体光学模式,不能随意在其他地方运用该方法;要在其他区域运用该算法,需要首先建立该地区特有的水体光学模式。

4.3.3 光谱匹配和光谱优化校正方法

Gordon(1997)在处理气溶胶吸收问题时第一次采用光谱匹配算法,利用叶绿素浓度

C 和散射参数 b_0 来描述一类水体的光学性质(Gordon,1988),在一定气溶胶模型 i 和光学厚度 τ_a 下就可以得到大气顶层表观反射率,从而(i,τ_a,C,b_0)就可以唯一确定大气表观反射率。定义如下残差和:

$$\delta(i,\tau_a,C,b_0) = 100\% \sqrt{\frac{1}{n-1}\sum_{j=1}^{n}\left[\frac{t^{*(i)}(\theta_v,\lambda_j)t^{*(i)}(\theta_0,\lambda_j)[\rho_w(\lambda_j)]_N - t^{*(i)}(\theta_v,\lambda_j)\rho_w^{(i)}(\lambda_j)}{t^{*(i)}(\theta_v,\lambda_j)t^{*(i)}(\theta_0,\lambda_j)[\rho_w(\lambda_j)]_N}\right]^2} \tag{4.106}$$

在理论上,如果某个(i,τ_a,C,b_0)使得上述残差和达到最小,则为最佳解。然而实际上,真实解并非总是最佳解,对此,Gordon 首先选取前 10 个最大 δ 对应的参数(i,τ_a,C,b_0),分别计算其离水辐射率,最后平均处理。在模拟数据的支持下,通过在备选气溶胶类型中增加城市气溶胶类型,该方法能够有效地处理吸收性气溶胶问题(Gordon,1997)。另外,该方法被广泛应用于去除撒哈拉沙尘对阿拉伯海、印度洋和北冰洋的辐射影响(Moulin,2001;Banzon,2004)。

Chomko 和 Gordon(1998)首次在水色遥感数据大气校正中运用光谱优化算法。与光谱匹配算法光谱匹配算法一样,光谱优化算法能同步反演得到水下物质和大气气溶胶的光学属性。只不过光谱匹配算法需要预定义一些气溶胶模型,而光谱优化算法不再预定义一些气溶胶模型。光谱优化算法采用只含有一个自由参数 v 的 Junge 分布来描述气溶胶的粒径分布,则气溶胶散射反射率取决于 v 和气溶胶折射系数实部 m_r 和虚部 m_i。假设 m_r 与 m_i 不随波长而变化。对海洋模型,作者利用叶绿素浓度 C 和散射参数 b_0来描述一类水体的光学性质(Gordon,1988)。在大气-海洋模型中,只需要 v、m_r、m_i、C 和 b_0就可以确定大气表观反射率。通过最优化算法,就可以确定最优取值。该光谱优化算法能有效处理气溶胶的吸收性问题(Chomko 和 Gordon,1998)。Chomko(2003)修改了以上方法,采用一类水体 Maritoren(2002)光学模型代替原先 Gordon 模型。Maritorena 模型含有叶绿素吸收系数 $a_{ph}(443)$、黄色物质吸收系数 $a_{cdm}(443)$和悬浮物质后向散射系数 $b_{bp}(443)$这三个自由参数。在光谱优化算法下,Chomko 能有效获取大气气溶胶和水下各种光学属性。

光谱匹配算法适合离散模型,光谱优化算法适合连续模型,都是在一类水体遥感数据大气校正中去除吸收性气溶胶辐射影响中提出的,但这两个方法很容易扩展到二类水体遥感数据的大气校正(Gordon,2004)。扩展方法很简单,只需要用含有叶绿素、黄色物质和悬浮物质的二类水体光学模型代替一类水体光学模型,同时可改变气溶胶的模拟方式来增加算法多变性。

光谱匹配算法和光谱优化算法与迭代法类似,都是基于特定经验光学模型。光谱匹配算法和光谱优化算法基于水体经验模型和气溶胶经验模型,而经验光学模型是在特定时空条件下建立的,只适合实验区域实验时间的水体光学模式,不能随意在其他地方运用该方法;要在其他区域运用该算法,需要首先建立该地区特有的光学模式。

4.3.4 两个短波红外波段的校正方法

对于二类水体，由于泥沙等悬浮物质具有较高反射率，近红外波段的离水辐射值较大，但是在短波红外波段，由于水具有较高吸收率，其离水辐射率可忽略不计，所以短波红外波段符合暗目标假设。在此思想下，Wang 等（2007）考虑用 MODIS 的短波红外波段信息去除可见光-近红外波段的大气影响，从而形成短波红外波段校正方法。

Wang 和 Shi（2005）、Shi 和 Wang（2007）首次尝试利用短波红外波段对 MODIS 可见光波段进行大气校正的方法，该方法用 1 240 nm 和 2 130 nm 波段代替两个近红外波段估算气溶胶类型和光学厚度，然后外推到可见光-近红外波段完成大气校正。该短波红外波段方法与标准方法流程非常近似，只是扩展其查找表的波长范围扩展到短波红外波段。该方法在美国东部海域和中国东部海域取得较大成功。

Wang 等（2007）通过模拟数据进一步研究 MODIS 不同短波红外波段组合的校正精度。Wang 把 MODIS 所采用的气溶胶查找表从可见光-近红外波段扩展到短波红外波段，对两个近红外或者短波红外波段的任意组合进行大气校正发现，在无误差情况下，除了1 640 nm和 2 130 nm 组合，两个短波红外波段的任意组合的大气校正效果与两个近红外波段组合效果相当；在考虑误差情况下，由于 MODIS 的三个短波红外波段是针对大气和陆地遥感应用而设计的，其设计信噪比较低，利用该短波红外波段进行大气校正会产生较大的不确定性，所以在清洁水体，其校正精度不如两个近红外波段组合的校正精度，但对于二类水体，由于近红外波段算法关于无离水辐射的假设不符合客观事实，其结果必然高估气溶胶对反射率的贡献，所以两个短波红外波段组合的校正精度一般比两个近红外波段组合的校正精度。

既然在一类水体，两个近红外波段组合的校正效果较好，而在二类水体，两个短波红外波段组合的校正效果更好，所以有必要根据不同水体条件选用不同的波段组合校正方法，正是在此思想下，Shi 和 Wang（2007）提出了近红外波段-短波红外波段组合算法，在校正之前利用水体浑浊指数（Shi 和 Wang，2007）对水体进行区分，对清洁水体采用标准近红外波段算法，而对二类水体采用短波红外波段算法，通过美国东部和中国东部海域的实例分析发现近红外波段-短波红外波段组合算法比单纯使用近红外波段或者短波红外波段算法处理效果好。

Wang 短波红外波段方法利用二类水体短波红外波段离水辐射为零的实际情况，不需要任何水体光学模型就可以直接分离水体和大气的辐射影响，利用 MODIS 两个短波红外波段就可估算出气溶胶类别和光学厚度。Wang 短波红外波段方法的校正精度取决于所取两个短波红外波段的信噪比，由于 MODIS 短波红外波段是专为大气和陆地应用而设计的，其信噪比远低于水色遥感的精度要求，所以两个短波红外波段组合校正方法存在较大不确定性，即便如此，在没有更好的 MODIS 二类水体校正方法下，该方法也相对取得较好的效果。

参 考 文 献

Antoine D, Morel A. A multiple scattering algorithm for atmospheric correction of remotely sensed ocean color(MERIS instrument): principle and implementation for atmospheres carrying various aerosols including absorbing ones[J]. International Journal of Remote Sensing, 1999, 20: 1875-1916.

Banzon V F, Evans R E, Gordon H R, *et al.* SeaWiFS observations of the Arabian Sea Southwest Monsoon bloom for the year 2000[J]. Deep Sea Research II, 2004, 51(1-3): 189-208.

Bohren C F, Huffman D R. Absorption and scattering of light by small particles[M]. New York: Wiley, 1998.

Born M, Wolf E. Principles of Optics[M]. New York: Pergamon Press, 1975.

Carder K L, Chen F R, Lee Z P, *et al.* Semianalytic moderate-resolution imaging spectrometer algorithms for chlorophyll a and absorption with bio-optical domains based on nitrate depletion temperatures[J]. Journal of Geophysical Research, 1999, 104: 5403-5421.

Chandrasekhar S. Radiative Transfer[M]. New York: Dover, 1960.

Chomko R M, Gordon H R, Maritorena R S, *et al.* Simultaneous determination of oceanic and atmospheric parameters for ocean color imagery by spectral optimization: A validation[J]. Remote Sensing of Environment, 2003, 84: 208-220.

Chomko R M, Gordon H R. Atmospheric correction of ocean color imagery: use of the Junge power-law aerosol size distribution with variable refractive index to handle aerosol absorption[J]. Applied Optics, 1998, 37: 5560-5572.

Collett E. Polarized Light[M]. New York: Marcel Dekker, Inc, 1992: 34-37.

Cox C, Munk W. Measurement of the roughness of the sea surface from photographs of the sun's glitter[J]. Journal of the Optical Society of America, 1954, 44: 838-850.

Cox C, Munk W. Some problems in optical oceanography[J]. Journal of Marine Research, 1955, 14: 63-78.

Cox C, Munk W. Statistics of the sea surface derived from sun glitter[J]. Journal of Marine Research, 1954, 13: 198-227.

d'Almeida G A, Koepke P, Shettle E P, *et al.* Atmospheric Aerosols: Global Climatology and Radiative Characteristics[M]. Hampton: Deepak, 1991.

Deepak A, Gerbers H E. Report of the experts' meeting on aerosols and their climatic effects. WCP-55 ~ World Climate Research Program, Geneva, 1983.

Dejong K. An analysis of the behaviour of a class of genetic adaptive systems[D]. Ph. D dissertation, University of Michigan, 1975.

Elterman L. Rayleigh and extinction coefficients to 50 km for the region 0.27 μm to 0.55 μm[J]. Applied Optics, 1964, 3: 1139-1147.

Evans F F, Stephens G L. A new polarized atmospheric radiative transfer model[J]. Journal of Quantitative Spectroscopy and Radiative Transfer, 1991, 5: 413-423.

Fenn R W. Aerosol-Verteilungen und atmospharisches Streulicht[J], Beitraege zur Physik der Atmosphaere, 1964, 37: 69-104.

Gordon H R, Brown O B, Evans R H, *et al.* A semianalytic radiance model of ocean color[J]. Journal of Geophysical Research, 1988, 93: 10909-10924.

Gordon H R, Castaono D J. Aerosol analysis with the Coastal Zone Color Scanner: A simple method for including multiple scattering effects[J]. Applied Optics, 1989, 28(7): 1320-1326

Gordon H R, Clark D K, Brown J W, *et al.* Phytoplankton pigment concentrations in the middle Atlantic Bight: comparison of ship determinations and CZCS estimates[J]. Applied Opicst, 1983, 22: 20-36.

Gordon H R, Clark D K. Clear water radiances for atmospheric correction of coastal zone color scanner imagery[J]. Applied Optics, 1981, 20(24): 4175-4180.

Gordon H R, Voss K J. MODIS normalized water-leaving radiance algorithm theoretical basis document (MOD 18), Version 5. 2004.

Gordon H R, Wang M. Retrieval of water- leaving radiance and aerosol optical thickness over the oceans with SeaWiFS: a preliminary algorithm[J]. Applied Optics, 1994, 33(3): 443-452.

Gordon H R, Wang M. Surface-roughness considerations for atmospheric correction of ocean color sensors. I: The Rayleigh-scattering component[J]. Applied Optics, 1992, 31: 4247-4260.

Gordon H R. Atmospheric correction of ocean color imagery in the Earth Observing System era[J]. Journal of Geophysical Research, 1997, 102: 17081-17106.

Gregg W W, Chen F C, Mezaache A L, *et al.* SeaWiFS Technical Report Series Vol 9, The simulated SeaWiFS data set, Version 1, NASA Tech Memo 104566 ~ NASA, Washington D C, 1993.

Hänel G. Computation of the extinction of visible radiation by atmospheric aerosol particles as a function of the relative humidity, based upon measured properties[J]. Journal of Aerosol Science, 1972, 3: 377-386.

Hänel G. The physical chemistry of atmospheric particles, in Hygroscopic Aerosol[M]. Hampton: Deepak, 1984: 1-20.

Hänel G. The properties of atmospheric aerosol particles as functions of the relative humidity at thermodynamic equilibrium with the surrounding moist air[J]. Advances in Geophysics, 1976, 19: 73-188.

Haywood J M, Shine K P. The effect of anthropogenic sulfate and soot aerosol on the clear sky planetary radiation budget[J]. Geophysical Research Letter, 1995, 22: 603-606.

Hess M, Koepke P, Schult I. Optical Properties of Aerosols and Clouds: the software package OPAC. Bulletin of the American Meteorological Society, 1998, 79: 831-844.

Hovenier J W. Symmetry relationships for scattering of polarized light in a slab of randomly oriented particles[J]. Journal of the Atmospheric Sciences, 1968, 26: 488-499.

Hu C, Carder K L, Muller-Karger F E. Atmospheric correction of SeaWiFS imagery: assessment of the use of alternative bands[J]. Applied Optics, 2000, 39: 3573-3581.

Koepke P, Hess M, Schult I, *et al.* Global Aerosol Data Set. MPI Meteorologie Hamburg Report No. 243, 1997, 44.

Land P E, Haigh J D. Atmospheric correction over case 2 waters with an iterative fitting algorithm[J]. Applied Optics, 1996, 35: 5443-5451.

Lenoble J, Herman M, Deuzé J L, *et al.* A successive order of scattering code for solving the vector equation of transfer in the earth's atmosphere with aerosols[J]. Journal of Quantitative Spectroscopy and Radiative Transfer,2007,107(3):479-507.

Levoni C,Cervino M,Guzzi R,*et al.* Atmospheric aerosol optical properties:a database of radiative characteristics for different components and classes[J]. Applied Optics,1997,36(30):8031-8041.

McClain C R,Cleave M L,Feldman G C,*et al.* Science quality SeaWiFS data for Coastal Zone Color global biosphere research[J]. Sea Technology,1998,39:10-16.

McLinden C A. Observations of atmospheric composition from NASA ER-2 spectroradiometer measurements [D]. Ph. D dissertation,York University (Canada),1999.

Mie G. Beiträ ge zur optik trü ber medien,speziell kolloidaler metallö sungen[J]. Annals of Physics,1908, 25:377-445.

Min Q,Duan M. A successive order of scattering model for solving vector radiative transfer in the atmosphere[J]. Journal of Quantitative Spectroscopy and Radiative Transfer,2004,87:243-259.

Moulin C,Gordon H R,Banzon V F,*et al.* Assessment of Saharan dust absorption in the visible from SeaWiFS imagery[J]. Journal of Geophysical Research,2001,106D:18239-18250.

Penner J E,Dong X,Chen Y. Observational evidence of a change in radiative forcing due to the indirect aerosol effect[J]. Nature,2004,427:231-234.

Powell M J D. An efficient method for finding the minimum of a function of several variables without calculating derivatives[J]. The Computer Journal,1964,7:155-162.

Prieur L,Sathyendranath S. An optical classification of coastal and ocean waters based on the specific spectral absorption curves of phytoplankton pigments,dissolved organic matter,and other particulate materials [J]. Limnology and Oceanography,1981,26:671-689.

Ramella-Roman J,Prahl S A,Jacques S J. Three Monte Carlo programs of polarized light transport into scattering media:part I[J]. Optics Express,2005,13:4420-4438.

Shettle E P,Fenn R W. Models for the aerosols of the lower atmosphere and the effects of humidity variations on their optical properties[J]. Environmental Research Papers,AFGL-TR-79-0214,USA:Air Force Systems Command,1979.

Shi W,Wang M. Detection of turbid waters and absorbing aerosols for the MODIS ocean color data processing[J]. Remote Sensing of Environment,2007,110(2):149-161.

Toon O B,Pollack J B. A global average model of atmospheric aerosol for radiative transfer calculations[J]. Journal of Applied Meteorology,1976,15:225-246.

Twomey S. The influence of pollution on the shortwave albedo of clouds[J]. Journal of the Atmospheric Sciences ,1977,34:1149-1152.

Vermote E F,Tanré D,Deuzé J L,*et al.* Second Simulation of the Satellite Signal in the Solar Spectrum (6S)[J]. 6S User Guide Version 3,2006,http://6s. ltdri. org.

Wang M,Shi W. Estimation of ocean contribution at the MODIS near-infrared wavelengths along the east coast of the U S:Two case studies[J]. Geophysical Research Letter,2005,32,L13606.

Wang M,Tang J,Shi W. MODIS-derived ocean color products along the China east coastal region[J]. Geophysical Research Letter,2007,34,L06611.

Weng F. A multi-layer discrete-ordinate method for vector radiative transfer in a vertically-inhomogeneous, emitting and scattering atmosphere-I. Theory[J]. Journal of Quantitative Spectroscopy and Radiative Transfer,1992,47(1):19-33.

Yu H,Kaufman Y J,Chin M. A review of measurement-based assessment of the aerosol direct radiative effect and forcing[J]. Atmospheric Chemistry and Physics,2006,6:613-666.

Zhang X,Lewis M,Johnson B. The influence of bubbles on scattering of light in the ocean[J]. Applied Optics,1999,37:6525-6536.

陈克海. 基于6S模式的高光谱遥感数据大气校正方法研究[D]. 中国科学院研究生院博士学位论文,2010.

何贤强,潘德炉,白雁,等. 通用型海洋水色遥感精确瑞利散射查找表[J]. 海洋学报,2006,28(1):47-55.

罗云峰,周秀骥,李维亮. 大气气溶胶辐射强迫及气候效应的研究现状[J]. 地球科学进展,1998,6:572-581.

王东光. 空间太阳望远镜偏振分析器的设计与研制[D]. 中国科学院国家天文台博士学位论文,2003.

第5章　光学数据处理方法

5.1　野外数据测定方法

5.1.1　表观光学特性测量

二类水体现场表观光谱的测量方法通常采用水表面以上测量法。光谱仪在经过严格定标的前提下,通过合理地观测几何安排和测量积分时间设置,导出离水辐亮度、归一化离水辐亮度、遥感反射比以及水面以下辐照度比等水色遥感关心的物理量。NASA 出版的 SeaWiFS 技术资料对该方法进行了描述,但不系统全面;NASA 2002 年新版海洋光学规范对此方法进行了补充和完善,但仍有很多不足之处;国内唐军武等对其进行了系统研究(唐军武等,2004)。

(1) 测量基本参数

利用 ASD 光谱仪,主要测量 3 个参数:标准灰板(plaque)反射(L_p)、水体总信号(L_{sw})、天空漫射光信号(L_{sky})。

(2) 观测几何

仪器观测平面与太阳入射平面的夹角 $90° \leq \phi_v \leq 135°$(背向太阳方向),仪器与海面法线方向的夹角 $30° \leq \theta_v \leq 45°$,这样便可避免绝大部分的太阳直射反射,同时减少船舶阴影的影响。在实际测量中一般选择 $\phi_v = 135°, \theta_v = 40°$(图 5.1)。

(3) 可获得水色遥感物理量

① **水体表面入射总辐照度**($E_d(0^+)$):通过测量标准灰板反射 L_p 得:

$$L_p = \rho_p \times E_d(0^+)/\pi \tag{5.1a}$$

$$E_d(0^+) \equiv E_s = L_p \times \pi / \rho_p \tag{5.1b}$$

式中:ρ_p 为标准板的反射率,建议采用 $10\% \leq \rho_p \leq 30\%$ 的标准板。

② **离水辐亮度**(L_w):

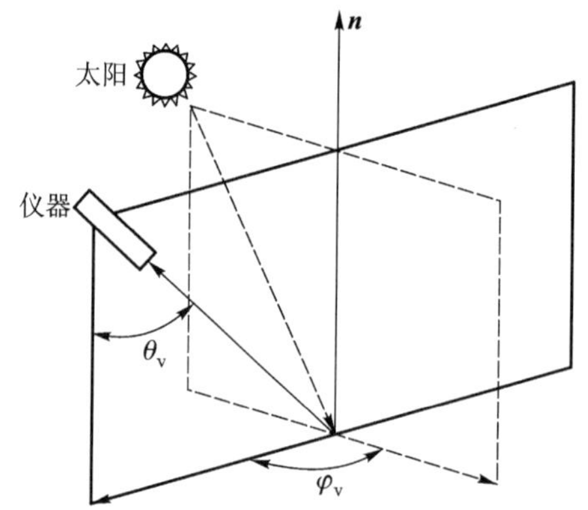

图 5.1 光谱仪水面以上观测几何(唐军武,2004)

$$L_w = L_{sw} - rL_{sky} \tag{5.2}$$

根据经验,在上述观测几何条件下,平静水面可取 $r=0.022$,在 5 m · s^{-1}左右风速的情况下,r 可取 0.025,10 m · s^{-1}左右风速的情况下,取 0.026 ~ 0.028。

③ **归一化离水辐亮度(L_{wn}):**

$$L_{wn} = \frac{F_0}{E_d(0^+)} L_W \tag{5.3}$$

式中:F_0为平均大气层外太阳辐照度,有具体数值。

④ **遥感反射比(R_{rs}):**

$$R_{rs} = L_w / E_d(0^+) = L_{wn} / F_0 \tag{5.4}$$

⑤ **刚好处于水面以下辐照度比的获取(R^-):**根据定义,刚好处于水面以下的辐照度比可表示为式(5.9)。由于:

$$R(0^-) = \frac{E_u(0^-)}{E_d(0^-)} \tag{5.5}$$

$$E_u(0^-) = QL_u(0^-) \tag{5.6}$$

$$L_u(0^-) = \frac{n^2}{t} L_W \tag{5.7}$$

$$E_d(0^-) = (1-\rho_{aw}) E_d(0^+) \tag{5.8}$$

于是有:

$$R(0^-) = \frac{E_u(0^-)}{E_d(0^-)} = Q \frac{n^2}{t} \frac{1}{(1-\rho_{aw})} \frac{L_W}{E_d(0^+)} \tag{5.9}$$

式中:n 为水体折射指数;t 为气水界面反射率;ρ_{aw} 为气水表面的辐照度反射率,在 0.04 ~ 0.06 之间;Q 为光场分布参数,不同的水体、不同的太阳角度、不同的观测角度,其值变化很大,一般在 1.7 ~ 7 之间变化,通常取值为 4.0(唐军武,2004)。

5.1.2 水质参数测定方法

(1) 水样的采集与保存

在水质遥感研究中,水样的采集与保存是否规范也直接影响模型的建立与水质的动态变化规律及空间差异分析的结果。样品的采集使用聚四氟乙烯塑料瓶(为了标准和运输方便),每个样点采集 3 瓶,每个水样都来自湖水表层;每次采集前先将采样瓶用湖水冲洗数遍。所有样品采集后,立即放入装有冰块的苯板保温箱里,待运回实验室保鲜箱后,尽快将待测参数一一测定。

(2) 各种水质参数的测定

在本研究中,一些水质参数是实地与光谱测量同时进行的,一些参数是采样进行测试分析的,因采集的方式不同,具体方法也有所不同。

① 实地测量的参数:透明度由 Secchi 盘来测定,盐度、pH、温度、电导率、溶解氧、硝态氮浓度等由美国 Hydrolab 公司生产的 Sound4a 多功能水质参数仪来实时测定。

② 实验室测定的参数:

叶绿素的测定采用分光光度法(GB3838—2002);

DOC 的含量用 1020 型 TOC 仪测定;

悬浮物的测定采用重量法(GB 11901-89),将水样以孔径为 0.45 μm 的滤膜过滤,把截留在滤膜上的悬浮物于 103 ~ 105℃ 烘干约 4 小时至恒重,以万分之一天平称重,再以 550℃ 灼烧约 4 小时至恒重,同样以万分之一天平称重,分别获取总悬浮物、有机悬浮物和无机悬浮物浓度;

浊度的测定采用分光光度法(GB 13200-91);

总氮的测定采用碱性过硫酸钾消解紫外分光光度法(GB 11894-89);

总磷测试采用钼酸铵分光光度法(GB 11893-89)。

(3) 其他资料的收集与记录

每个采样点的周边环境记录为后期的数据分析提供了一手资料,主要包括以下内容:样点的数码相片、周围是否有水生植被、天气状况(能见度、云量)等。

5.1.3 固有光学特性测量

(1) 黄色物质的吸收系数($a_g(\lambda)$)测量

先将 0.45 μm 的 GF/F 滤膜过滤水样,再使用 0.2 μm 的微孔滤膜进一步过滤,得到黄色物质样品。利用分光光度计测量黄色物质的吸光度,同时根据吸光度计算有色溶解有机物(colored dissolved organic matter,CDOM)各波长吸收系数(式(5.10));由于过滤清液还有可能残留细小颗粒,可能会引起散射,为此并作散射效应校正(式(5.11)):

$$a(\lambda') = 2.303D(\lambda)/r \tag{5.10}$$

式中:$a(\lambda')$ 为波长 λ 的未校正吸收系数(m^{-1});$D(\lambda)$ 为吸光度;r 为光程路径(m)。

$$a_g(\lambda)=a(\lambda')-a(700)\lambda/700 \tag{5.11}$$

式中：$a_g(\lambda)$为波长 λ 的吸收系数(m^{-1})；$a(\lambda')$、λ 的含义同式(5.10)。

(2) 颗粒物的吸收系数($a_p(\lambda)$)测量

首先，在 120 ~ 140 mmHg 负压下，用直径为 47 mm 的 GF/F 玻璃纤维滤膜过滤水样(过滤的体积由水样的悬浮物浓度确定，40 ~ 600 mL)，得到总颗粒物样品滤膜。然后将样品滤膜拿到 UV-2401PC 型分光光度计下测定上面颗粒物的吸光度，把同样湿润度的一张空白滤膜放在分光光度计的参比光束上，作为参比。在 350 ~ 800 nm 范围内，每隔1 nm测定一个波长的吸光度。最后拿各波长吸光度减去 750 nm 波长的吸光度，采用下式进行校正：

$$OD_s=0.378OD_f+0.523OD_f^2 \qquad OD_f\leqslant 0.4 \tag{5.12}$$

式中：OD_s为校正后的滤膜上悬浮颗粒物吸光度；OD_f为直接在仪器上测定的滤膜上悬浮颗粒物吸光度。

滤膜上悬浮颗粒物的光谱吸收系数按下式计算：

$$a_p(\lambda)=2.303\times\frac{S}{V}OD_s(\lambda) \tag{5.13}$$

式中：V 为被过滤水样的体积；S 为沉积在滤膜上的颗粒物的有效面积。

(3) 非色素颗粒物吸收系数($a_d(\lambda)$)的测量

在总颗粒物样品测量完毕以后，将样品滤膜和空白滤膜取回，向每片滤膜中滴入适量的稀释后的次氯酸钠溶液，进行色素的提取，提取的时间约为 10 分钟；之后用超纯水将次氯酸钠清洗干净，获得非色素颗粒物的样品滤膜，然后把样品滤膜放在分光光度计下进行吸光度测量，测量程序与总颗粒物的测量程序相同。非色素颗粒物光谱吸收系数的计算公式也与总颗粒物的计算公式相同，经过处理即可得到非色素颗粒物的光谱吸收系数。

(4) 浮游植物色素的光谱吸收系数($a_{ph}(\lambda)$)

在得到总颗粒物的吸收系数与非色素颗粒物的吸收系数以后，浮游植物色素的光谱吸收系数可用颗粒与非色素颗粒之间的差别来计算：

$$a_{ph}(\lambda)=a_p(\lambda)-a_d(\lambda) \tag{5.14}$$

式中：$a_{ph}(\lambda)$是浮游植物色素的光谱吸收系数；$a_p(\lambda)$是总颗粒物的光谱吸收系数；$a_d(\lambda)$是非色素颗粒物的吸收系数。

5.2 数据分析及模型构建

5.2.1 表观光学特性数据

(1) 单波段模型

概括来讲,单波段模型可用下式来表示:

$$C = A + B \times R(\lambda) \tag{5.15}$$

式中:C 为要反演的物质浓度,例如叶绿素、悬浮物或有色溶解有机物;A 和 B 为统计回归系数;$R(\lambda)$ 是模型的自变量。在自变量的选择上,可以是某一波段的遥感反射比,也可以是离水辐射率、漫反射率等其他一些表观参量,有时还可以是这些参量的变换形式,例如对数变换、指数变换等。

图 5.2 为吉林省的查干湖水体遥感反射比与叶绿素相关系数,可以发现相关系数普遍较低,最高点是 760 nm 处的 0.31,这是由于查干湖多悬浮物,其高反射率掩盖了水体中的叶绿素信息(Bhargava 和 Mariam,1991),因此不适合选择单波段建立定量模型,估算叶绿素 a 浓度。这与以往针对富营养化水体进行研究的结果相似(李素菊等,2002)。因此,一般很难选择单波段进行模型反演。

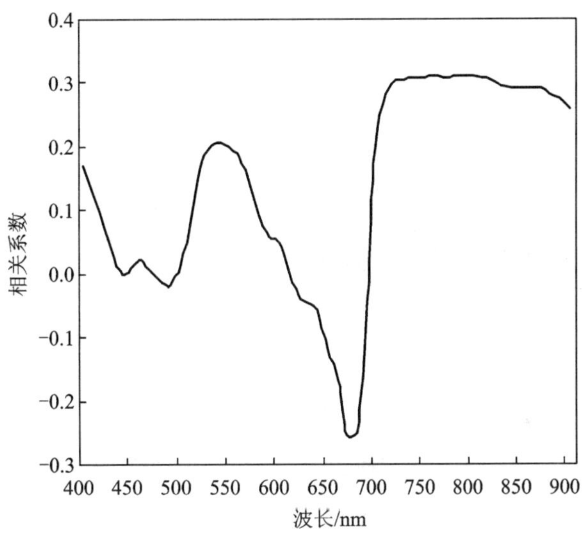

图 5.2 遥感反射比与叶绿素相关系数

(2) 一阶微分模型

光谱微分技术是处理高光谱遥感数据的一种重要方法,在湖泊水色遥感信息提取中,常常利用该技术对水体遥感反射光谱进行数学模拟,迅速确定光谱弯曲点及最大最小反射率波长位置,以便更精确地建立水质参数反演模型。微分技术对光谱信噪比非常敏感,但研究表明,光谱的低阶微分处理对噪声影响敏感性较低,因而在实际应用中较有效(Cloutis,1996)。一般认为,一阶微分处理可去除光谱数据中部分线性或接近线性的背景,以及噪声信息对目标光谱(必须为非线性的)的影响(浦瑞良等,2000)。水质参数反演一阶微分模型在形式上类似单波段模型,但是以遥感反射比等水体表观光学量的一阶微分值为自变量。由于光谱仪采集的是离散型数据,因此光谱数据的一阶微分可以用以下公式近似计算:

$$R(\lambda_i)'=\frac{R(\lambda_{i+1})-R(\lambda_{i-1})}{\lambda_{i+1}-\lambda_{i-1}} \tag{5.16}$$

式中：λ_{i+1}、λ_i、λ_{i-1}为相邻波长；$R(\lambda_i)'$为波长 λ_i的一阶微分反射光谱。

图 5.3(a)是查干湖水体光谱的一阶微分曲线，不像原始光谱，一阶微分光谱较为平滑，部分去除了波浪和纯水的影响。通过计算一阶微分光谱与叶绿素 a 的相关系数(图 5.3(b))，发现 660～700 nm 波段相关系数较高($|R|>0.8$)，这些高相关区域可以用来估测叶绿素浓度。选择其中相关系数最高的 680 nm，建立叶绿素一阶微分反演模型(图5.3(c))：

$$Y=52\ 538X-4.730\ 4 \qquad (R^2=0.74 \qquad n=28 \qquad \mathrm{RMSE}=6.39\ \mu g\cdot L^{-1}) \tag{5.17}$$

式中：X 是 680 nm 处一阶微分；Y 是叶绿素 a 浓度($\mu g\cdot L^{-1}$)。

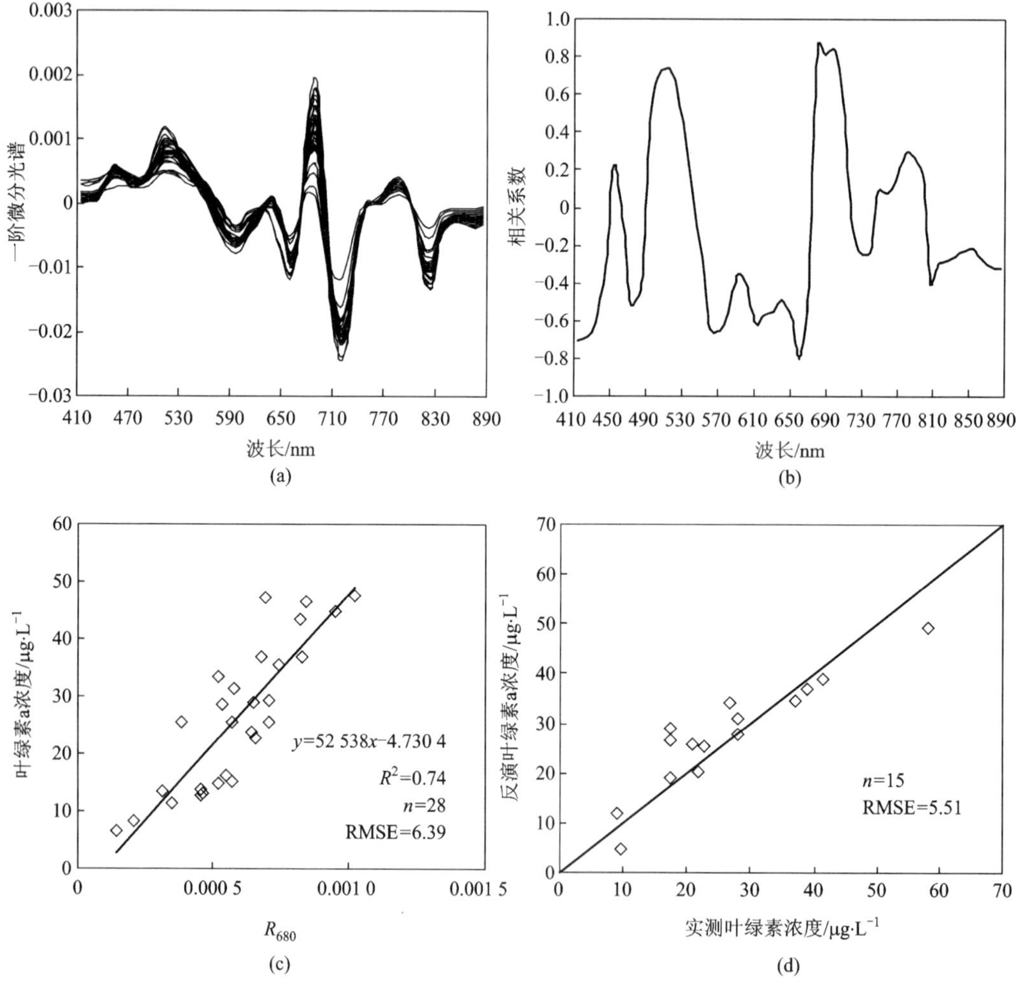

图 5.3 查干湖一阶微分模型

同时,选择了其余 1/3 样点($n=15$)进行模型验证,可以发现 RMSE 是 5.51 $\mu g \cdot L^{-1}$(图 5.3(d)),精度较高。

(3) 波段比值模型

波段比值模型是水色遥感中常用的水质参数反演算法,其形式可由下式表示:

$$C = A + B \times \frac{R_{rs}(\lambda_1)}{R_{rs}(\lambda_2)} \tag{5.18}$$

式中:A、B、C 的含义同式(5.15)。比值模型可部分消除水表面光滑度和微波等环境因素的干扰,减小其他非目标物质的影响(李素菊等,2002;Koponen 等,2002;Pullianinen 等,2001;疏小舟等,2000)。该方法简单易行,在一定程度上也可有效地提高水质参数的反演精度。波段比值通常选择水色要素的典型吸收特征或者反射特征波长。在叶绿素遥感中,通常有 4 个波段可以选择:蓝光、绿光、红光和近红外波段(Dekker 等,2001; Mittenzwey 等,1992);特别是 680 nm 和 706 nm 在众多的研究中都发现与叶绿素有较大的相关关系,两者比值可以有效地增加叶绿素吸收峰和反射峰的差异,进而更好地反演叶绿素浓度。这也表明 700 nm 附近反射峰主要受叶绿素的影响。在研究查干湖光谱反射率与叶绿素 a 浓度敏感波段的基础上,尝试分析各种不同的波段比值(表 5.1),发现 710 nm 与670 nm 波段的比值与叶绿素相关性最高,因此用其建立模型(图 5.4(a)):

$$Y = 83.328X - 69.277 \quad (R^2 = 0.70, n = 28, \text{RMSE} = 6.84) \tag{5.19}$$

式中:X 是 710 nm 波段与 670 nm 波段的比值;Y 是叶绿素 a 浓度($\mu g \cdot L^{-1}$)。

同样,选择了其余 1/3 样点($N=15$)进行模型验证,可以发现 RMSE 是 5.38 $\mu g \cdot L^{-1}$(图 5.4(b)),验证模型精度较高,并优于单波段模型。

表 5.1 波段比值与叶绿素 a 浓度回归拟合方程及相关指数

波段比值	回归方程	R^2	波段比值	回归方程	R^2
710/440	$Y=55.792X-58.548$	0.31	710/670	$y=83.328X-69.277$	0.70
700/670	$Y=96.469X-91.893$	0.69	710/680	$y=79.192X-66.653$	0.67
810/670	$Y=87.941X-30.721$	0.55	750/680	$y=91.28X-25.916$	0.51
560/440	$Y=15.3X-2.6142$	0.05	750/580	$y=78.296X-4.8761$	0.16
710/660	$Y=109.03X-85.96$	0.67	700/680	$y=90.278X-86.889$	0.65
700/690	$Y=208.24X-199.19$	0.65	700/660	$y=140.87X-128.67$	0.69
710/690	$y=143.33X-118.89$	0.63	710/580	$y=122.84X-73.895$	0.29

(4) 连续统和反连续统法

连续统去除法(continuum removal)是一种常用的高光谱数据预处理方法,它通过去除背景吸收的影响来分离目标物质的吸收特征。一般而言,水体反射光谱的吸收特

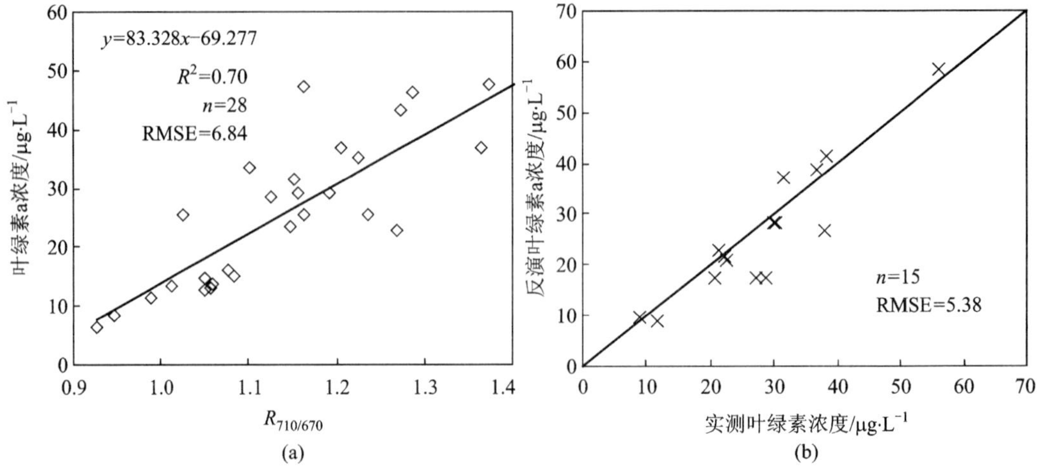

图 5.4　查干湖波段比值模型

征可分解为连续统和个别特征两个部分,其中连续统可看做背景吸收,而其他吸收特征则叠加于其上,如图 5.5(a)所示。连续统按照如下方法确定:在吸收中心两侧确定两个相对峰值点作为端点,连接两个端点构成一条包络在反射曲线上方的直线,即为连续统。对原始光谱曲线进行连续统去除可按照下列公式进行:

$$R(\lambda)=1-R_a(\lambda)/R_b(\lambda) \tag{5.20}$$

式中:R 为经连续统去除后吸收特征的值;R_a 为原始光谱中吸收特征的值;R_b 为对应于吸收特征波段处连续统上的值。经过连续统去除后,水体光谱中的吸收谷曲线如图 5.5(b)所示,其中两端点处的值为 0,两端点之间的值均小于 1。在此基础上利用经连续统去除后的光谱特性建立叶绿素 a 的浓度反演模式,如谷深、谷面积等。

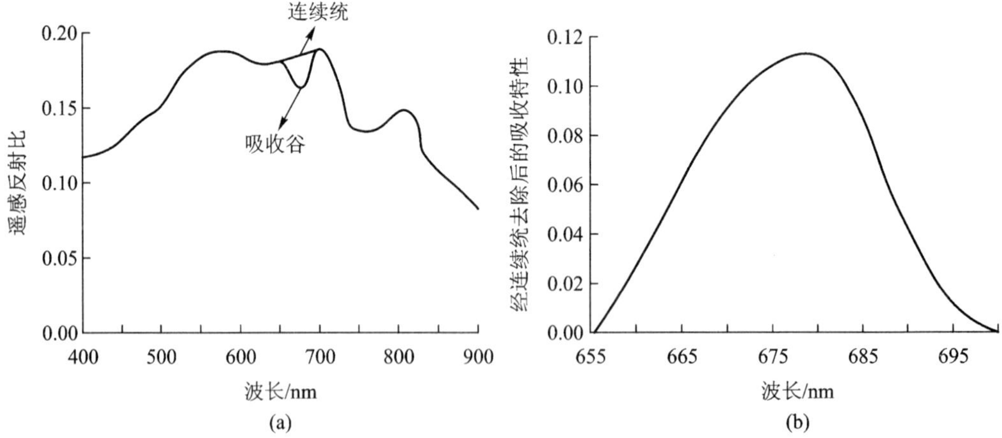

图 5.5　连续统法示意图

基于连续统去除法原理,Duan 等(2010)提出了反连续统去除法(reverse continuum

removal)，针对水体光谱 700 nm 波段附近反射峰特征进行提取。反连续统的确定方法是：在反射峰中心两侧确定两个相对谷值作为端点，连接两个端点构成一条包络在反射曲线下方的直线，即为反连续统，如图 5.6(a)所示。

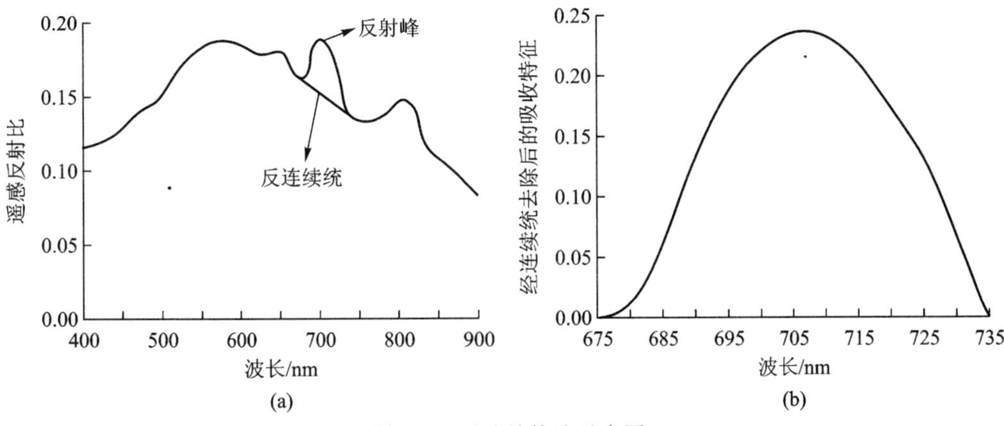

图 5.6 反连续统法示意图

对原始光谱曲线进行反连续统去除可按照下列公式进行：

$$R(\lambda)=R_a(\lambda)/R_b(\lambda)-1 \tag{5.21}$$

式中：R、R_a和 R_b的含义同上。经过反连续统去除后，水体光谱中的反射峰曲线两端点处的值为 1。在此基础上利用经反连续统去除后的光谱特性建立叶绿素 a 的浓度反演模式，例如峰高、峰面积等。

针对叶绿素 a 在红波段的吸收峰特征，对查干湖水体光谱曲线进行连续统去除，并选择谷深和谷面积两个特征参量表征叶绿素 a 浓度的多少。结果显示，连续统法可在一定程度上有效地反映水体叶绿素 a 浓度水平(图 5.7)。同理，针对叶绿素 a 在近红外波段的荧光峰特征，对查干湖水体光谱曲线进行反连续去除，得到与连续统方法类似的结果(图 5.8)，但叶绿素 a 浓度反演精度总体略有降低。

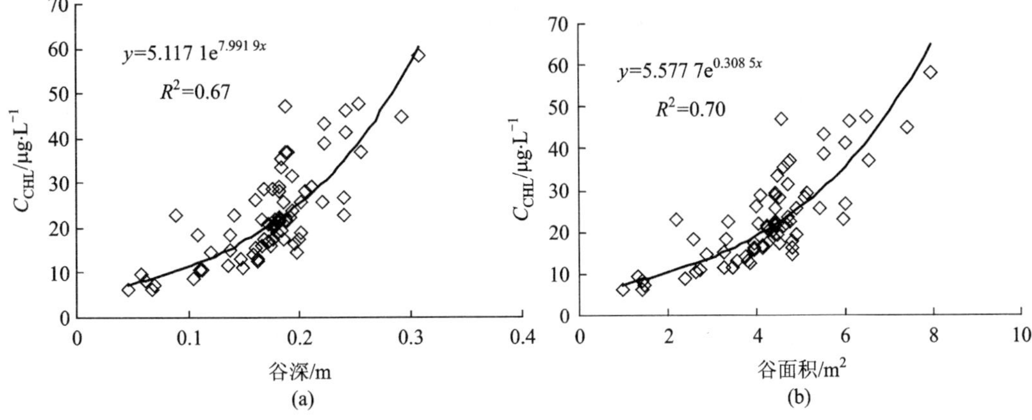

图 5.7 基于连续统法的查干湖水体叶绿素浓度反演模型

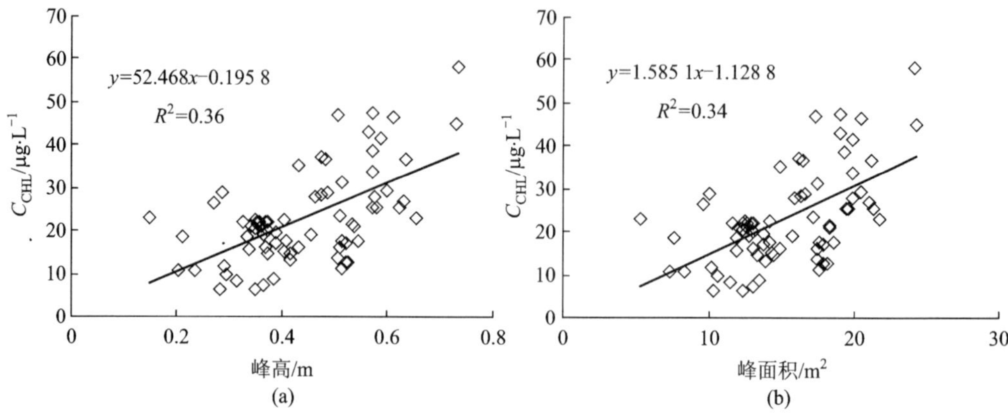

图 5.8 基于反连续统法的查干湖水体叶绿素浓度反演模型

（5）三波段模型

随着海洋和湖泊野外光学仪器的发展，光学模型得到广泛应用，半分析方法也随之产生，它以水色机理为基础，利用生物光学模型解译或模拟遥感数据，将水色物质的吸收、散射特性有机结合起来，从水体辐射传输原理入手解决水色遥感问题（马荣华等，2006）。生物光学模型的具体形式可由式（5.22）表示，其中总吸收和总散射又可分别表示为各种水色物质的贡献和，即：

$$R_{rs}=\frac{ft}{Qn^2}\frac{b_{bw}+b_{bp}}{a_w+a_d+a_{ph}+a_g+b_{bw}+b_{bp}} \tag{5.22}$$

式中：t、n^2 含义同式（5.9），f/Q 是太阳天顶角的弱函数（Morel 和 Gentili，1993）；一般认为，$f/Q=0.094\ 5$（Gordon 等，1988）或者 $f/Q=0.092\ 2$（Lee 等，1998；Morel 和 Gentili，1991）；a 是水体各组分的吸收系数；b_b 为水体各组分的后向散射系数。

由于水体固有光学特性参数均是波长 λ 的函数，因此 R_{rs} 在不同波段会有不同的表现。当选择波段 λ_1 在 660 ~ 690 nm 的叶绿素 a 吸收峰，λ_2 在 690 ~ 710 nm 的叶绿素 a 荧光峰时（Dall' Olmo 等，2005），叶绿素 a 和纯水在这两个波段的吸收系数存在下列关系：

$$a_{ph}(\lambda_1)\gg a_{ph}(\lambda_2),\ a_w(\lambda_1)\approx a_w(\lambda_2) \tag{5.23}$$

同时，由于非色素颗粒物和有色溶解有机物的吸收系数随波长增加呈指数递减，在这两个波长处，它们的吸收系数已降至很低，且存在下列关系：

$$a_d(\lambda_1)+a_g(\lambda_1)\approx a_d(\lambda_2)+a_g(\lambda_2) \tag{5.24}$$

此外，式（5.22）中的 f、Q 函数虽然均是太阳高度角函数，但当对其进行比值处理时，f/Q 对太阳高度角的依赖性就不是很强，在 650 ~ 750 nm 内可看做定值（Morel 等，1996）。而总后向散射系数在 650 ~ 750 nm 波段内的变化差异也可忽略不计（Melin 等，2003）。因此，综合式（5.22）、式（5.23）和式（5.24）可得到下列关系式：

$$R_{rs}^{-1}(\lambda_1)-R_{rs}^{-1}(\lambda_2)\propto\frac{Q}{f}\frac{a_{ph}(\lambda_1)}{b_b} \tag{5.25}$$

为了消除 Q、f、b_b，引入近红外波段 700 nm<λ_3<750 nm，该波段的遥感反射比主要是纯水的吸收起主要作用，即 $a(\lambda_3)+b_b(\lambda_3)\approx a_w(\lambda_3)$，因此：

$$R_{rs}(\lambda_3)\propto\frac{f}{Q}\frac{b_b}{a_w(\lambda_3)} \tag{5.26}$$

组合 λ_1、λ_2、λ_3三波段的反射率便得到下列关系式：

$$[R_{rs}^{-1}(\lambda_1)-R_{rs}^{-1}(\lambda_2)]\times R_{rs}(\lambda_3)\propto\frac{a_{ph}(\lambda_1)}{a_w(\lambda_3)} \tag{5.27}$$

式中：$a_w(\lambda_3)$已是常量。这样，式(5.27)的左边将成正比于 $a_{ph}(\lambda_1)$。而 $a_{ph}(\lambda_1)$可表示为浮游植物比吸收系数 $a_{ph}^*(\lambda_1)$与叶绿素 a 浓度的乘积。由于浮游植物比吸收系数是个生物学变量，会随不同季节藻类的不同而发生变化，因此，要想利用上述三波段组合反演水体叶绿素 a 浓度就必须剔除叶绿素 a 比吸收系数的影响。研究表明，在某些特征波段，叶绿素 a 比吸收系数对$[R_{rs}^{-1}(\lambda_1)-R_{rs}^{-1}(\lambda_2)]\times R_{rs}(\lambda_3)$的变化影响不是很大。因此，当计算每种$[R_{rs}^{-1}(\lambda_1)-R_{rs}^{-1}(\lambda_2)]\times R_{rs}(\lambda_3)$组合与叶绿素 a 浓度间的相关系数时，通过波段优化选取相关系数最大值所对应的三波段最佳位置的方法可较少受叶绿素 a 比吸收系数的影响。

基于上述原理，让 λ_1在 660 ~ 690 nm 波段范围内、λ_2在 690 ~ 730 nm 波段范围内、λ_3在 700 ~ 750 nm 波段范围内任意组合，建立各种$[R_{rs}^{-1}(\lambda_1)-R_{rs}^{-1}(\lambda_2)]\times R_{rs}(\lambda_3)$组合与叶绿素 a 浓度间的相关关系，并确定相关系数最高的那一组为最佳三波段组合，查干湖 λ_1、λ_2、λ_3的最佳位置分别是 670 nm、690 nm 和 740 nm。选择这几个波段组合，建立叶绿素 a 反演模型(图 5.9(a))：

$$Y=328.82X+4.213 \quad (R^2=0.72 \quad n=28 \quad \mathrm{RMSE}=6.58) \tag{5.28}$$

式中：X 是三波段模型值；Y 是叶绿素 a 浓度(μg · L^{-1})。

同时，对三波段反演模型进行了验证，RMSE＝4.53 μg · L^{-1}，小于其他几个模型。

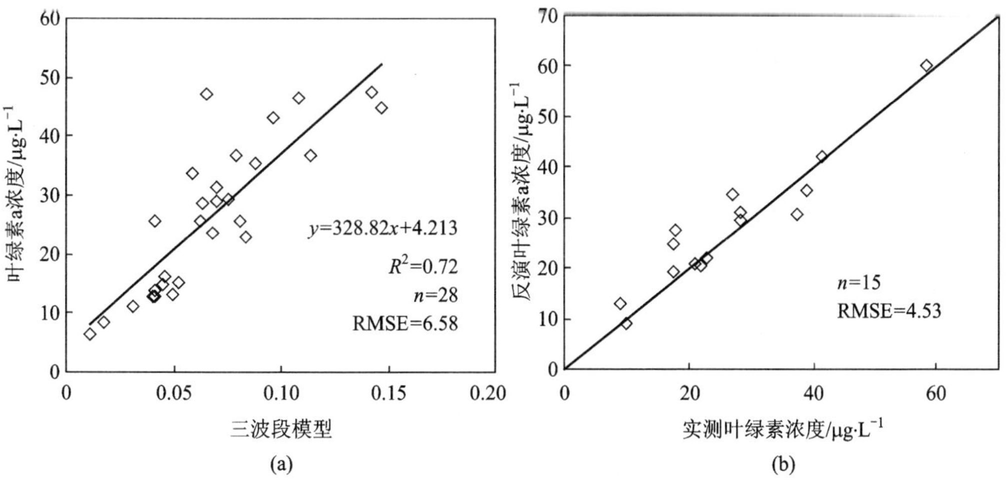

图 5.9 基于三波段模型的查干湖水体叶绿素浓度反演

5.2.2 固有光学特性数据处理

由于没有查干湖水体固有光学特性数据，本节选择巢湖水体数据进行研究。

(1) CDOM 吸收特征

CDOM 吸收光谱的形状在不同的环境中都具有明显的特征，吸收系数光谱一般随波长的增加呈指数衰减(Bricaud 等,1981)：

$$a_g(\lambda)=a_g(\lambda_0)\exp[-S_g(\lambda-\lambda_0)] \tag{5.29}$$

式中：λ_0为参考波长，可以选择 440 nm(Kirk 1994; Zhu 和 Li,2003)、400 nm(Pierson 和 Strömbeck,2001; Gallegos 等,1990)、375 nm (Bricaud 等,1981)等波长，目前水色遥感中较为常用的是 440 nm。

巢湖 CDOM 吸收(图 5.10)在 280～400 nm、400～500 nm、500～600 nm 和 600～700 nm 变化范围分别为 0.24～18.02 m^{-1}、0.10～1.35 m^{-1}、0～0.46 m^{-1} 和 0～0.17 m^{-1}；平均值分别为 4.73 m^{-1}、0.42 m^{-1}、0.05 m^{-1}和 0.01 m^{-1}。$a_g(440)$值分布范围在 0.06～0.92 m^{-1}，平均值为 0.50 m^{-1}(图 5.11)。与以往研究类似(范围 0.144～0.973 m^{-1}，平均值0.48 m^{-1})(戴永宁等,2008)。$a_g(440)$与叶绿素 a、悬浮物的相关系数分别为 0.49 和-0.28。由于这些样点主要分布在东半湖，水系较少且流域中没有大的污染源，河流水质较好，黄色物质由陆原携带以及湖体本身浮游植物、藻类等自身降解生成，并没有哪一种占主导作用。因此，巢湖水体 CDOM 吸收系数 $a_g(440)$与 DOC 浓度相关性也不明显($r=0.28$)，但 $a_g(440)$与 S_g值(通过式(5.29)计算获取，拟合波段280～700 nm)呈现出非常好的负相关关系($r=-0.93$)，这说明巢湖黄色物质中的灰黄酸和腐殖酸比例相对稳定，出现某种平衡(图 5.11)。另外，巢湖水体的 S_g值位于 0.017 2～0.033 8 nm^{-1}，平均值为0.021 5 nm^{-1}。

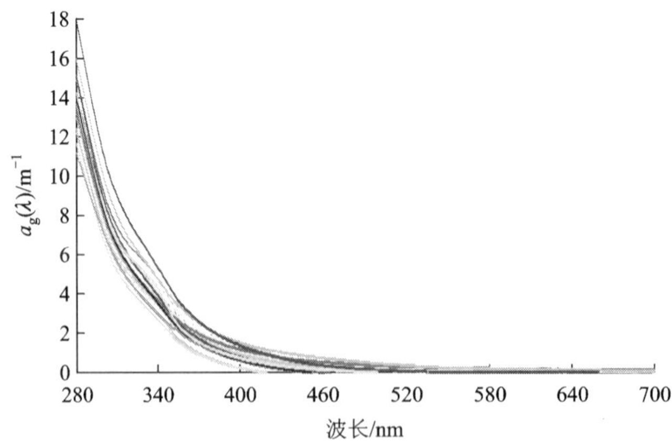

图 5.10 巢湖水体的 CDOM 吸收

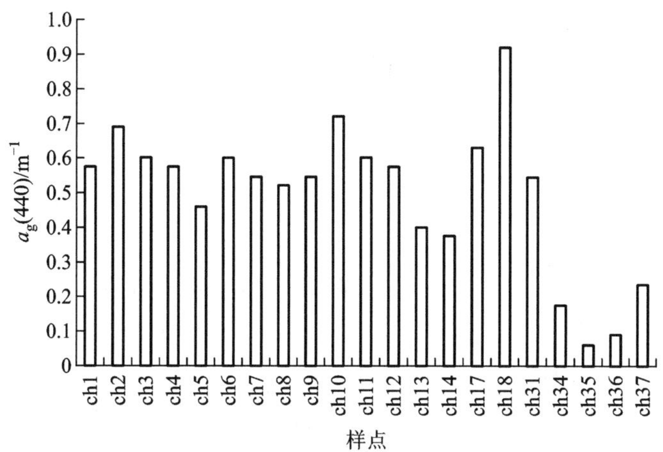

图 5.11　巢湖水体的 $a_g(440)$ 分布

(2) 浮游植物色素吸收特征

浮游植物色素吸收曲线在 440 nm 和 676 nm 有两个较为明显的吸收峰(图 5.12),但部分有蓝藻水华分布的样点,浮游植物色素吸收明显偏高。值得注意的是,440 nm 处浮游植物色素吸收响应要明显高于 676 nm(图 5.13)。一般认为,676 nm 主要受叶绿素的影响,而 440 nm 除了受叶绿素外,可能还会受到其他色素的影响。图 5.14(a、b)表明,$a_{ph}(440)$ 和 $a_{ph}(676)$ 都具有与叶绿素较好的线性响应关系,但 $a_{ph}(676)$ 好于 $a_{ph}(440)$。

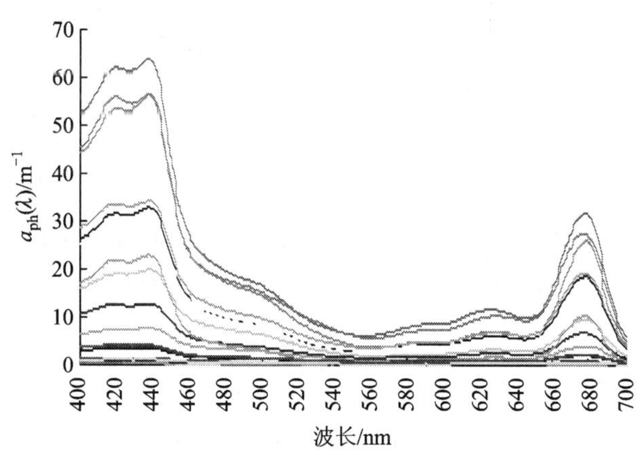

图 5.12　巢湖水体的浮游植物色素吸收

(3) 非色素颗粒物吸收特征

巢湖水体非色素颗粒物吸收和其他湖泊水体一样,呈现指数衰减规律(图 5.15)。

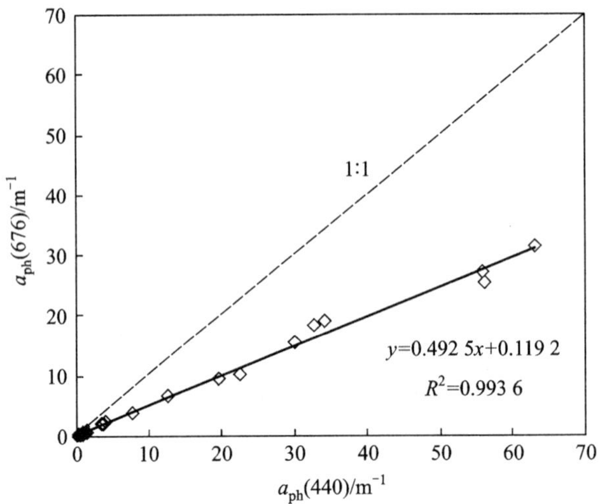

图5.13 巢湖水体的浮游植物色素吸收 $a_{ph}(440)$ 与 $a_{ph}(676)$ 的关系

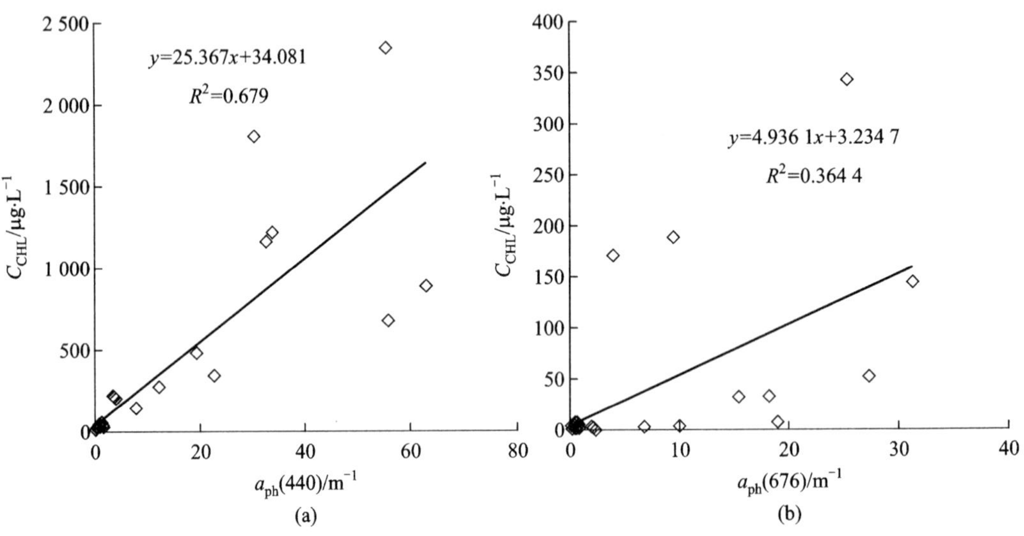

图5.14 巢湖水体浮游植物色素吸收与不同色素的关系

(a) 叶绿素与 $a_{ph}(440)$ 的关系;(b) 叶绿素与 $a_{ph}(676)$ 的关系

选择440 nm作为参考波长,利用形如式(5.29)函数进行模拟,结果表明 S_d 值的变化范围和平均值分别是0.011 7~0.015 3 nm^{-1} 和0.012 8 nm^{-1},$a_d(440)$ 的范围和平均值分别是0.84~2.87 m^{-1} 和1.45 m^{-1}。图5.16列出了 $a_d(440)$ 与主要水质参数的关系。在与悬浮物的关系中,$a_d(440)$ 与无机悬浮颗粒物(suspended particulate inorganic matter,SPIM)关系最好(图5.16(c)),其次是与总悬浮颗粒物(suspended particulate matter,SPM)的关系(图5.16(a)),最后是与有机悬浮颗粒物(suspended particulate organic matter,SPOM)的关系(图 5.16(b))。这是由于非色素颗粒物主要由无机悬浮物组成,二者具有较高的相关性;但非色素颗粒物也可能受到有机物,如色素等的影响,巢湖 a_d(440)与叶绿素就具有一定的相关性(图 5.16(d))。这和巢湖部分水体蓝藻含量过高有一定的关系。

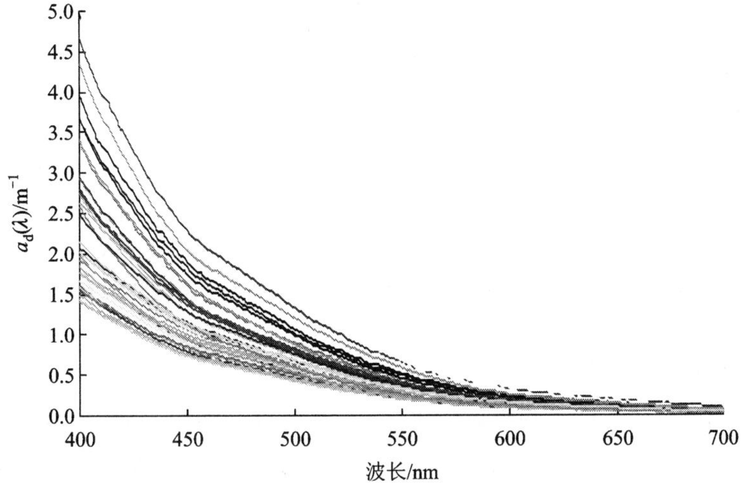

图 5.15 巢湖水体的非色素颗粒物吸收

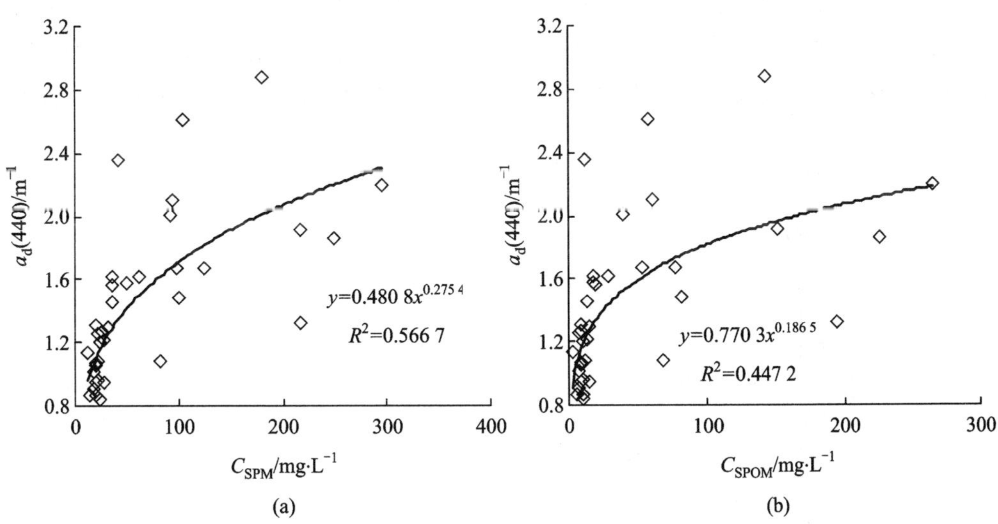

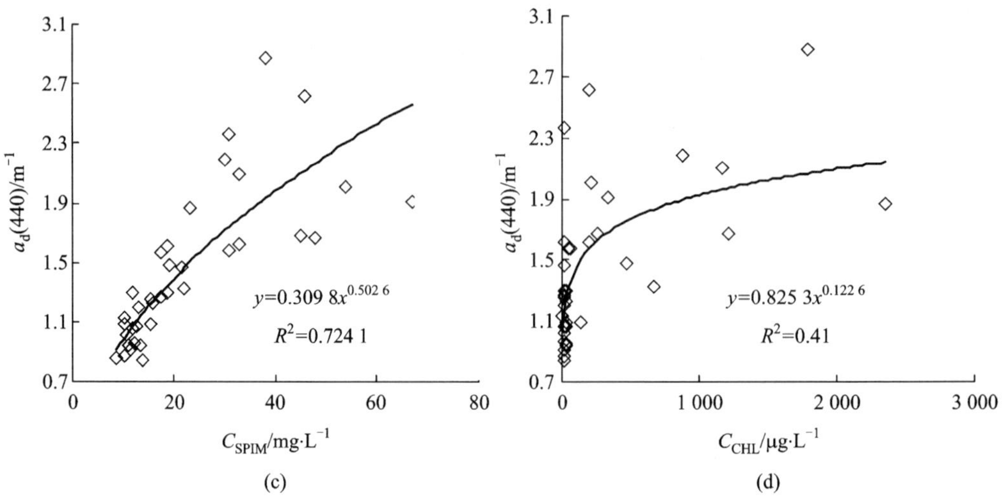

图 5.16　巢湖水体的非色素颗粒物 $a_d(440)$与水质参数的关系

(4) 总颗粒物吸收特征

巢湖不同站点的总颗粒物吸收变化较大(图 5.17),如 $a_p(440)$的变化范围是 1.23 ~65.29 m^{-1},$a_p(676)$的变化范围是 0.20 ~ 31.49 m^{-1}。由于总颗粒物的吸收是非藻类颗粒物和藻类色素吸收的线性叠加,因此总颗粒物曲线一般呈现出两种类型(图 5.18),但具体呈现哪一种类型,主要看谁占主导。图 5.18(a)类型Ⅰ是浮游植物色素占主导类型,浮游植物色素吸收在各个波段远大于非色素颗粒物吸收;图 5.18(b)是类型Ⅱ,非色素颗粒物吸收在 650 nm 之前普遍大于浮游植物色素吸收。一般情况下,类型Ⅰ总颗粒物吸收大于类型Ⅱ;同时,类型Ⅰ水体各种参数含量(包括叶绿素、藻蓝

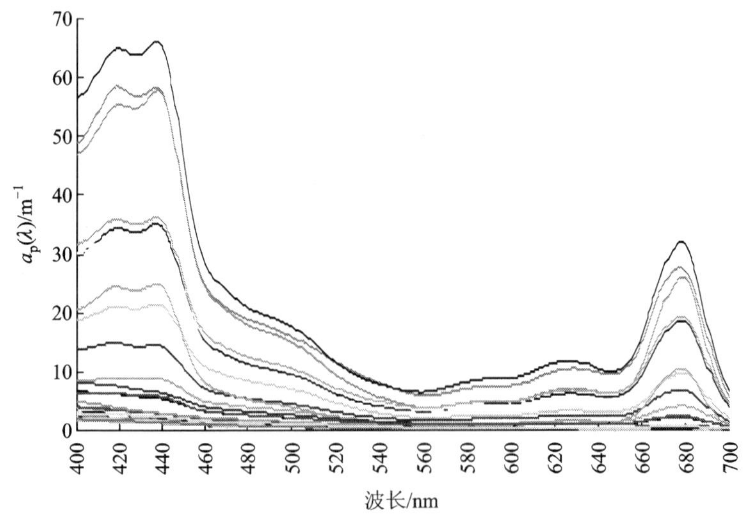

图 5.17　巢湖水体的总颗粒物吸收

素和悬浮物)都显著大于类型Ⅱ。如巢湖类型Ⅰ的叶绿素和藻蓝素浓度分别是类型Ⅱ的 34.58 倍和 42.61 倍,差异巨大。这也是类型Ⅰ在 440 nm 出现峰值的主要因素。

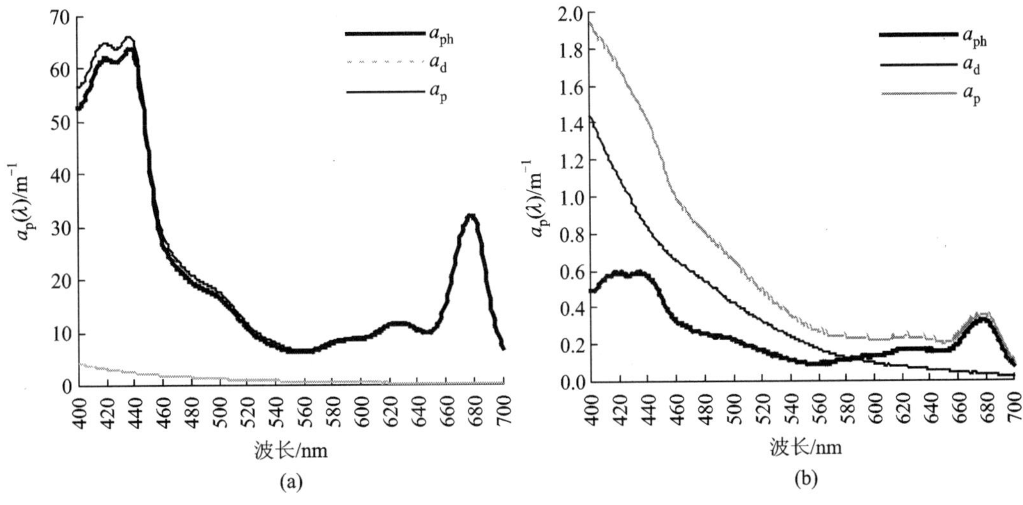

图 5.18 巢湖水体的总颗粒物吸收

(a) 类型Ⅰ;(b) 类型Ⅱ

5.3 卫星遥感数据模型构建

5.3.1 MERIS 数据模型应用

MERIS 传感器搭载于 Envisat 卫星,在 2002 年 3 月 1 日成功发射,主要用于海洋和海岸带水体遥感。MERIS 传感器的全分辨率是 300 m,拥有 15 个波段,每 1 ~ 3 天重访一次。这些特征,也表明 MERIS 适合用于大型湖泊,比如查干湖。因此,评判 5.2.1 节中算法是否适用于 MERIS 反演算法的研究是非常必要的。

本书根据 MERIS 波段特征,对 ASD 测量的反射光谱进行重采样(图 5.19)。显然,一阶微分和正反连续统方法不适合用于 MERIS 传感器,他们需要近似连续的曲线。波段比值算法,选取了 $\lambda_1=709$ nm 和 $\lambda_2=685$ nm 两个波段,发现其比值和叶绿素具有较高的线性关系($R^2=0.70$,图 5.20(a))。同时,三波段算法也可以用于 MERIS 传感器。本文选择了接近于 $\lambda_1=670$ nm,$\lambda_2=690$ nm,$\lambda_3=740$ nm 的 $\lambda_1=665$ nm,$\lambda_2=709$ nm,$\lambda_3=754$ nm 波段,由于 MERIS 波段与原三波段模型波段有一些偏差,因此模型精度稍差(RMSE = 6.67 μg · L^{-1},图 5.20(b)),不如实测光谱的模型精度(RMSE = 6.58 μg · L^{-1},图 5.9(a))。随后,对二波段比值和三波段算法进行了验证,可以发现效果比较好(图 5.20(c ~ d))。总体来说,波段比值和三波段模型可以用于 MERIS 传感器。

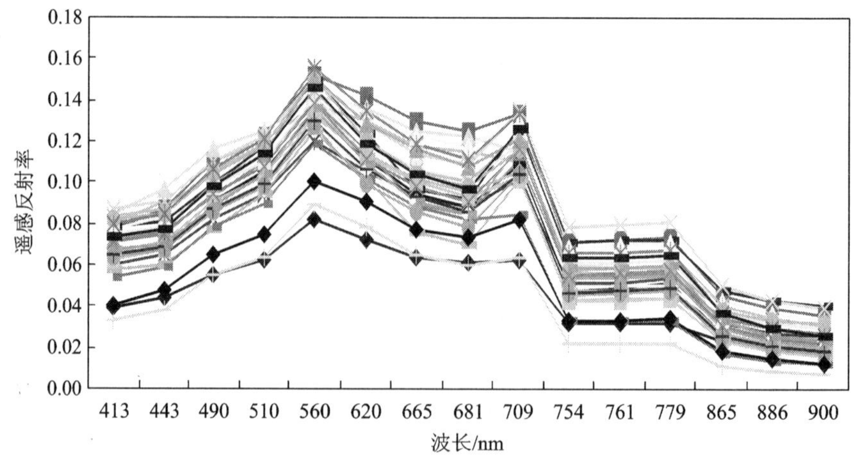

图 5.19 模拟 MERIS 波段查干湖水体反射率曲线

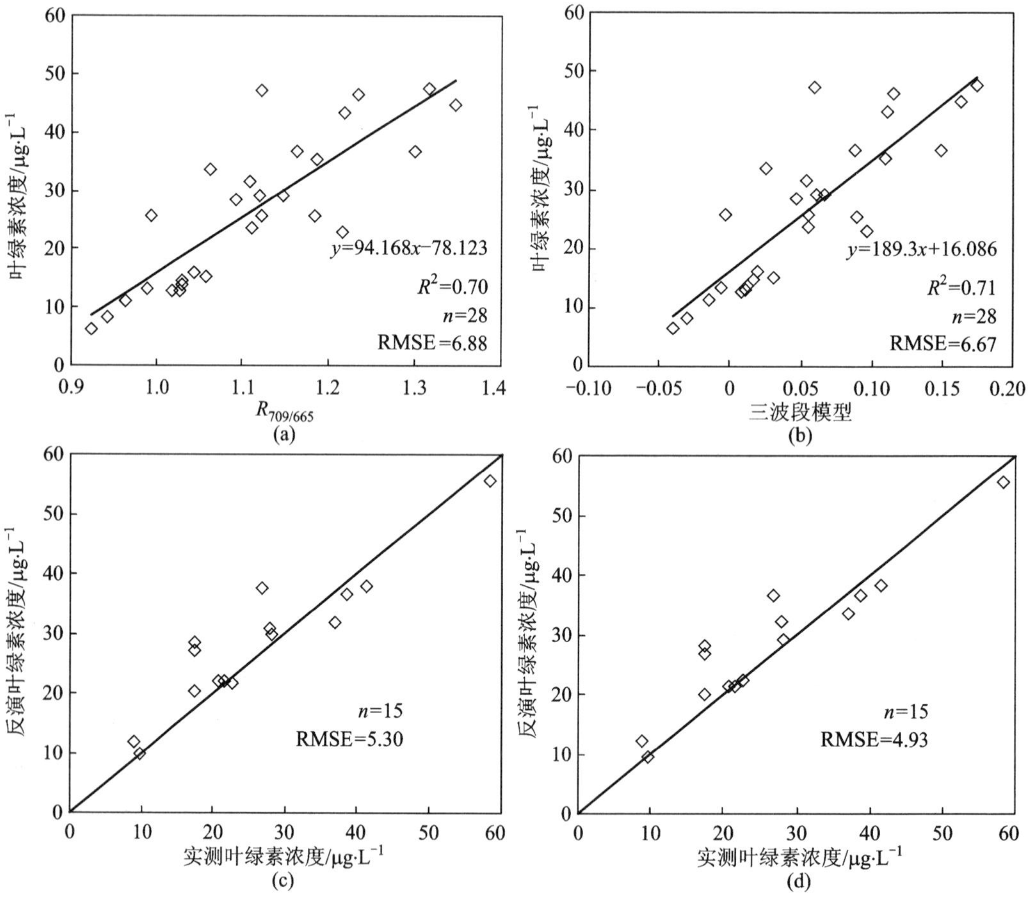

图 5.20 波段比值和 3 波段模型在 MERIS 上的应用和验证

(a) 波段比值模型;(b) 三波段模型;(c) 波段比值模型验证;(d) 三波段模型验证

5.3.2 TM 数据模型应用

(1) 数据预处理

① 几何纠正:首先选取一幅 TM 影像,在 ENVI 4.0 环境下进行控制点纠正;其余两幅影像再以第一幅影像作为主影像进行几何纠正,误差在 0.5 个像元之内。

② 水体提取:由于查干湖面积较大,分布在一定区域内,而且水体性质单一,通过选用 TM 第 5 波段或者第 7 波段,设置阈值,运用掩模工具都可以比较准确地提取水体(图 5.21)。

③ 大气纠正:由于 3 期数据时间间隔比较长,卫星过境时天气状况不同,因此必须先进行大气纠正,剔除大气对影像数据的影响。本研究大气纠正主要采用了 6S 模型(Vermote 等,1997)。该模型通过考虑太阳光照、瑞利散射和气溶胶散射等因素将影像纠正到行星反射率(at-sensor radiance)。主要输入参数包含几何、光谱、大气和目标信息等(图 5.22)。

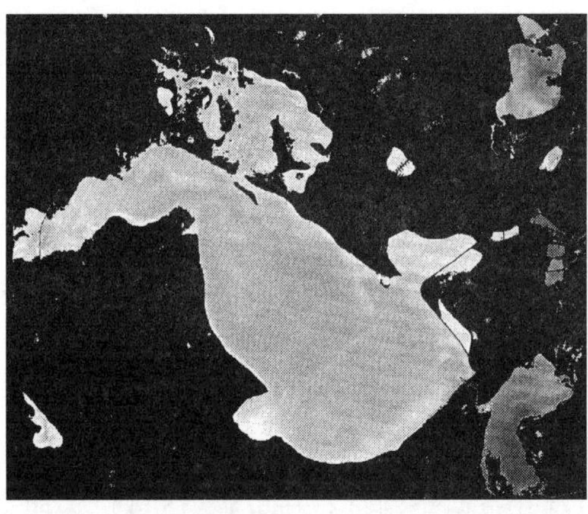

图 5.21 运用掩模提取的查干湖水体(另见书末彩图)

```
H:\software\专业软件\6s\独孤枫\6S.EXE
 IGEOM is in the range 0-7, igeom = 7

TM (LANDSAT):
-------------
 month (month) = 07
 jday (day) = 26
 tu (universal time-hh.ddd) = 02.102
 xlon (longitude of target) = 124.281
 xlat (latitude of target) = 44.572

ATMOSPHERIC MODEL:
------------------
 idatm (0-8) = 2

AEROSOL MODEL (TYPE).
---------------------
 iaer (0-12) = 1

AEROSOL MODEL (CONCENTRATION).
------------------------------
 v (visibility) = 15

XPS is to express the altitude of target.
 xps (in km) = -0.120
微软拼音 半:
```

图 5.22 6S 模型输入界面

（2）波段组合模型构建

从叶绿素 a 高光谱定量模型研究中可知，叶绿素 a 在红光区域 670 ~ 680 nm 的吸收谷和 700 nm 附近的荧光峰是反演叶绿素最为重要的波段。但是，由于 670 ~ 680 nm 吸收谷只有一半包含在 TM 波段中，而 700 nm 附近的荧光峰则完全在 TM 波段范围外。这意味着不可能像研究高光谱数据那样来研究利用 TM 波段反演叶绿素 a 含量，并要求我们需要采用其他方法研究 TM 数据反演叶绿素含量。因此，人们尝试研究 TM 数据不同的单波段或者波段组合和叶绿素 a 含量的关系，进而建立估测模型。先前的研究表明（Lathrop，1992；Lavery 等，1993），波段组合包括波段比值、波段相乘、波段平均等都与叶绿素 a 有着较好的关系。本研究通过提取采样点位置影像上 3×3 窗口（对应实际 90 m×90 m）平均值，通过不同的波段组合，研究其与叶绿素 a 的关系。

2004 年 7 月 26 日，查干湖和新庙泡叶绿素 a 与 TM1 ~ 4 波段及其组合的相关系数如表 5.2 所示。2007 年 7 月 26 日 TM 数据所有波段的相关系数中，若将查干湖、新庙泡放在一起研究，TM3/TM2 与叶绿素 a 相关系数最高（R^2 = 0.633 1）（图 5.23）。如果分别研究查干湖和新庙泡，TM3/TM2（R^2 = 0.880 3）（图 5.24）和 TM3/TM1（R^2 = 0.810 2）都能够解释新庙泡叶绿素 a，但是查干湖只有 TM3/TM1 与叶绿素 a 有较好的关系（r = −0.622 3），而别的波段及其组合都很差。这表明也许查干湖最重要的信息都包含在 TM1 或者 TM3 中，而不是 TM2。

针对其余 2 幅 TM 影像使用了同样的方法，研究其不同的波段及其组合与叶绿素 a 的相关关系。表 5.3 表明 2004 年 10 月 14 日 TM4/TM3 与叶绿素 a 具有很强的关系，TM4 与两个湖也具有较好的关系。当将两个湖放在一起进行研究时，TM4/TM3 与叶绿素 a 关系最好（R^2 = 0.898 3）（图 5.25）。2005 年 7 月 13 日，由于只对查干湖进行了采样，因而没有数据对其余两个湖进行研究（表 5.4），表明最成功的结果是 TM2，TM3 和 TM4 三个波段的平均值（R^2 = 0.720 3）（图 5.25），别的波段组合与叶绿素 a 也有较高的关系，但是 TM4/TM2，TM4/TM3 和 TM3/TM2 除外。

表 5.2　2004 年 7 月 26 日查干湖和新庙泡叶绿素 a 与 TM1 ~ 4 波段及其组合的相关系数（r）

波段组合	两湖	查干湖	新庙泡	波段组合	两湖	查干湖	新庙泡
TM1	0.587 3	0.382 0	0.807 4	A. V. (1,2,3)	0.586 2	−0.111 5	0.823 5
TM2	0.582 9	0.013 6	0.825 0	A. V. (1,2,4)	0.582 4	0.214 2	0.783 7
TM3	0.580 1	−0.476 6	0.828 4	A. V. (2,3,4)	0.580 5	−0.350 3	0.795 3
TM4	0.561 9	−0.006 8	0.650 9	A. V. (1,3,4)	0.583 7	−0.141 5	0.792 7
TM4/TM1	0.313 6	−0.254 5	0.283 0	A. V. (1,2,3,4)	0.583 8	−0.106 7	0.800 9
TM4/TM2	−0.757 0	−0.038 6	−0.858 6	TM1×TM2	0.534 7	0.181 2	0.757 4
TM4/TM3	−0.032 7	0.310 9	−0.441 0	TM1×TM3	0.538 8	−0.132 5	0.773 3

续表

波段组合	两湖	查干湖	新庙泡	波段组合	两湖	查干湖	新庙泡
TM3/TM2	**−0.795 7**	−0.451 3	**−0.938 3**	TM1×TM4	0.542 5	0.210 3	0.677 3
TM3/TM1	0.437 5	**−0.622 3**	0.900 1	TM2×TM3	0.509 1	−0.286 1	0.734 5
TM2/TM1	0.670 5	−0.554 1	0.894 7	TM2×TM4	0.521 9	0.010 0	0.686 1
A.V.(3,4)	0.577 6	−0.443 3	0.780 3	TM3×TM4	0.522 9	−0.356 0	0.685 5
A.V.(2,4)	0.576 9	0.004 0	0.759 3	TM1×TM1	0.554 3	0.378 5	0.769 9
A.V.(1,4)	0.581 4	0.299 1	0.757 3	TM2×TM2	0.496 9	0.004 1	0.677 5
A.V.(3,2)	0.583 4	−0.378 4	0.827 8	TM3×TM3	0.509 7	−0.478 4	0.763 9
A.V.(3,1)	0.587 0	−0.149 4	0.821 7	TM4×TM4	0.525 4	0.015 9	0.598 3
A.V.(2,1)	0.585 8	0.249 2	0.818 5				

说明：A.V.(2,3,4) 表示 TM2、TM3 和 TM4 波段的平均值，其余类推，下同。

表 5.3 2 004 年 10 月 14 日查干湖和新庙泡叶绿素 a 与 TM1～4 波段及其组合的相关系数

波段组合	两湖	查干湖	新庙泡	波段组合	两湖	查干湖	新庙泡
TM1	0.884 1	0.518 9	**−0.788 3**	A.V.(1,2,3)	0.882 0	0.557 6	−0.348 1
TM2	0.885 8	0.621 6	−0.707 0	A.V.(1,2,4)	0.910 7	0.734 7	0.566 2
TM3	0.872 8	0.406 2	0.117 5	A.V.(2,3,4)	0.903 1	0.689 3	0.568 2
TM4	0.936 9	0.787 9	0.688 6	A.V.(1,3,4)	0.902 8	0.686 5	0.547 8
TM4/TM1	0.924 8	0.638 2	0.709 3	A.V.(1,2,3,4)	0.900 2	0.683 6	0.499 1
TM4/TM2	−0.312 5	0.508 5	0.705 7	TM1×TM2	0.910 2	0.609 2	−0.729 8
TM4/TM3	**0.947 8**	**0.814 4**	0.719 6	TM1×TM3	0.896 1	0.514 8	−0.294 4
TM3/TM2	−0.354 9	−0.655 0	0.596 2	TM1×TM4	0.938 0	0.758 0	0.662 6
TM3/TM1	0.587 4	−0.335 2	0.600 2	TM2×TM3	0.905 8	0.568 6	−0.728 2
TM2/TM1	0.815 2	0.380 2	−0.674 8	TM2×TM4	0.937 0	0.747 1	−0.585 7
A.V.(3,4)	0.907 4	0.692 7	0.613 4	TM3×TM4	0.932 2	0.724 0	0.673 1
A.V.(2,4)	0.920 5	0.767 4	0.641 3	TM1×TM1	0.896 4	0.507 2	−0.787 2
A.V.(1,4)	0.917 7	0.745 6	0.619 7	TM2×TM2	0.923 0	0.622 7	−0.773 2
A.V.(3,2)	0.878 3	0.514 1	−0.122 1	TM3×TM3	0.887 3	0.408 1	0.183 6
A.V.(3,1)	0.880 1	0.517 5	−0.223 6	TM4×TM4	0.949 5	0.786 0	0.694 4
A.V.(2,1)	0.886 6	0.591 9	−0.764 7				

表 5.4　2005 年 7 月 13 日查干湖叶绿素 a 与 TM1～4 波段及其组合的相关系数(r)

波段组合	查干湖	波段组合	查干湖
TM1	0.552 2	A.V.(1,2,3)	0.695 3
TM2	0.783 1	A.V.(1,2,4)	0.840 6
TM3	0.702 9	A.V.(2,3,4)	**0.848 7**
TM4	0.695 3	A.V.(1,3,4)	0.823 6
TM4/TM1	0.497 4	A.V.(1,2,3,4)	0.826 5
TM4/TM2	0.286 2	TM1×TM2	0.720 9
TM4/TM3	0.255 6	TM1×TM3	0.651 5
TM3/TM2	-0.018 8	TM1×TM4	0.793 8
TM3/TM1	0.737 7	TM2×TM3	0.751 8
TM2/TM1	0.698 8	TM2×TM4	0.805 3
A.V.(3,4)	0.836 4	TM3×TM4	0.817 5
A.V.(2,4)	0.808 4	TM1×TM1	0.543 8
A.V.(1,4)	0.827 4	TM2×TM2	0.780 0
A.V.(3,2)	0.750 4	TM3×TM3	0.691 3
A.V.(3,1)	0.645 2	TM4×TM4	0.684 9
A.V.(2,1)	0.677 3		

2004 年 7 月查干湖和新庙泡 TM 数据和叶绿素 a 有比较好的线性回归关系(R^2 = 0.633 1,RMSE = 8.18 μg · L^{-1})(图 5.23),但是新庙泡可以从 TM 数据中更高精度的提取叶绿素 a 含量(R^2 = 0.880 3,RMSE = 5.15 μg · L^{-1})(图 5.24)。我们还发现 2004

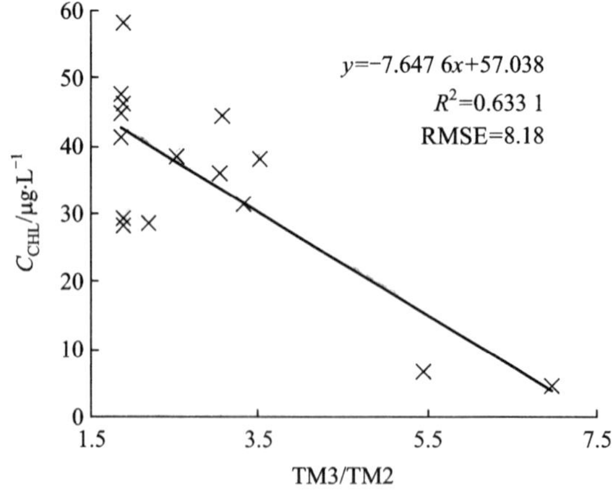

图 5.23　2004 年 7 月 26 日查干湖和新庙泡 TM 与叶绿素 a 的相关关系

年 10 月利用 TM 数据也可以高精度地提取叶绿素 a(R^2 = 0. 898 3,RMSE = 2. 11 μg · L^{-1})(图 5. 25)。图 5. 26 表明 2005 年 7 月 TM 数据也可以较高精度地提取三个湖泊的叶绿素 a 含量(R^2 = 0. 720 3,RMSE = 3. 80 μg · L^{-1})。这些结果表明,TM 数据可以有效地应用到查干湖的叶绿素 a 含量反演过程中(图 5. 27)。

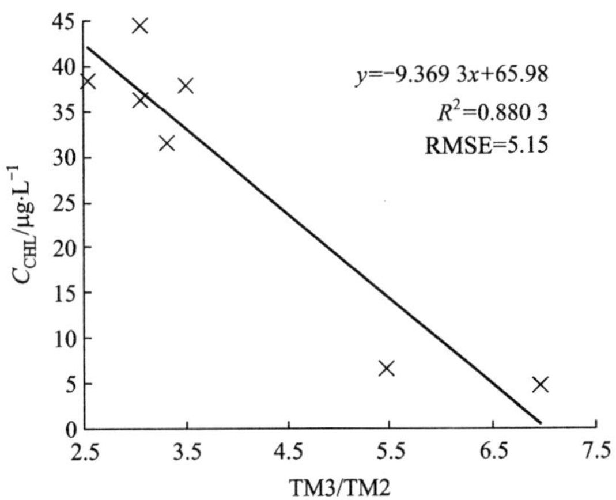

图 5. 24　2004 年 7 月 26 日新庙泡 TM 与叶绿素 a 的相关关系

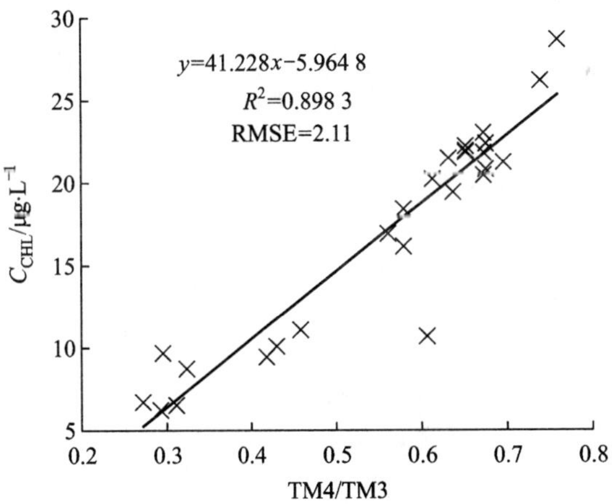

图 5. 25　2004 年 10 月 14 日查干湖和新庙泡 TM 波段与叶绿素 a 的相关关系

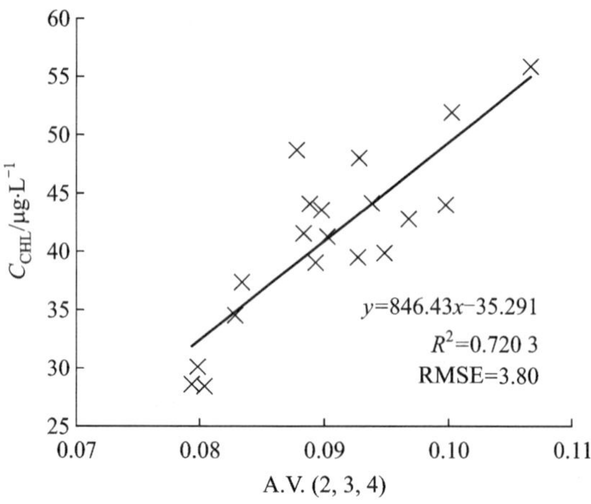

图 5.26 2005 年 7 月 13 日查干湖 TM 波段与叶绿素 a 的相关关系

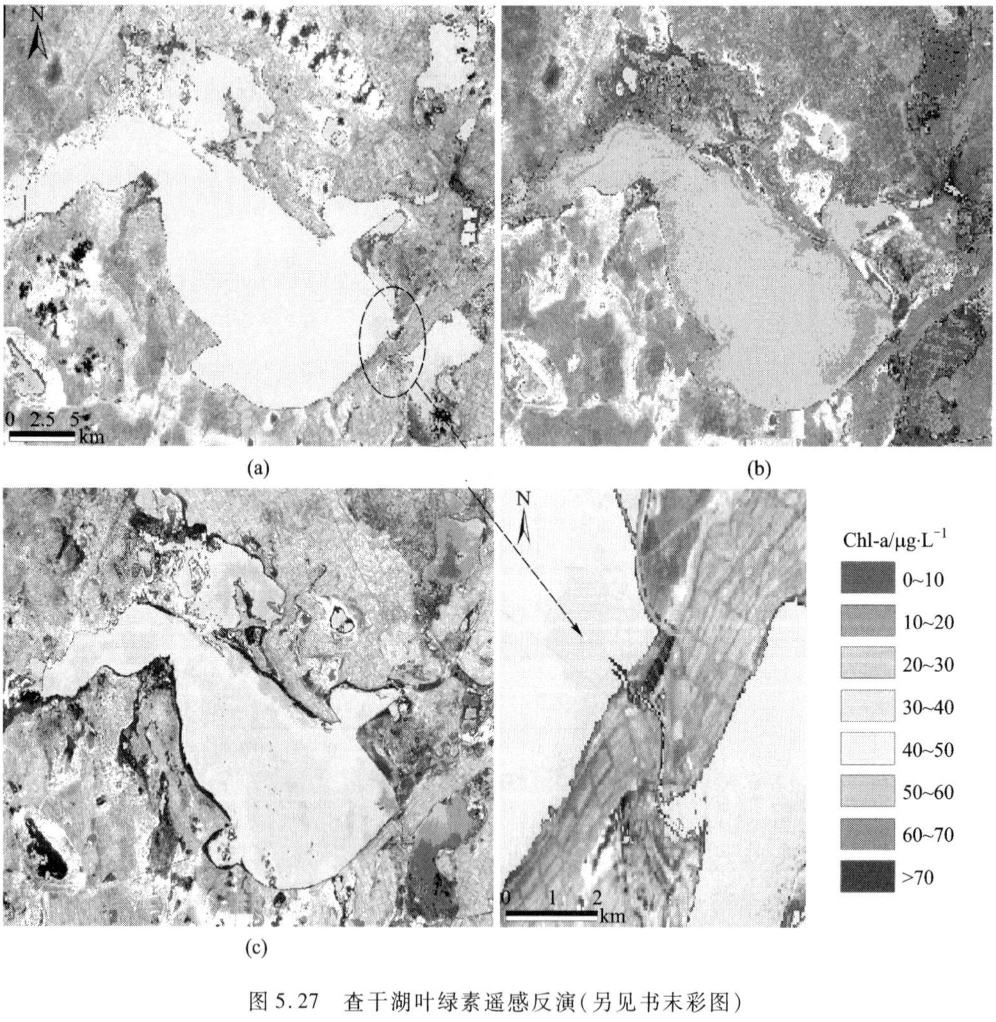

(a)

(b)

(c)

图 5.27 查干湖叶绿素遥感反演(另见书末彩图)

(a) 2004-07-26;(b) 2004-10-14;(c) 2005-07-13

参 考 文 献

Bhargava D S, Mariam D W. Light penetration depth, turbidity and reflectance related relationship and models[J]. ISPRS Journal of Photogrammetry and Remote Sensing, 1991, 46(4): 217-230.

Bricaud A, Morel A, Prieur L. Absorption by dissolved organic matter of the sea(yellow substance) in the UV and Visible domains[J]. Limnology and Oceanography, 1981, 26: 43-53.

Cloutis E A. Hyperspectral geological remote sensing: evalutation of analytical techniques[J]. International Journal of Remote Sensing, 1996, 17 (12): 2215-2242.

Dekker A G. Imaging spectrometry of water. In: Meer F D, Jong S M. [eds.], Imaging spectrometry: Basic principles and prospective applications. Kluwer Academic. 2001: 307-359.

Duan H, Ma R, Xu J, *et al.* Comparison of different semi-empirical algorithms to estimate chlorophyll-a concentration in inland lake water[J]. Environmental Monitoring and Assessment, 2010 (in press), DOI: 10.1007/s10661-009-1228-7.

Gallegos C L, Correll D L, Pierce J W. Modeling spectral diffuse attenuation, absorption, and scattering coefficients in a turbid estuary[J]. Limnology and Oceanography. 1990, 35: 1486-1502.

Kirk J T O. Light and photosynthesis in aquatic ecosystems(2nd ed)[M]. Cambridge: Cambridge University Press. 1994.

Koponen S, Pulliainen J, Kallio K, *et al.* Lake water quality classification with airborne hyperspectral spectrometer and simulated MERIS data[J]. Remote Sensing of Environment. 2002, 79: 51-59.

Lathrop R G. Landsat thematic mapper monitoring of turbid inland water quality[J]. Photogrammetric Engineering and Remote Sensing, 1992, 58: 465-470.

Lavery P, Pattiaratchi C, Wyllie A, *et al.* Water quality monitoring in estuarine water using the Landsat Thematic Mapper[J]. Remote Sensing of Environment, 1993, 46: 268-280.

Mittenzwey H G, Gitelson A A. Determination of chlorophyll a of inland waters on the basis of spectral reflectance[J]. Limnology and Oceanography, 1992, 37: 147-149

Pierson D C, Strömbeck N. Estimation of radiance reflectance and the concentrations of optically active substances inLake Mälaren, Sweden, based on direct and inverse solutions of a simple model. Science of the Total Environment, 2001, 268(1-3): 171-188.

Pulliainen J, Kallio K, Eloheimo K, *et al.* A semi-operative approach to water quality retrieval from remote sensing data. Science of the Total Environment, 2001, 268 (1): 79-94.

Vermote E F, Tanre D, Deuzé J L, *et al.* Second simulation of the satellite signal in the solar spectrum, 6S: An overview[J]. IEEE Transactions on Geoscience and Remote Sensing, 1997, 35(3): 675-686.

Zhu J, Li T. The selection of the reference wavelength of spectra absorption curve of yellow substance[J]. Ocean Technology, 2003, 22: 10-14.

戴永宁,李素菊,王学军. 巢湖水体固有光学特性研究[J]. 环境科学研究,2008,21(5): 173-177.

李素菊,吴倩,王学军,等. 巢湖浮游植物叶绿素含量与反射光谱特征的关系[J]. 湖泊科学,2002,14(3): 228-234.

浦瑞良,宫鹏. 高光谱遥感及其应用[M]. 北京: 高等教育出版社,2000.

疏小舟,尹球,匡定波. 内陆水体藻类叶绿素浓度与反射光谱特征的关系[J]. 遥感学报,2000,4(1): 41-45.

唐军武,田国良,汪小勇,等. 水体光谱测量与分析I: 水面以上法[J]. 遥感学报,2004,8(1): 37-44.

第6章　激光雷达与微波数据处理方法

6.1　激光雷达技术及其应用

6.1.1　激光雷达简介

激光雷达(light detection and ranging,简称 LiDAR)测量技术及空载激光扫描技术的发展,源自20世纪70年代 NASA 的研发。全球定位系统(global positioning system、GPS)及惯性导航系统(inertial navigation system、INS)的发展使得精确的即时定位及姿态得以实现。后来,德国斯图加特(Stuttgart)大学于1988到1993年间将激光扫描技术与即时定位系统结合,形成空载激光扫描仪(Ackermann—19)。之后,空载激光扫描仪发展异常迅速,约从1995年开始商业化。截至2001年7月,全球约有75个商业组织使用69种类似的系统。研发空载激光扫描仪的最初目的是观测多重反射(multiple echoes)的观测值,测出地表及树顶的高度模型。由于其高度自动化及精确的观测效果,激光雷达测量技术已经逐渐演变为 DEM 和 DSM 的主要生产技术,也已经广泛应用到很多领域中去。

激光雷达(LiDAR)是一种集激光、全球定位系统(GPS)和惯性导航系统(INS)三种技术于一体,用于获取目标三维空间信息的主动式地球探测技术系统。LiDAR 技术已经与成像光谱、成像雷达一起被誉为对地观测三大核心技术。激光雷达可以通过发射激光和接收到的激光信号获取遥感信息。与传统的雷达相比,激光雷达拥有类似的功能和原理,但由于激光的指向性较好,所受到的干扰较小,所以激光雷达测量获取的数据成果已被广泛应用于电力线路勘测、资源勘探、城市规划、农业开发、森林调查、水利工程、土地利用、环境监测、交通通信、海岸带侵蚀监测、防震减灾及军事、地面测量和大气探测等领域,具有重大的应用价值。虽然只有短短几十年的发展,LiDAR 技术从理论到应用方面已经取得了诸多成果,在国民经济建设中具有广泛的应用潜力。

6.1.1.1 激光雷达的工作原理

激光雷达的工作原理与传统雷达非常相近，但激光雷达是以激光作为信号源，而传统雷达是以微波和毫米波段的电磁波作为载波。激光是光波波段电磁辐射，波长比微米波和毫米波短得多。激光雷达由激光器发射出的脉冲激光，打到地面目标物上（如树木、道路、桥梁和建筑物等）引起散射，一部分光波会反射到激光雷达的接收器上，根据激光测距原理进行计算，就可得到从激光雷达到目标点的距离，而通过脉冲激光不断地扫描目标物，就可以得到目标物上全部目标点的数据，用此数据进行成像处理后，进而可得到精确的三维立体图像。一台激光雷达系统包括一个发射机（激光器）、一个接收器（光学望远镜）和一个非常灵敏的探测器（光电倍增管）。激光雷达最基本的工作原理与无线电雷达没有区别，都是由雷达发射系统发送一个信号，经目标反射后被接收系统收集，通过测量反射光的运行时间而确定目标的距离。至于目标的径向速度，可以由反射光的多普勒频移来确定，也可以测量两个或多个距离，并计算其变化率而求得速度，这也是直接探测型雷达的基本工作原理。

6.1.1.2 激光雷达特点

与普通微波雷达相比，激光雷达由于使用的是激光束，工作频率较微波高了许多，因此具有很多突出的优点，主要有：

（1）激光雷达数据精度密度高：激光具有极准确的方向指向性，不受航测高度的影响；采集数据点距可达到 0.15 m 甚至更小，采集密度极大。

（2）植被穿透能力强：可透过植被的狭小的空隙，探测到被植被覆盖的地面真实地形。

（3）数据丰富：能采集到多种目标的信息，生成丰富的、用途广泛的产品，等等。

（4）分辨率高：激光雷达可以获得极高的角度、距离和速度分辨率。通常角分辨率不低于 0.1 mrad，即可以分辨 3 km 距离上相距 0.3 m 的两个目标（这是微波雷达所不能达到的），并可同时跟踪多个目标；距离分辨率可达 0.1 m；速度分辨率能达到 $10\ \mathrm{m \cdot s^{-1}}$ 以内。距离和速度分辨率高，意味着可以利用距离——多普勒成像技术来获得目标的清晰图像。分辨率高，是激光雷达的最显著的优点，其多数应用都是基于此。

（5）隐蔽性好、抗有源干扰能力强：激光直线传播、方向性好、光束非常窄，只有在其传播路径上才能接收到，因此敌方截获非常困难，且激光雷达的发射系统（发射望远镜）口径很小，可接收区域窄，有意发射的激光干扰信号进入接收机的概率极低；另外，与微波雷达易受自然界广泛存在的电磁波影响的情况不同，自然界中能对激光雷达起干扰作用的信号源不多，因此激光雷达抗有源干扰的能力很强，适于工作在日益复杂和激烈的信息战略环境中。

（6）低空探测性能好：微波雷达由于存在各种地物回波的影响，低空存在有一定区域的盲区（无法探测的区域）。而对于激光雷达来说，只有被照射的目标才会产生反射，完全不存在地物回波的影响，因此可以“零高度”工作，低空探测性能较微波雷达强了许多。

(7) 体积小、质量轻:通常普通微波雷达的体积庞大,整套系统质量数以吨计,光天线口径就达几米甚至几十米。而激光雷达就要轻便、灵巧得多,发射望远镜的口径一般只有厘米级,整套系统的质量最小的只有几十千克,架设、拆收都很简便。而且激光雷达的结构相对简单,维修方便,操纵容易,价格也较低。

激光雷达也存在一些缺点。首先,工作时受天气和大气影响大。激光一般在晴朗的天气里衰减较小,传播距离较远。而在大雨、浓烟、浓雾等坏天气里,衰减急剧加大,传播距离大受影响。如工作波长为 10.6 μm 的 CO_2 激光,是所有激光中大气传输性能较好的,在坏天气的衰减是晴天的 6 倍。地面或低空使用的 CO_2 激光雷达的作用距离,晴天为 10 ~ 20 km,而坏天气则降至 1 km 以内。而且,大气环流还会使激光光束发生畸变、抖动,直接影响激光雷达的测量精度。

其次,由于激光雷达的波束极窄,在空间搜索目标非常困难,直接影响对非合作目标的截获概率和探测效率,只能在较小的范围内搜索、捕获目标,因而激光雷达较少单独直接应用于战场进行目标探测和搜索。

6.1.1.3 激光雷达分类

按照传感器搭载平台分类,可分为星载(卫星搭载)、机载(飞机搭载)、车载(汽车搭载)、船载、定位(定点测量)以及手持式激光雷达。

根据探测目标的不同,激光雷达可分为对空探测和对地探测两类。对空激光测距旨在通过向空中发射激光束并接受由空气中悬浮颗粒所反射的回波来完成对大气物理及化学性质的测定。对地激光测距的主要目标是获取地质、地形、地貌以及土地利用状况等地表信息。

按照所用激光器、探测技术及雷达功能等来分类。目前激光雷达中使用的激光器有二氧化碳激光器,Er:YAG 激光器,Nd:YAG 激光器,喇曼频移 Nd:YAG 激光器、GaAiAs 半导体激光器、氦-氖激光器和倍频 Nd:YAG 激光器等。其中掺铒 YAG 激光波长为 2 μm 左右,而 GaAiAs 激光波长则在 0.8 ~ 0.904 μm 之间。

根据探测技术的不同,激光雷达可以分为直接探测型和相干探测型两种。其中直接探测型激光雷达采用脉冲振幅调制技术(AM),且不需要干涉仪。相干探测型激光雷达可用外差干涉、零拍干涉或失调零拍干涉,相应的调谐技术分别为脉冲振幅调制、脉冲频率调制(FM)或混合调制。

按照激光波段分,有紫外激光雷达、可见光激光雷达和红外激光雷达等。

按照不同功能,激光雷达可分为跟踪雷达、运动目标指示雷达、流速测量雷达、风剪切探测雷达、目标识别雷达、成像雷达及振动传感雷达。

6.1.1.4 机载激光雷达

目前机载式激光雷达在激光测距技术领域具有最广泛的应用空间和最全面的数据处理技术,因此本节着重探讨机载激光雷达的数据处理及其应用。

同样,机载激光雷达是一种集激光测距、GPS 和 INS 三种技术于一体的系统,用于获得并生成精确三维地形(DEM)。这三种技术的结合,可以高度准确地定位激光束打在物体上的光斑。激光本身具有非常精确的测距能力,精度可达到毫米级。机载激光雷达的工作原理如图 6.1 所示:

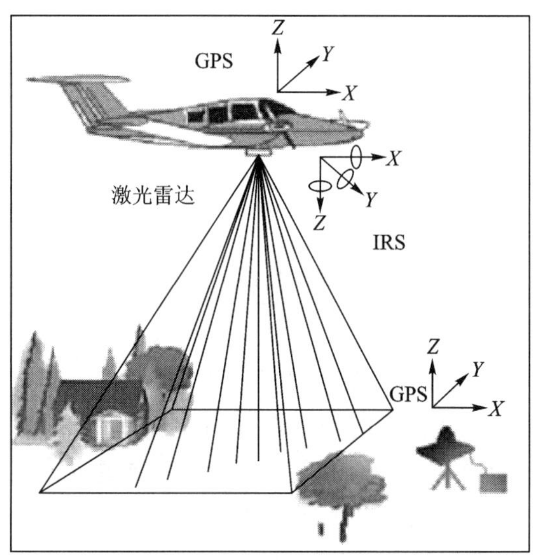

图 6.1　机载激光雷达工作原理示意图

通常,一套完整的激光雷达测量系统应包括空中测量平台、激光扫描仪、GPS 接收机、惯性导航系统、数码相机及控制元件。激光器产生并发射一束光脉冲,打在目标物体上并反射回来,最终被接收器接收。接收器准确地测量光脉冲从发射到被反射回的传播时间,从而计算出激光扫描仪到地面的距离,再结合扫描角度,从 GPS 得到的激光器的位置、从 INS 惯性导航仪得到的激光发射方向,就可以准确计算出每一个地面光斑的三维坐标。激光雷达测量系统的工作过程,其实就是不断重复的激光点发射和接收过程。通过具有一定分辨率的空间点(坐标 X,Y,Z,其坐标系是一个与激光设备位置和扫描姿态有关的仪器坐标系)所组成的点云图来表达系统对目标物体表面的采样结果。

与航空摄影测量技术相比,LiDAR 技术是近数十年来才发展起来的高新技术,成功运用于商业使用也仅仅十几年的时间,还有许多问题需要解决。航空摄影测量作为一种传统的、应用最广泛的航空遥感方式,技术上已经十分成熟。然而,LiDAR 技术仍然有精度高、影像清晰、信息丰富等优势。同时可以用少量的地面控制点来代替传统测量中大量的野外工作,节省了很大的人力、物力、财力,大大提高了工作效率。表 6.1 详细给出了 LiDAR 与传统航空摄影测量的一些技术对比。

表 6.1 LiDAR 与传统航摄技术对比

摄影测量	LiDAR 系统
被动式测量	主动式测量
采用覆盖整个摄影区域	逐点采样
间接获取地面三维坐标,野外工作量大	直接获取地面三维坐标,野外工作量小
获取高质量的灰度影像或多光谱数据	能够识别比激光斑点小的物体,如输电线等
软硬件经多年发展已比较成熟	新技术需不断发展,具有很大发展潜力
受地面植被影响	植被穿透能力强,探测真实树下地形
受天气及太阳高度角影响	不受太阳高度角影响,抗天气干扰能力强
数据处理自动化程度低,特别是处理航片时需要人工干预	容易实现数据处理自动化

6.1.1.5 国内外机载激光雷达发展概况

由国外来看,近些年来,激光雷达得到了迅猛的发展。从 1970 年美国宇宙航天激光测距到 1990 年德国斯图加特大学诞生的世界上第一个激光断面测量系统,在此基础上,激光雷达在测绘市场上所占的份额越来越大,目前投入商业运行的激光雷达系统主要有 Leica、IGI、TopSys、Optech 等。加拿大卡尔加里大学 1998 年进行了机载激光雷达系统的集成与实验,通过对激光扫描仪与 GPS、INS 和数据通信设备的集成实现了一个机载激光雷达三维数据获取系统,并进行了一定规模的实验,取得了理想结果。日本东京大学 1999 年进行了地面固定激光扫描系统的集成与实验(Zhao 和 Shibasaki,1999)。随后几年,随着相关技术的不断成熟,机载激光雷达技术得到了蓬勃的发展,欧美等发达国家先后研制出多种激光雷达测量系统,其中主要包括 TopScan、Optech、TopEye、Saab、Fli-map、TopoSys、HawkEye 等多种实用系统(Baltsavias,1999)。随后、全球著名的测绘仪器生产厂家 Leica 公司也推出了机载激光雷达测量设备 Leica ALS40。据统计,截至 2001 年 7 月,全球约有 75 个商用组织使用 60 多种类似的系统。从 1998 年起,以每年 25% 的速度递增(Flood,2001)。

随着技术的成熟,激光雷达的应用领域在不断拓宽,应用深度也在不断加深。美国、加拿大、澳大利亚、瑞典等国家为浅海地形测量发展的低空机载激光雷达测量系统使用了机载激光测距设备、全球定位系统、陀螺稳定平台等设备,飞行高度为 500 ~ 600 m,直接测距与定位,最终得到浅海地形(或 DEM)。比较典型的是美军现用的一种独具特色的激光扫描水下地形测量系统,它采用激光雷达技术实施远距离测量浅海深度,并测绘海岸地带的地形,监测海岸侵蚀等。该系统于 1994 年 3 月正式投入使用。作业实践证明,机载激光雷达测深是一种经济有效的技术手段。德国联邦政府测绘局 1994 年开始研究利用激光雷达扫描技术获取数字地形模型,获取地面真实正射影像,通过对数据进行滤波和分类,将地面点和建筑物或植被点分开。现在德国已有几个州的测绘部门进行了用激光雷达测量数据生成高质量数字地面模型(digital terrain models,DTM)的实验,结果都很理想,特别是在林区,所达精度甚至优于摄影立体编辑法获得的精度。荷兰已在全国范围内利用机载激光雷达测高技术建立数字高程模型(digital elevation models, DEM),采集数据的空间分辨率已达到每 16 m^2有一个激光脚点。美国 NASA 于 2002 年底发射了星载激光测高卫星,该卫星可用于测量两极冰面地形及其随时间的变化,为预测未来两极冰盖的变化趋势及海平面的变化提供基础数据,研究全球气候的变化;也可应用于大气科学研究,研究大气层垂直结构等,从而为研究整个大气圈的变化和中长期的气候变迁提供科学的数据;用于用户测绘陆地地形图,进行全球植被覆盖率的调查和动态监测,获取全球数字高程模型。美国 NASA 还开发研制了机载激光植被成像传感器系统,该系统可用于森林资源的调查和管理,包括推算植被参数和森林垂直结构,如树高、树冠直径、树木密度、植被生长情况、木材量、树种等。机载激光植被成像传感器实际上是美国 NASA 后续的地球遥感卫星 VCL(vegetation canopy lidar)计划的预研。

相比国外,机载激光雷达测量技术的研究在我国的起步较晚。中国科学院遥感应用研究所的李树楷教授等研制的机载激光扫描测距-成像系统于 1996 年完成了该系统原理样机的研制(李树楷,2003)。该系统还有别于目前国际上流行的机载激光雷达系统,它将激光测距仪与多光谱扫描成像仪共用一套光学系统,通过硬件实现 DEM 和遥感影像的精确匹配,直接获得地学编码影像,但该系统离实用还有一定的距离。武汉大学的李清泉教授等开发研制了地面激光雷达扫描测量系统,还没有将定位定向系统集成到一起,目前主要用于堆积测量。目前,我国十分重视激光雷达测量系统的研制,科技部、电子工业部、中国科学院等单位已经开始研制机载或星载激光雷达系统。一些高等学校和科研院所,以及许多商家也已经分别引进了高性能的机载小光斑激光雷达系统,并已经先后开展了试验和工程飞行。在今后几年里,将有更多的商用机载激光雷达测量系统进入我国。

尽管绝大多数机载激光雷达测量的硬件技术及系统集成的问题已得到解决,但激光雷达数据后处理的研究还相对落后,目前国家用于处理机载激光雷达测量数据的软件还不多,主要有 TerraScan、TopPIT、REALM 等少数几个,在一些处理环节还需要大量的人工干预,还没有一套非常成熟的、自动化程度高的处理机载激光雷达测量数据的综合软件。目前,上述几个机载激光雷达测量数据处理软件基本是各自的硬件厂商提供的,但是这些软件的算法都是保密的,很难满足用户的多方面需求。随着机载激光雷达测量系统的不断增加,其用户也会越来越多,数据量越来越大,迫切需要一套通用的实用化软件来处理和分析机载测量数据,从而生产出各种满足不同需求的数字化产品。开发研制一套可靠稳健的机载激光雷达测量数据处理软件将是国际上今后的发展方向之一,许多商业公司、高等学校、科研机构都投入了大量的人力和财力进行相关的算法研究。例如,在数据滤波方面,张小红提出了一种“移动曲面拟合预测”滤波算法(张小红,2004);赖旭东提出了一种针对激光雷达强度图像的融合中值滤波算法(赖旭东,2005);在地物提取和三维重建的研究中,尤红建、季铮也相继提出了建筑物三维重建方法(尤红建,2001;季铮,2007)。广西桂能信息工程有限公司推出了国内第一套激光数据分类软件 LSC(LiDAR studio classification)。并且,自 2004 年开始,国内多家企业先后购买了国外不同厂商的商用激光雷达测量设备,生产了大量的原始点云和影像数据,并做了许多研究和探索。

6.1.2 机载激光雷达数据处理及产品

6.1.2.1 机载激光雷达数据采集

在采集激光雷达数据前,需做好多方面的周密的准备工作,包括申请空域、设计航线、布设地面基准站和选择校验场等(张煜等,2010)。

(1) 航飞权申请:在执行任何一个航摄任务之前,必须按照相关规定和流程向有关部门申请空域取得航飞权。为了保证拍摄影像的质量,在具有航飞权期间要选择最好的天气飞行。

(2) 设计航线:设计航飞路线一般遵循安全、经济、周密、高效的原则,以项目成果数据精度要求为目标,充分了解测区的实际情况,包括地貌地形、已有控制网情况、气象条件等影响因素,并选用专门的航飞设计软件设计飞行路线。结合激光雷达设备自身参数(扫描角、扫描频率、相机镜头焦距及曝光速度等),同时考虑航带重叠度、激光点距等,选择合适的航摄参数,为获取高质量的数据提供基础技术保障。

(3) 地面基准站布设:在测区地面需要布设 1 ~ 3 个 GPS 基站用于动态 GPS 定位,一般站间距为 30 ~ 50 km,在航摄全过程中同步接收 GPS 信号,供 DGPS 数据解算使用。

(4) 校验场选择:在飞行任务开始前或结束之后都要对仪器设备进行校验飞行,场地一般选在高反射率、地物明显的高速公路入口。一般通过采集、处理校验场数据计算各仪器间精密的偏心分量和安装轴间精密的偏心角,从而对整个测区数据系统误差予以纠正,提高精度。一般航测时还需要设计校验场的飞行,选择地形及地物较丰富的区域作为校验场,要求有平地、山坡、房屋等。飞机在校验场一般飞“井”字形或“田”字形。

以上工作准备妥当之后,便可以进行激光雷达数据的采集工作,主要由三部分完成:飞行控制、激光扫描测量和数码相机拍摄。保证激光雷达系统的这三部分正常同步工作是完成数据采集任务的关键条件。

飞行控制:激光雷达测量系统在数据采集过程中,飞行控制系统控制着激光扫描仪和数码相机的工作,同时 GPS 天线及惯性导航仪 INS 的数据也记录在飞行控制系统中,因而飞行控制系统的正常工作是保证准确记录数据的关键,这样才能保证激光雷达数据及数码影像的正确定位,从而保证成果的精确度。

激光雷达扫描测量:当飞机进入预设航线时,飞行控制系统根据预先设置好的激光设备工作参数,控制激光发生器向扫描镜连续发射激光,通过飞机的运动和扫描镜的运动反射,使激光束扫描地面并覆盖整个测区。当激光束由地面或其他障碍物反射回来时,被光电接收感应器接收并将其转换成电信号,根据激光发射至接收的时间间隔可以精确计算出传感器至地面的距离,在确定了飞行平台每个采样时刻的位置和姿态后,也便确定了激光反射的位置。由于一束激光可能有多次回波,例如,被树顶、树枝、树干、矮草和地面一次反射回接收器,因此激光数据可以较详细地反映地表情况,为后期数据处理制作数字高程模型(DEM)、数字正射影响(DOM)等数字产品提供高精度的数据基础。

数码相机拍摄:根据预先设置好的数码相机工作参数,飞行控制系统自动获取高质量的影像数据。并可根据显示出的实拍效果,随时调整相机参数。

激光点云数据和数码影像数据均直接保存到系统的专用硬盘中。

6.1.2.2 机载激光雷达数据处理

激光雷达获取到的原始数据应包括:① 激光扫描仪采集到的原始激光点云数据;② 数码相机采集到的原始数码影像数据;③ 惯性导航仪(INS)数据;④ 机载 GPS 数据;⑤ 地面基站 GPS 数据。在数据处理过程中,要综合考虑多种处理软件的优缺点,采取合适的软件进行不同阶段的数据处理。本文着重描述激光雷达数据的常规处理流程,而不针对某个特定软件。

由于原始激光点云数据仅包含每个激光点的发射角、测量距离、反射率等信息,原始数码影像也没有姿态、坐标等具体空间位置信息,所以只有经过数据预处理完成激光和影像数据的"大地定向",才具有坐标和姿态等空间信息。大地定向包括数据定位和定向两个步骤,需要用到 INS 记录的姿态数据,机载 GPS 观测数据、地面基站的 GPS 观测数据和系统参数(INS、激光扫描仪、相机之间的相对位置及姿态参数)等。

数据经过预处理之后,则需要进行点云数据处理和正射影像制作。点云数据处理通常有以下几个流程:

(1) 激光点云数据定位:由于在激光雷达采集数据过程中,GPS 天线同步记录的坐标信息会受到对流层延迟误差、电离层延迟误差、卫星星历延迟误差及多路径效应等误差的影响,要设法消去或减小这些误差的影响才能提高定位精度。一般采用精密单点定位和 DGPS 双差分定位来消除误差。

(2) 激光点云数据定向:经过激光点云数据定位得到的仅仅是 GPS 接收装置位置的坐标信息,而最终需要的是激光扫描仪的坐标信息,因此还要根据 GPS 天线的偏心分量和扫描仪的偏心分量计算激光扫描仪的坐标信息。激光扫描仪与 GPS 导航仪等之间的相对位置参数由厂家提供,联合定位信息可以得到激光扫描仪的航迹文件,包含激光扫描仪在各个 GPS 采样时间的位置、姿态及速度信息。根据该航迹文件可以为每个激光点在 WGS84 坐标系下赋坐标值,即激光数据的大地定向。通过专业软件打开浏览大地定向之后的激光数据,便可以看到每个激光点的坐标属性。若是以高程显示的激光数据,便能较清晰地看出地物情况及地面起伏状况,如图 6.2 所示。

(3) 激光点云数据校验:在航飞过程中激光扫描仪及 GPS 导航系统的相对姿态可能会发生微小的变化,也会对激光数据产生影响,因此通常要对大地定向后的激光数据进行检查。若数据较好,则可直接进一步加工;若存在问题,便需要对数据进行校验。数据检校参数主要是偏心角分量,包括俯仰角(pitch)、侧滚角(roll)和航偏角(heading)的偏心角分量。通过检校的激光数据,不同架次、不同航带的数据都能较好地匹配,以便于进行数据的进一步处理。

(4) 激光点云数据坐标转换:校验后的点云数据为 WGS84 坐标系,但是在工程项目

图 6.2 显示高程信息的激光点云数据(另见书末彩图)(BEO inc.,2007)

中,一般要求为工程坐标系,例如,北京 54 坐标系、西安 80 坐标系或当地独立坐标系不同的高程系统以及 1985 国家高程系统等。实现两个坐标系统间的转换,需要具有控制点在两套坐标系统中的坐标,求出其转换参数,然后将转换参数应用于激光数据,进而完成激光数据的坐标转换。通常使用的平面坐标转换方法是布尔莎七参数法。

(5) 数据后处理:在成功实现上述部分的数据处理工作之后,我们已经得到经大地定向后的激光数据,便可以进行常见的成果数据的加工生产工作,例如,生成 DEM、DTM、DSM 和 DOM 等产品。图 6.3 详细给出了机载激光雷达数据处理流程图。

6.1.2.3 激光雷达数据处理中的问题与发展趋势

目前,有关机载激光雷达的数据处理方面的科学研究还集中于对原始数据的过滤、分类、构建 DSM/DEM 和附加 CCD 影像进行融合(Ackermann,1999;尤红建,2001;徐逢亮等,1999)。各种算法都还具有一定的局限性,并不是很成熟。荷兰 Delft 技术大学在植被及建筑物的自动识别与分类以及道路的半自动提取方面取得了初步成果;对融合多光谱数据、GIS 数据、航空影像数据的高层次处理还处于研究阶段,算法复杂,不易进行质量控制;基于激光雷达测量数据的地物提取、城市建模等在国际上还刚起步。目前机载激光雷达测量技术主要用于快速获取大面积三维地形数据、快速生成 DEM 等数字产品。将机载激光雷达技术作为一种新的技术手段用于快速生成城市地区的数字表面模型(DTM),进行地物自动提取,由数字地表模型生成数字高程模型,并进一步建立三维城市模型,也是当前在该领域的一个研究热点(Elberink,1999;刘经南,2003);借助于大激光束回波信号的波形分析进行森林资源普查以及植被参数的测定也是另一个热点方向。

对于机载激光雷达技术,可发展的趋势主要表现在几个方面:① 新的机载激光扫描测高应用。② 多源数据的智能化融合处理;③ 多传感器的高度集成;④ 星载激光雷达的应用;⑤ 相应的规范和标准的制定等。目前我国在激光雷达技术方面的应用研究同发达国家相比相对落后。为使该项技术能有效地服务于我国的国民经济建设,国家相关部门应加大扶持力度,投入一定的人力物力,大力开展激光雷达技术的应用研究及数据处理

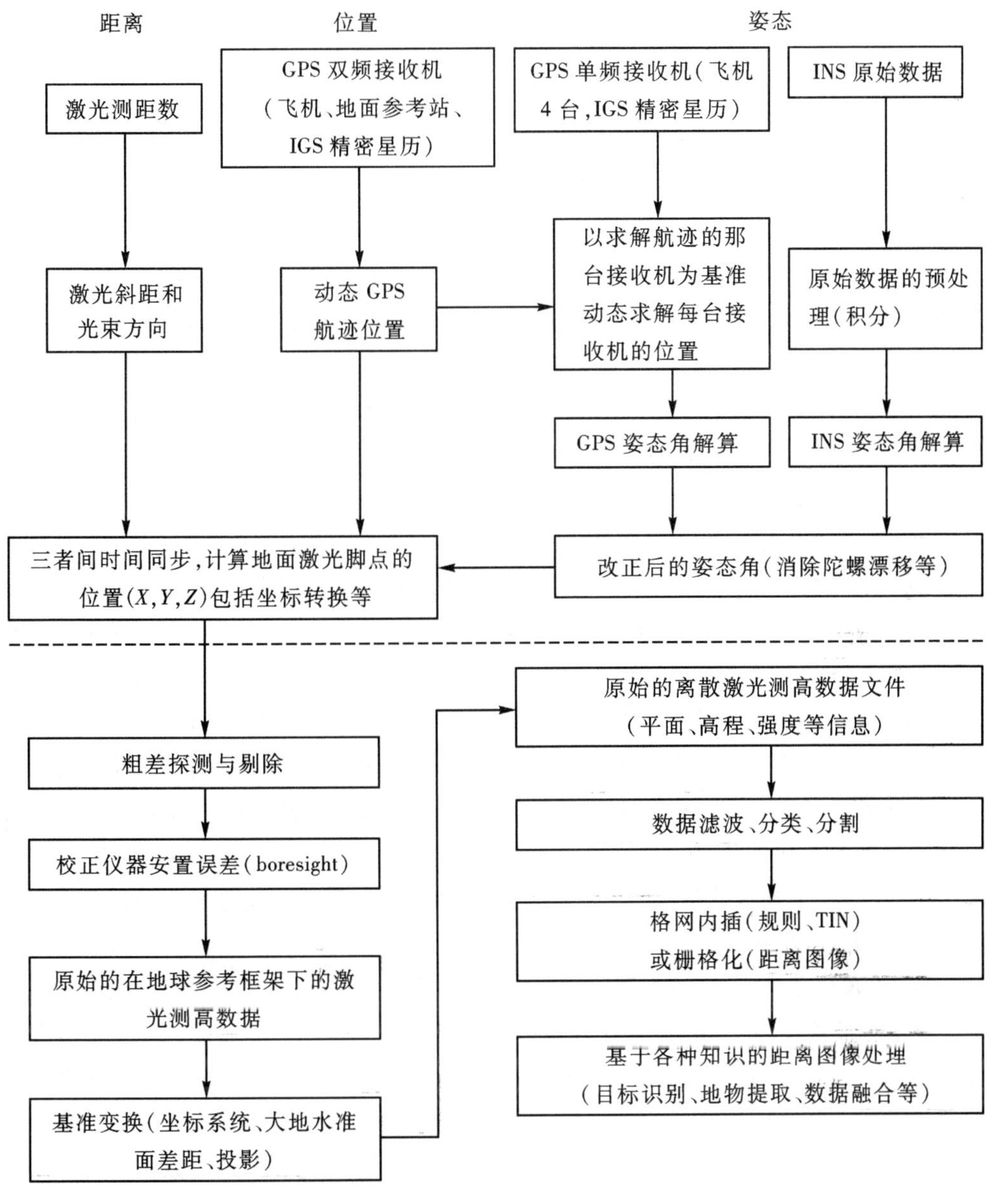

图 6.3 机载激光雷达数据处理流程(张小红,2002)

的方法研究具有非常重要的现实意义。

6.1.2.4 机载激光雷达测量数据产品

(1) 激光点云:机载激光雷达扫描仪通过对地面进行扫描获取反射回来的激光点数据,因呈星云状密集分布,所以形象地被称为激光点云(point cloud)。激光点云的数据信息不仅包含目标点的坐标信息,还包括目标物体反射强度等信息。激光点云数据大致可以分为以下几种类型:地表裸露点、水域点、建筑物点、桥面路面点、矮植被点、树高中端点、噪音点及其他未分类点等。激光点云文件的标准格式为 LAS,目前版本主要有 v1.0、v1.1、v1.2。另外还有其他多种文件格式以及纯文本格式等。

(2) 波形文件:由于机载激光雷达测量系统是以脉冲为技术手段,激光雷达所采集到的波形文件也可以用来研究应用到许多方面,例如,林业方面可成功进行森林高度、冠层垂直结构、生物量等参数的反演。

(3) 数字高程模型(DEM):数字高程模型(digital elevation model,DEM),是以高程表达地面起伏形态的数字集合。DEM 的水平间隔可以随地貌类型不同而改变,根据不同的高程精度,也可以分为不同等级产品。可用于与高程有关的地貌形态分析,制作断面图、透视图,进行工程土石方计算、地表覆盖面积统计、通视条件分析和洪水淹没区分析等;并可以统计剖面图生成、等高线生成、叠加相关矢量数据和影像数据。激光雷达获得的 DEM 精度高、信息丰富,相比传统的野外人工测量、立体摄影测量和雷达、激光雷达获得的 DEM 能更细腻地表现地形细节。

(4) 数字地表模型(DSM):数字地表模型(digital surface model, DSM),是对地球表面,包括各类地物的综合描述,该模型关注的是地球表面土地利用的状况,即地物分布形态,方便制作 3D 立体模型,飞行模拟及建筑物模拟等。DSM 同样是环境保护或城市管理的重要依据,通过 DSM 的分析,可以及时地获取森林或城市的生长及发展状况,在虚拟城市管理、城市环境控制及重大灾情分析方面,DSM 都发挥着重要的作用。

(5) 数字正射影像(DOM):数字正射影像(digital orthophoto map,DOM),是利用 DEM 对数码航空影像像元进行纠正,再做影像镶嵌,根据图幅范围剪裁而成的影像数据。DOM 的信息丰富直观,具有良好的可判读性和可量测性,可以用来进行精度分析、量测坐标、剖面图生成、通视性分析、叠加相关矢量数据和影像,等等。能更加形象地呈现三维地形地貌,方便获取更多的地理信息。

(6) 三维电子沙盘:三维电子沙盘,又称为三维地理信息系统、三维数字地图。电子沙盘是在三维软件的支持下,将 DEM 和 DOM 进行坐标匹配叠加而成的三维可视化场景,能够形象直观地进行三维漫游、任意缩放、掩膜模拟并对目标进行全方位的观察分析等。

(7) 其他:除以上几种产品之外,利用机载激光雷达系统获取到的数据还可生成航空数码影像、可量测斜片影像、建筑物三维模型等产品。图 6.4 给出几种不同表现形式及分类生成的产品。

6.1.3 激光雷达的应用

激光雷达具有快速、准确穿透云层的能力,因此其光束能在云层中传播,可以观测许多地表特征和低空大气现象。对于农作物和森林等资源来说,激光雷达技术能够精确地获取树木和林冠下地形地貌和农作物信息,而利用传统的遥感技术对此却很难做到。目前激光雷达的应用已经渗透到国民经济生活中的各个角落,大致可以归纳为以下几个方面。

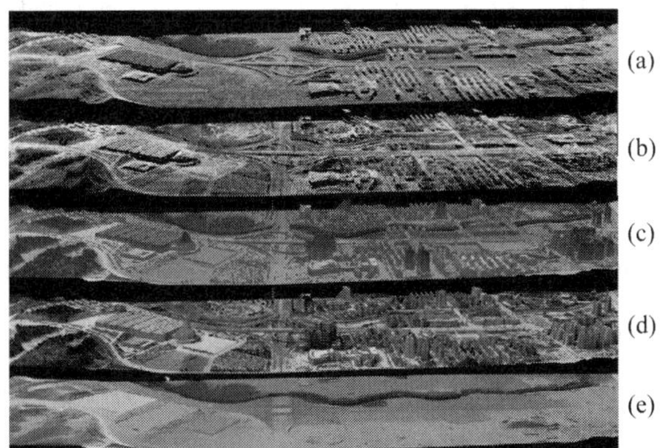

图 6.4 LiDAR 采集的南宁城市数据不同表现形式及分类产品

(a) 用高程渲染的 LiDAR 点云数据;(b) 对点云赋色之后的 LiDAR 点云数据;

(c) 用点云生成的城市 DSM;(d) DSM+DOM 的城市三维图;

(e) DEM(去除地上地物)(另见书末彩图)(徐祖舰,2009)

(1) 在城市测量方面:激光雷达数据可用于建筑物规则化,可制作正射影像图等,在城市建设中,利用激光雷达数字地面模型与地理信息系统有机的结合,可用于制作数字三维城市,建立"数字城市"系统,并可对数据方便的实时更新,极大地方便了城市的规划建设。激光雷达与航空摄影测量技术相比,机载激光雷达在表现对象几何特征上更加直接,在描述不连续变化上更具优势且自动化程度更高。随着激光雷达数据建筑物提取系统的建立,能够大大加快数据处理的速度,能够在一定程度上解决城市建设、规划中数据的需求。

(2) 在电力、通信网络建设与维护中:利用激光雷达的数据,可以为电力线路勘测设计实时提供高精度的断面,大大减少外出工作量;可以为电力线路运行管理提供准实时高精度的三维数据,精确测量线路走廊内危险点的距离;可以了解整个线路设计区域的地形与地面上物的情况,以资评估建设方案的可行性与建设成本;在线路发生灾难时,可以及时发现倒塌的部位,便于抢修和维护。激光雷达技术作为近年来航空遥感技术发展的一个重要里程碑,无疑代表着航空遥感技术未来的发展方向。而机载激光雷达优化选线技术自身的优势以及未来电网工程施工、数字电网建设以及运营维护等对三维空间信息的需求,都将使其成为未来电力优化选线技术的发展趋势,其在电网工程建设中必将具有很好的应用前景。

(3) 在交通、输油气建设与维护中:激光雷达技术可以为公路、铁路设计高精度的地面高程模型,以方便线路设计和施工土方量的精确计算。可监控高速公路及其周围的环境,利用影像数据检测周围的地物,利用高程数据评估高速公路的质量,并展示重要细节以计划重建和修复任务;可获得铁路线与周围环境间的安全范围,用于铁轨、电线、塔位等信息的获取。另外,激光雷达技术还能够在设计油管、气管等线路时提供很大的帮助。

(4) 在农业、林业调查与规划利用中:我们可以利用激光雷达的数据,分析森林树木、农作物的覆盖率和面积，了解其疏密程度以及不同树龄树木的情况、推算其数量，以便于人们对森林和农业进行合理规划和利用；在森林管理上，能确定单个树高，一片林区的平均树高、木材体积、平均密度等等；还可用林区 DEM 来规划和改善森林运输道路。许多研究表明，激光雷达在农林业方面的应用尚有巨大的潜力。

(5) 在水利建设和水利项目工程方面：激光雷达技术对于河流监控与治理有着极其重要的意义。在水利建设与监测中，由于激光雷达数据构成的三角网高程值可以用颜色赋值渲染，即可以用不同颜色表示不同高度的水位，对于水利测量、水灾评估都极有用处。在防洪和水压模拟方面，可用于水灾地区的复原和环境保护，获得排水路线，监控堤防，模拟洪水流向，并测量水压和水文参数等。

(6) 在地质灾害监测方面：可利用激光雷达数据产品快速判断容易发生崩塌滑坡的边坡三维形变，监测边坡位移和形变；可快速监测地质灾害点的稳固状况，以及潜在滑坡区域受损后的风险性和形变发展趋势；并可对已受损地域的形变发展趋势进行预测，指导灾后恢复、重建及风险评价等。在地震、泥石流、滑坡、洪涝灾害频发的今天，激光雷达测量系统获得的数据无疑具有非常重要的应用价值，在救灾减灾方面能发挥巨大作用。

(7) 在海岸带规划和测量方面：可同时获取高分辨率的海岸线高程数据和影像数据，监测海岸、海滩和堤防的侵蚀，并用于海岸防护测量等。

(8) 激光雷达在军事国防方面也有着不可低估的作用：目前，激光雷达在低空飞行直升机障碍物规避、化学/生物战剂探测和水下目标探测等方面已进入实用阶段，其他军事应用研究亦日趋成熟。直升机在进行低空巡逻飞行时，极易与地面小山或建筑物相撞。为此，研制能规避地面障碍物的直升机机载雷达对保障巡逻飞行的安全有重要的意义。目前，这种雷达已在美国、德国和法国获得了成功。德国研制成功的 VTB-1 型遥测化学战剂传感器技术，也是巧妙利用了激光雷达的功能，使用两台 9～11 μm、可在 40 个频率上调节的连续波 CO_2激光器，利用微分吸收光谱学原理遥测化学战剂，既安全又准确。在水下目标探测方面，迄今，机载海洋激光雷达已发展了三代产品，其主要利用机载蓝绿激光器发射和接收设备，通过发射大功率窄脉冲激光，对海面下目标进行探测并准确分类。最新一代的是水下成像激光雷达，最大特点是可对水下目标成像。由于成像激光雷达的每个激光脉冲覆盖面积大，因此其搜索效率远远高于非成像激光雷达。另外，成像激光雷达可以显示水下目标的形状等特征，更加便于识别目标，这已是成像激光雷达的一大优势。

6.1.4 激光雷达在水体探测及监测方面的应用

目前，激光雷达应用在海洋及内陆水体环境监测方面的研究还不是很多，但由于其高准确度、快速灵活的探测特点，机载海洋激光雷达也引起越来越多研究者的关注。目前国际上的机载海洋激光雷达主要是在美国、德国、澳大利亚和加拿大。美国最有代表性的机载海洋激光雷达系统是 NASA 研制的机载水文激光雷达(AOL)(Hoge 等，1983a；1983b；1998)，可用于探测浅海深度、叶绿素浓度、油荧光、可溶有机物以及一些海洋光学参数。德国的奥尔登堡大学和德国运输部合作研制出了机载激光荧光仪(Hengstermann 和 Reuter,1990),测量海表溢油和海水光学性质。澳大利亚在军方资助下研制了 WRE-LADS-Ⅰ,WRELADS-Ⅱ(Penny 等,1986; Billard 和 Wilsen,1990),主要用于探测水下目标。加拿大的环境技术中心在调查海洋污染的飞机上装备了 LEAF 激光荧光仪,可以在海洋和沿岸的各种环境下对原油和石油产品进行探测和绘制图形。

在中国,上海光学精密机械研究所和华中理工大学(现华中科技大学)分别研制了各自的机载海洋激光测深系统(戴锦年等,1998)。中国海洋大学海洋遥感研究所从国家"七五"规划攻关开始致力于海洋激光雷达的研制,到目前为止已经研制了多套船载海洋激光雷达(Liu 等,1990; Wu 等,1998; 陈卫标等,1998),可以测量叶绿素 a 浓度、悬移质浓度、海水温度和深度。机载海洋激光荧光雷达系统也在 2003 年在烟台机场做了首次飞行试验,并获得成功,且在测量叶绿素 a 浓度等性能方面做了估计(贺延等,2004)。随后,许多学者利用海洋激光荧光雷达系统做了一系列海洋环境观测方面的研究,包括测量叶绿素 a 浓度的算法研究、赤潮监测的初探等(张凯临等,2006; 魏志强等,2007;马泳等,2007)。

但是,总体来看,激光雷达在海洋水体环境监测方面的应用还不是很广泛,仅仅停留在利用水体色素的荧光特性、对水体的穿透能力,以及红外激光雷达对温度的感知等特性,来观测水体物质浓度、深度、透明度和温度等方面,并且反演精度也没有得到很大的提高。但是相比于许多星载传感器,机载海洋激光雷达获取海面数据的经济成本更大,且更加耗时耗力。目前海洋卫星传感器,包括可见光传感器及雷达在海洋环境探测方面已经取得了极大的进步,在时间和空间分辨率上都有很大优势,获取数据又相当便利及经济。基于以上因素,激光雷达在海洋水质环境监测方面的应用有所限制。如果激光雷达数据所获取的水体信息能更加准确,反演精度能更上一个台阶的话,就能体现出它相比于一般海洋卫星传感器的优势,这样它在水环境监测方面才会受到越来越多的关注,其应用深度和宽度也会不断拓宽和加深。

6.2 合成孔径雷达技术及其应用

合成孔径雷达(synthetic aperture radar,SAR)是利用雷达与探测目标之间的相对运动产生的多普勒效应,将尺寸较小的真实天线孔径用数据处理的方法合成一个较大的等效天线孔径的雷达。有关 SAR 详细的工作原理及其成像理论,读者可参考相关文献(刘永坦等,1999;郭华东等,2000;袁孝康,2003; 徐青等,2010)。

简单地讲,SAR 是一种主动式微波侧视成像雷达,其特点是空间分辨率高(数米至数十米),并能在夜间正常工作,且其发射的微波信号穿透云层而不受恶劣天气的影响,这种全天候、全天时和高分辨率对地观测的优势是可见光和红外传感器及其他微波传感器所不具备的。而且在不同波段、以不同极化方式,或不同视向和俯角下可得到目标的高分辨率雷达图像,为人们提供非常有用的目标信息,所以 SAR 是最有效、最有潜力的传感器之一,在遥感研究中得到广泛的应用。

尤其是在海洋观测中(包括水体监测中),SAR 通过测量海面或水面的后向散射,以获得表征海面或水面后向散射强度的、具有高空间分辨率的图像,也是雷达观测到的水面粗糙度。而水面的粗糙程度是影响雷达后向散射的主要因素,这些粗糙度的变化是由几厘米至几十厘米的表面张力波和短重力波引起的。因此,SAR 图像包含着十分丰富的海洋信息,任何改变海面粗糙程度的海洋现象或特征都可以成像于 SAR。根据这些图像,可以对海浪、海洋流场特征(海洋涡旋、锋面、边界流等)、海洋内波和海面风场及其之间的相互作用进行定性和定量分析,从而进一步加强我们对海洋动力过程的认识(徐青等,2010)。

此外,SAR 图像还可用于监测水下地形、海冰、海面溢油污染、海上船舰和海岸带变迁等。这使得 SAR 在海洋学研究、海洋环境、海洋资源及防灾减灾等方面具有独特的应用价值和发展潜力。随着星载 SAR 技术的不断发展,SAR 在海洋理论与应用研究领域发挥着越来越重要的作用,同时也可以在水环境监测方面提供极为重要的参数信息。

6.2.1 SAR 基本概念

6.2.1.1 SAR 成像几何关系

SAR 对地物观测采用侧视,这种侧视观测是为了消除天底轨道两侧由两个等距对称点产生的左右模糊。这种成像的几何关系可以由图 6.5 表示,其中垂直于卫星轨道的方向称为距离向,而平行于卫星轨道的方向称为方位向,二者构成地距坐标系。在距离向被成像的条带是从 *A* 点到 *B* 点,*A* 点至星下点距离最近,该点到卫星的距离称为近距;*B* 点至星下点距离最远,该点到卫星的距离称为远距;海面观测元内任一点到卫星的距离

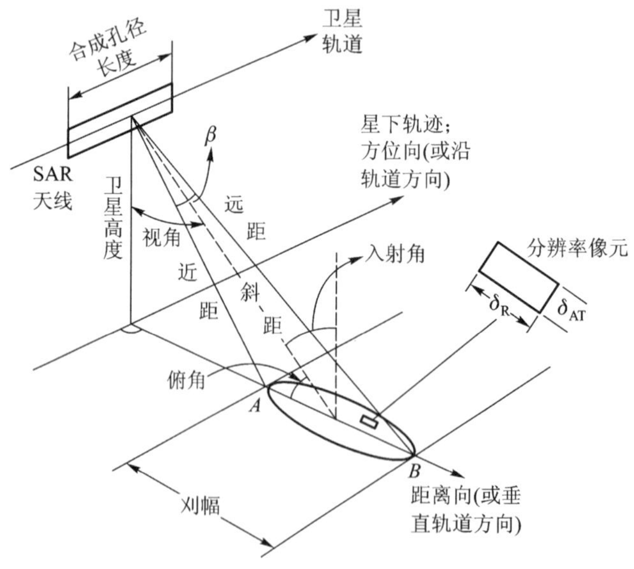

图 6.5 SAR 成像几何示意图(McCandless 和 Christopher,2004)

称为斜距,斜距在地面的投影称为地距。当卫星在轨道上运行时,SAR 沿方位向画出一条连续的观测带,观测带的刈幅宽度在图 6.5 中表示为点 A 至点 B 的距离。刈幅宽度 S_R 可由下式计算:

$$S_R \approx \frac{H\beta}{\cos^2\theta} \tag{6.1}$$

式中:H 为卫星高度;β 为微波脉冲在仰角方向的波束宽度;θ 为入射角,即雷达入射波束与目标表面法线之间的夹角。

例如,欧空局的 ERS-1 卫星,其飞行高度为 785 km,中心入射角为 23°,刈幅宽度约为 100 km,近距约为 250 km。

6.2.1.2 SAR 系统参数

任何雷达系统对目标的成像都与雷达波频率、极化状态和照射几何有关。

(1) 频率:雷达波频率(或波段)是很重要的 SAR 系统参数,因为目标的后现散射特性与雷达波长关系密切。常见的星载 SAR 主要工作在 L、S、C、X 等微波波段,表 6.2 给出了每个波段对应的波长和频率范围。

表 6.2 常见星载合成孔径雷达主要工作波段及对应的波长和频率

波段名称	波长范围/cm	频率范围/GHz
L	30 ~ 15	1 ~ 2
S	15 ~ 7.5	2 ~ 4
C	7.5 ~ 3.75	4 ~ 8
X	3.75 ~ 2.40	8 ~ 12.5

(2) 极化:当电磁波在空间传播时,其电场强度矢量的方向具有固定的规律,这种现象称为电磁波的极化(偏振)。极化是涉及电磁波的电场矢量方向的描述,极化状态是根据电场矢量方向与参考平面方向的关系来定义的。如果位于某一点电磁波的电场矢量都在一个平面内,则称之为线性极化或线性偏振。

线性极化可以根据辐射的参考平面进一步分为水平极化和垂直极化两种。设一个参考平面由两条直线确定,一条是入射的电磁波波束或离开目标表面的电磁波波束所在的直线,另一条是目标表面的垂线。对于线性极化的辐射,水平极化的电场与参考平面垂直,垂直极化的电场与参考平面平行。任何电磁波都可以分解成水平极化和垂直极化两个部分。

根据电磁波的发射和接收方式,我们可以将 SAR 的极化方式分为四种:HH、VV、VH 和 HV,其中 HH 和 VV 称为同极化状态,即雷达脉冲分别是水平发射、水平接收和垂直发射、垂直接收(如图 6.6a 和 6.6b 所示);VH 和 HV 称为交叉极化状态,即雷达脉冲分别是垂直发射、水平接收和水平发射、垂直接收(如图 6.6c 和 6.6d 所示)。

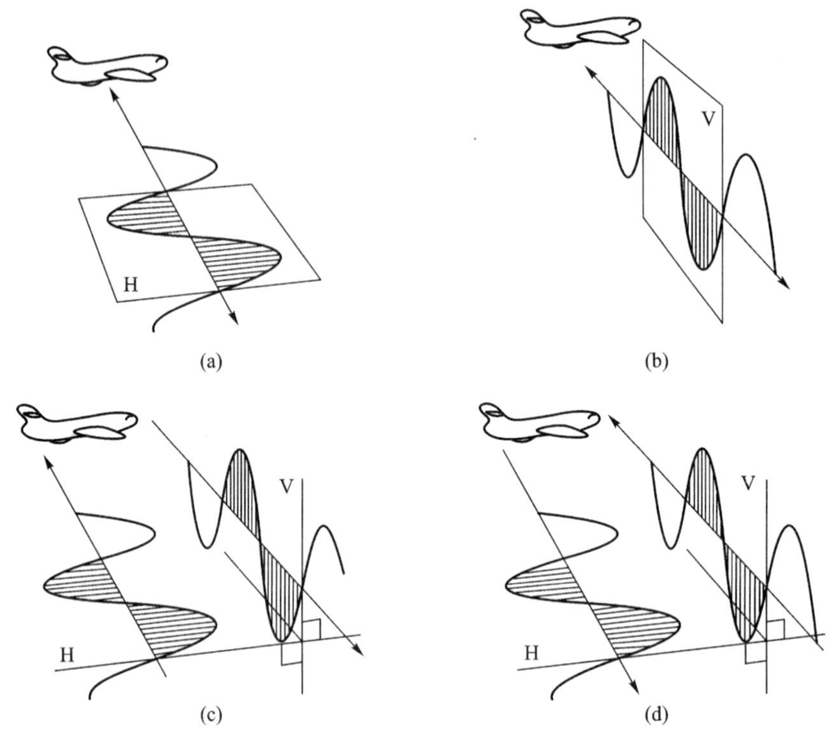

图 6.6 SAR 极化方式

(a) HH 极化:水平发射、水平接收;(b) VV 极化:垂直发射、垂直接收;(c) VH 极化:垂直发射、水平接收;(d)HV 极化:水平发射、垂直接收。图中粗线箭头代表发射和接收方向

(http://www.cct.nrcan.gc.ca/glossary;徐青等,2010)

SAR 观测海洋时,在不同极化状态下,海上目标的雷达后向散射特征存在差别。例如,与 HH 极化和交叉极化相比,在 VV 极化状态下,VV 极化 SAR 图像更适合描述海面的毛细重力波特征,在该状态下,图像信噪比较高,因此更适合用于海洋动力过程研究。与 VV 极化相比,HH 极化对海面粗糙度反应不敏感,因此 HH 极化 SAR 图像更适合用于海冰和海上船舰等监测。此外,对于不同极化状态下的 SAR 图像,辐射定标时需采用不同定标系数,这是多极化和单极化 SAR 图像在产品处理上的区别(徐青等,2010)。

(3) 入射角:入射角定义为雷达入射波束与当地目标表面法线之间的夹角,是影响雷达后向散射特征的主要因素。本地入射角的改变也会影响雷达的后向散射,影响程度取决于目标物的粗糙度和变化程度。

(4) 雷达视向:雷达视向对后向散射回波有很大影响。在海面电磁散射过程中,一般来说,当雷达视向与波向近似平行时,后向散射回波很强,表现在 SAR 图像上为较亮的部分。

6.2.2 SAR 工作原理

真实孔径雷达(real aperture radar,RAR)成像系统及处理设备相对较为简单,但它存在一个难以解决的问题，就是其方位向分辨率受到天线尺寸的限制。所以要想用 RAR 获得较高的分辨率，就需要较长的天线。但是天线的长短往往又受制于装载雷达系统的平台大小的限制，不可能为了提高分辨率无休止地增加天线长度。

但作为一种脉冲-多普勒成像雷达 SAR，具有很高的分辨率。这里的高分辨率包含两方面的含义：即高的方位向分辨率和足够高的距离向分辨率。与通过增加天线长度提高方位向分辨率的真实孔径雷达（RAR）不同，SAR 采用多普勒频移理论和雷达相干理论为基础的合成孔径技术来提高方位向分辨率；而距离向分辨率的提高则通过脉冲压缩技术来实现。

6.2.2.1 多普勒效应

当波源和观察者有相对运动时，观察者接收到的频率和波源发出的频率会产生差别，这种现象叫多普勒效应，由此导致的接收频率的变化叫多普勒频移。

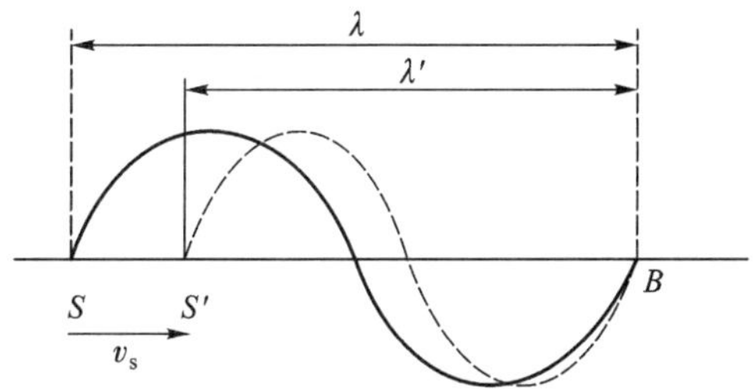

图 6.7　多普勒效应示意图（刘玉光，2009）

如图 6.7 所示，假设波源以速度 v_s 由 S 向 B 做匀速直线运动，在前方一个波长位置 B 点有一个固定的波接收装置。首先，波源在位置 S 发出频率为 f 和波长为 λ 的一个波；经过 $T=1/f$ 的时间以后，波源前进到位置 S'。这里 T 是波的周期，并且

$$SS'=v_s\times T=\frac{v_s}{f} \tag{6.2}$$

当波前以速度 v 达到 B 点的时候，波源以速度 v_s 达到了位置 S'。此时，B 点接收到的声波波长 λ' 为：

$$\lambda'=S'B=SB-SS'=\frac{v}{f}-\frac{v_s}{f}=\frac{v-v_s}{f} \tag{6.3}$$

因此，在 B 点接收到的波动频率 f' 是：

$$f'=\frac{v}{\lambda'}=\frac{v}{v-v_s}f \tag{6.4}$$

由于 $f'>f$，故在 B 点接收到的波动频率比波源发出的频率要高。

用同样的方法可以导出波源和接收装置做其他形式的相对运动时所接收到的波动频率。只要波源与接收装置之间存在着相对运动，接收到的频率就不同于发射的频率。在两者之间的距离缩短时，接收频率高于发射频率，反之，接收频率低于发射频率。在声波领域发现了多普勒效应以后，经过几十年的研究，1938 年科学家证明了在电磁波领域

内同样存在多普勒效应。目前,利用多普勒效应研制出的导航、测距、跟踪和气象、海洋观测等雷达系统已得到了广泛的应用。

SAR 不仅记录电磁波的强度信息,而且记录位相信息,根据回波信号中所含的频率变化信息,对目标物进行探测。合成孔径技术意味着依据多普勒效应,采用“混频”技术产生多普勒频移,这些多普勒频移携带着地物表面粗糙度的信息,而且,这些地物表面信息具有比 RAR 更高的空间分辨率。

SAR 在实际天线运动的路径上不断记录接收的回波并对其进行合成,从而形成一个理想的较大的孔径。如图 6.8 所示,卫星在飞行过程中于 t_1时刻到达 A 点,此时,它发射一束电磁波首先接触到某等延迟线上的目标点 C 点,并接收此点的回波信号,直到最后于 t_2时刻飞行至 B 点并接收到 C 点的回波信号。在此期间,SAR 不断发射电磁波并记录下 C 点回波信号的强度和频率,然后对所有有关 C 点的回波进行数字合成。这个过程相当于从 A 到 B 这么大的孔径(即合成孔径,其长度为 $L_{SA}=\theta_A R$,其中 R 为斜距,θ_A 为方位向波束宽度)发射一束电磁波到 C 点并接收回波信号。对于被照区域的其他点也是如此。实际上,SAR 就是以增加发射次数为代价,利用较小的实际天线长度达到与大的天线长度相同的效果。

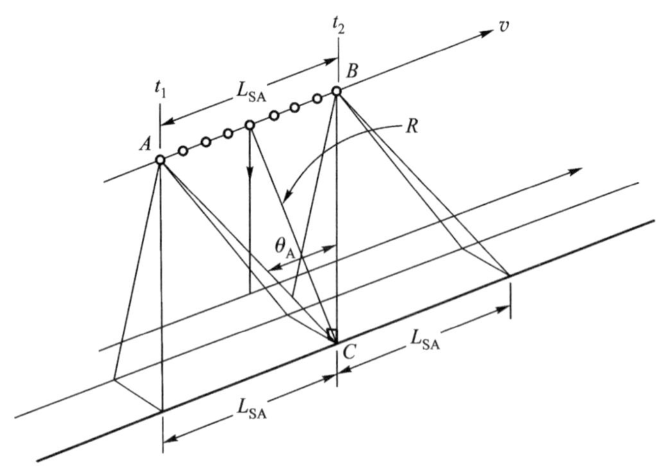

图 6.8　孔径合成原理示意图(McCandless 和 Christopher,2004)

6.2.2.2　脉冲压缩

对于简单的脉冲(单频)发射波,其持续时间越短,对应距离分辨率越高。从理论上讲,缩短脉冲时间可以提高分辨率,但如果脉冲持续时间过短,回波信号的能量或平均功率值过低,信噪比达不到要求,同样不利于在噪声背景下的检测信号。为了解决发射脉冲持续足够长的时间以维持信号的功率水平,同时还能不降低距离分辨率的问题,SAR 系统普遍采用了脉冲压缩技术。脉冲压缩的主要方法是:发射脉冲不再是简单脉冲,而是在幅度或相位上按波形进行调制,在接收端经过压缩处理使得接收脉冲似乎是由短脉冲产生的(傅斌,2005)。

6.2.2.3 SAR 的分辨率

(1) 距离向分辨率：图 6.9 显示了雷达的距离向分辨率 δ_R 的推导示意图。如图所示，S 代表卫星，θ 是入射角，线段 SC 为斜距，即卫星与探测点之间的距离，线段 AB 代表沿雷达波束在地面的投影方向上能够分辨的最小距离，我们称之为距离向分辨率，并用 δ_R 表示。

根据直角三角形各边的关系，距离分辨率 δ_R 与线段 EB 有关，即：

$$\delta y = AB \approx \frac{EB}{\sin\theta} \tag{6.5}$$

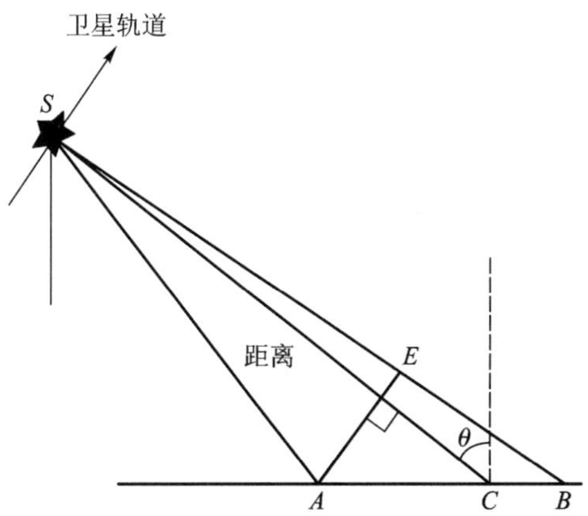

图 6.9 距离向分辨率示意图（刘玉光，2009）

线段 EB 和卫星接收到的雷达脉冲持续时间 τ 的关系满足：

$$2 \cdot EB = c\tau \tag{6.6}$$

式中：c 是光速。

将式(6.6)代入式(6.5)，距离分辨率 δ_R 可以表示为：

$$\delta_R = \frac{c\tau}{2\sin\theta} \tag{6.7}$$

由式(6.7)可知，距离向分辨率 δ_R 与脉冲持续时间 τ，或者等价地说脉冲宽度 $\Delta r = c\tau$ 成正比。脉冲持续时间越短，脉冲宽度越窄，距离向分辨率越高。以 ENVISAT ASAR 成像模式的 SAR 图像为例，其距离向分辨率约为 30 m，要获得这么高的分辨率，所需要的脉冲约为 10^{-8} s。而如此短的脉冲不可能有足够的能量把回波信号提高到噪声水平以上。因此，需要采用脉冲压缩技术减少脉冲持续时间，将长脉冲压缩为非常短的脉冲，以获得高的距离向分辨率（Stewart，1985）。

此外，距离向分辨率还与入射角的正弦 $\sin\theta$ 成反比。入射角越小，距离向分辨率越低。因此，SAR 对地物进行侧视扫描而不是垂直探测，目的之一就是避免太小的入射角。

(2) 方位向分辨率：

在介绍 SAR 的方位向分辨率之前，我们先给出 RAR 的方位向分辨率，即沿方位向可分辨的两点之间的最小距离。RAR 不依赖于多普勒效应，其方位向分辨率 δ_{AT}^{R} 与雷达波长 λ 和天线的真实孔径 D 的比值有关，表示为：

$$\delta_{AT}^{R}=\frac{R\lambda}{D} \tag{6.8}$$

式中：R 是斜距，即从卫星到探测点的距离。

由式(6.8)可知，要提高雷达的方位向分辨率，必须增加天线长度。一般说来，SAR 工作的波长范围在 3 ~ 30 cm 范围内，对于高度约为 750 km 的低轨卫星，即使要达到 100 m 的方位向分辨率，也要求天线孔径在 225 m ~ 2 250 m 之间，而目前的空间技术显然无法做到这点。因此，当分辨率要求很高时，RAR 不能应用于卫星轨道，由此而产生合成孔径的概念。利用孔径合成的原理，SAR 可以提供高分辨率的地面信息。这里简单地给出 SAR 方位向分辨率的推导过程（徐青等，2010）。

由于多普勒频率 Ω（单位 Hz）可表示为：

$$\Omega=f-f_0=\left(\frac{c+V'}{c-V'}f_0\right)-f_0=\frac{2V'}{c\left(1-\frac{V'}{c}\right)}f_0 \tag{6.9}$$

式中：f_0 和 f 分别为雷达发射的电磁波频率和接收到的回波频率；c 是电磁波的传播速度；V' 为卫星与被探测点之间的相对速度，等于卫星飞行速度矢量 V 沿波束方向上的投影，即

$$V'=V\cos\psi \tag{6.10}$$

式中：ψ 为方位角，即雷达波束与卫星飞行方向之间的夹角。

由于电磁波的传播速度 c 远大于 V'，式(6.9)中 $V'/c\approx1$，可忽略不计。所以：

$$\Omega=\frac{2V'}{c}f_0=\frac{2V}{\lambda}\cos\psi \tag{6.11}$$

式中：λ 是雷达发射的电磁波波长。

使用方位角的微分 $\delta\psi$ 来表示多普勒频率的微分 $\delta\Omega$，根据式(6.11)，有：

$$|\delta\Omega|=\frac{2V\sin\psi}{\lambda}\delta\psi \tag{6.12}$$

则方位角分辨率 $\delta\psi$ 可表示为：

$$\delta\psi=\frac{\lambda}{2V\sin\psi}|\delta\Omega| \tag{6.13}$$

多普勒频率的分辨率 $\delta\Omega$ 可以通过采样时间长度 t_s 近似地表示为：

$$|\delta\Omega|\approx\frac{1}{t_s} \tag{6.14}$$

将式(6.14)代入式(6.13)，可得：

$$\delta\psi=\frac{\lambda}{2X_D\sin\psi} \tag{6.15}$$

式中：$X_D=Vt_s$，表示对一个探测点在整个采样时间 t_s 内卫星移动的距离。

根据式(6.15)，SAR 的方位向分辨率，即沿方位向可分辨的两点之间的最小距离

δ_{AT}为

$$\delta_{AT}=R\delta\psi=\frac{R\lambda}{2X_D\sin\psi} \tag{6.16}$$

式中:R 是斜距,即从卫星到探测点的距离。

比较式(6.8)和式(6.16)可以发现,式(6.16)分母项 $2X_D\sin\psi$ 和真实孔径 D 的作用相同,这等同于通过合成孔径技术取得了一个比较大的天线孔径。合成孔径技术意味着依据多普勒效应,采用“混频”技术产生多普勒频率,然后运用“低通滤波”技术剔除随之产生的高频成分,而只保留多普勒频率成分。与 RAR 不同的是,SAR 不但以多普勒频率为载波携带着地球表面粗糙度的信息,而且携带的信息具有更高的空间分辨率(刘玉光,2009)。

6.2.3 SAR 现状与发展

6.2.3.1 国际 SAR 发展现状

合成孔径雷达的研究最早始于20 世纪 50 年代初。1951 年 Carl Wiley 提出用频率分析方法改善雷达分辨率的思想,这是发展合成孔径雷达的原始概念。之后,SAR 传感器设计及其在对地观测各个领域的应用得到了迅猛发展。表 6.3 列出了 SAR 发展过程中的主要事件。

表 6.3 SAR 发展重要历史阶段(McCandless 和 Christopher,2004)

时期	发展阶段
1951	Carl Wiley 提出了多普勒波束聚焦(beam-sharpening)的概念
1952	美国伊利诺伊大学演示了波束聚焦概念
1957	美国密歇根大学利用一个光学相关器制作了第一幅 SAR 图像
1964	美国密歇根大学演示了非实时模拟电子 SAR(analog electronic SAR)的相关性
1969	非实时数字电子 SAR 的相关性得到演示(Hughes,Goodyear,Westinghouse)
1972	具有运动补偿的实时数字 SAR 得到演示(对飞机系统)
1978	第一个装载 SAR 的卫星——美国国家航空航天局喷气推进实验室(NASA/JPL)SEASAT 卫星发射。模拟传输线路,非实时数字处理
1981	航天飞机成像雷达系列——SIR-A。地面非实时光学处理
1984	航天飞机成像雷达系列——SIR-B。数字传输线路,地面非实时光学处理
1986	利用 NASA/JPL 的高级数字 SAR 处理器,空载 SAR 实时处理系统得到演示
1987	苏联 COSMOS-1870 SAR
1990	Magellan SAR 图像
1990-2000	空间 SAR 得到发展,包括:前苏联卫星 ALMAZ(1991)、俄罗斯卫星 ALMAZ-1B(1998),欧洲卫星 ERS-1(1991)和 ERS-2(1995),日本卫星 JERS-1(1992),美国航天飞机 SIR-C/X(1994),加拿大卫星 RADARSAT-1(1995),美、德航天飞机 SRTM(2000)

续表

时期	发展阶段
2000 以后	多波段、多极化 SAR 得到发展，包括：欧洲卫星 ENVISAT（2002），日本卫星 ALOS（2006），德国卫星 Terra-SAR（2007），意大利卫星 COSMO-Skymed（2007），加拿大卫星 RADARSAT-2（2007）

机载 SAR 系统是星载 SAR 系统的试验基础，因此欧美等国家的机载 SAR 系统都很发达，其中著名的机载 SAR 系统包括美国的 SIR-A/B 和 AIRSAR、德国的 E-SAR 和 AeS-1SAR、日本的 PISAR、美国和德国的 SRTM，以及由美国、意大利和德国共同研制的 SIR-C/X-SAR 等。其中 SIR-C/X-SAR 是目前国际上最先进的、运行在地球轨道高度上的第一个多极化（HH、VV、HV、VH）和多波段（L、C、X）同时成像的雷达系统，具有极化测量和干涉测量能力。

美国于 1978 年 6 月发射的 SEASAT 卫星是世界上第一颗装载 SAR 的卫星（Lame 和 Born，1982），尽管工作时间仅有 3 个多月，却为陆地和海洋观测提供了十分宝贵的数据。对 SEASAT L 波段 SAR 数据的研究表明，SAR 是强有力的获取地表信息的传感器。继 SEASAT SAR 之后，进入 20 世纪 90 年代以来，星载 SAR 得到了迅速发展。原苏联的金刚石卫星 ALMAZ-1（L 波段 SAR）于 1991 年率先升空。欧洲分别于 1991 年和 1995 年发射了 ERS-1 和 ERS-2 卫星（C 波段 SAR）。日本于 1992 年发射了资源卫星 JERS-1（L 波段 SAR）。1995 年，加拿大发射了具有多种成像模式的 RADARSAT-1 卫星（C 波段 SAR），它是全球广泛使用的商业卫星之一。2002 年，欧洲又发射了新一代的环境卫星 ENVISAT，其上装载有高级合成孔径雷达（advanced synthetic aperture radar, ASAR）。ASAR 工作在 C 波段，是第一个具有多种极化方式（HH、HV、VH、VV）的星载 SAR。2006 年以来，各国可供商用的高分辨率 SAR 遥感卫星纷纷发射升空，主要有日本的 ALOS、德国的 TerraSAR-X、意大利的 COSMO-SkyMed-1 和加拿大的 RADARSAT-2。ALOS 卫星于 2006 年初成功发射，其上装载的 PALSAR（L 波段）具有获取双极化和全极化（试验模式）数据的能力。2007 年，意大利发射了 COSMO-SkyMed 雷达系列卫星，其上装载的 SAR 工作在 X 波段，空间分辨率高达 1 m。同月，德国发射的 TerraSAR-X 雷达卫星携带了具有全极化模式的 SAR，其最高空间分辨率也达到 1 m。同年年底加拿大又成功发射了 RADARSAT-2 卫星，工作在 C 波段的 SAR 具有双极化和全极化观测能力（徐青等，2010）。

高分辨率星载 SAR 图像在国土、水利、农业、林业、海洋、地质与矿产、灾害与测绘、环境、军事等领域显现了广阔的应用前景，特别是在灾害应急监测、地表覆盖实时监测、海洋、大气监测（尤其是分析小尺度海洋、大气过程）、地壳位移与地表沉降监测等领域效果突出。在 2008 年中国汶川 5.12 大地震和 2008 年初南方冰冻灾害灾情评估和灾后重建中，高分辨率星载 SAR 数据的获取能力表现突出、其监测成果发挥了重要作用。表 6.4 列出了目前已经发射的星载 SAR 工作波段和极化方式信息。中国科学院遥感卫星地面站接收国内外的星载 SAR 数据,其中包括 ERS-1/2、ENVISAT、RADARSAT-1/2 等 SAR 数据,并提供相关服务。

表 6.4 星载 SAR 信息

发射日期	卫星名称	国家	波段	极化方式
1978.6	SEASAT	美国	L	HH
1991.3	ALMAZ-1	苏联	S	HH
1991.7	ERS-1	欧洲	C	VV
1992.2	JERS-1	日本	L	HH
1995.4	ERS-2	欧洲	C	VV
1995.11	RADARSAT-1	加拿大	C	HH
1998	ALMAZ-1B	俄罗斯	X/S/L	HH
2002.3	ENVISAT	欧洲	C	HH,HV,VH,VV
2006.1	ALOS	日本	L	HH,HV,VH,VV
2007.6.12	COSMO-SkyMed-1/2	意大利	X	HH,HV,VH,VV
2007.6	TerraSAR-X	德国	X	HH,HV,VH,VV
2007.12	RADARSAT-2	加拿大	C	HH,HV,VH,VV
2008.10	COSMO-SkyMed-3	意大利	X	HH,HV,VH,VV

这里仅以欧空局的星载 SAR 为例,简单介绍星载 SAR 传感器及其主要参数。

(1) ERS-1/2 SAR:装载于 ERS-1 和 ERS-2 卫星上的 SAR 工作在 C 波段,波长为 5.7 cm,极化方式为 VV 极化,入射角为 23°,具有两种工作模式:图像模式和波模式,其中图像模式刈幅宽度为 100 km,距离向分辨率为 25 m,方位向分辨率为 6~30 m;波模式分辨率为 5 km×5 km,可用于海浪、油污或水表面物质的监测研究。

(2) ENVISAT ASAR:欧洲环境卫星 ENVISAT 是 ERS-1/2 卫星的延续,属极轨对地观测卫星系列之一,其主要参数指标列于表 6.5。

表 6.5 ENVISAT 卫星主要参数指标

发射时间	2002 年 3 月
轨道	太阳同步
轨道高度	800 km
轨道倾角	98°
轨道周期	101 min
重复周期	35 天
工作寿命	5~10 年

表 6.6 ENVISAT ASAR 工作模式特性

模式		距离向分辨率/m	方位向分辨率/m	入射角范围/(°)	刈幅宽度/km
标准模式		25	28	20 ~ 49	100
宽幅模式		35,27,23	28	20 ~ 45	150
精细分辨率模式		8 ~ 9	9	35 ~ 49	50
扫描模式	宽幅	100	100	20 ~ 50	500 或 440
	窄幅	50	50	20 ~ 40 或 32 ~ 46	300
扩展模式	高入射角	25	28	50 ~ 60	75
	低入射角	25	28	10 ~ 20	75

与 ERS-1/2 SAR 一样,ENVISAT 上携带的高级合成孔径雷达 ASAR 工作在 C 波段,波长为 5.6 cm,但 ASAR 具有许多独特的性质,如多极化、可变入射角、宽幅成像等。在 ERS-1/2 SAR 图像模式(image mode)和波模式(wave mode)的基础上,ASAR 进一步增加了交替极化模式(alternating polarization mode)、宽幅模式(wide swath mode)和全球监测模式(global monitoring mode)三种工作模式(图 6.10)。其中,图像模式、交替极化模式和宽幅模式的数据可由全球的卫星地面站接收,全球监测模式和波模式数据仅供欧空局内部接收。各种工作模式的特性如表 6.7 所示。

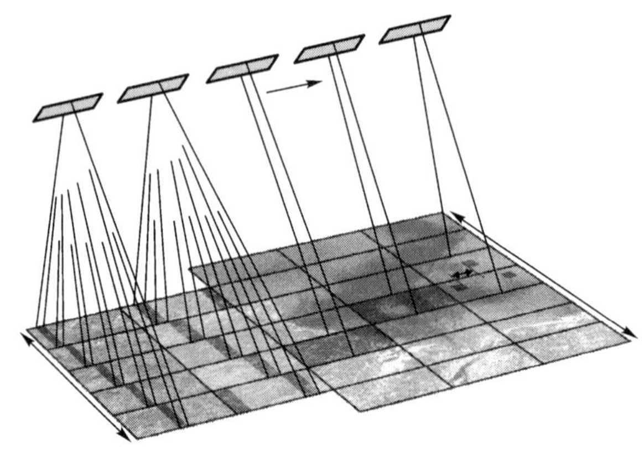

图 6.10 ENVISAT ASAR 的 5 种工作模式,从左至右依次为:全球监测模式、宽幅模式、成像模式、交替极化模式和波模式(http://envisat.esa.int/object)

与 ERS-1/2 SAR 的图像模式不同,ASAR 图像模式的入射角范围在 15° ~ 45°范围内,并以 HH 或 VV 极化方式成像。表 6.8 列出了 ASAR 图像模式的 7 种不同入射角范围。

交替极化模式的 SAR 图像与图像模式一样具有 IS1 ~ IS7 共 7 种不同入射角的成像

位置,但交替极化模式能够以两种不同的极化方式同时对地物成像,用户可以根据需要从表6.6所示的三种发射和接收极化方式组合中任意选择一种。由于采用了特殊的数据处理技术,与图像模式相比,交替极化模式图像辐射分辨率略有降低。其中宽幅模式采用扫描技术,可以提供更宽的成像条带。

表6.7 ENVISAT ASAR 工作模式特性

模式	极化方式	空间分辨率/m	刈幅宽度/km
图像模式	VV 或 HH	30	最大 100
交替极化模式	VV/HH 或 VV/VH 或 HH/HV	30	最大 100
宽幅模式	VV 或 HH	150	约 400
全球监测模式	VV 或 HH	1 000	约 400
波模式	VV 或 HH	10	5

表6.8 ENVISAT ASAR 图像模式的7种成像参数

成像位置代号	刈幅宽度/km	入射角/(°)
IS1	105	15.0~22.9
IS2	105	19.2~26.7
IS3	82	26.0~31.4
IS4	88	31.0~36.3
IS5	64	35.8~39.4
IS6	70	39.1~42.8
IS7	56	42.5~45.2

6.2.3.2 我国 SAR 发展现状

目前,SAR 卫星发展水平的高低已经成为衡量一个国家综合国力水平的标志之一,其发展受到各国越来越多的重视。中国是空间科学和技术的大国,已经发射了几十颗地球观测卫星,并正在计划发射 SAR 卫星。

1976 年起,中国科学院电子研究所率先开展了 SAR 技术研究,并于 1979 年成功研制了机载 SAR 原理样机,获得了我国第一批雷达图像。在星载 SAR 研究方面,1987 年我国"863"计划正式提出了星载 SAR 的研究任务,这标志着我国在空间成像领域迈出了重要的一步。中国科学院电子研究所自 1988 年就开始了相关的总体设计和论证工作,1990 年完成了单极化星载 SAR 系统可行性论证,1993 年完成了星载 SAR 工程样机方案,1995 年通过了样机设计评审,1997 年完成了具有 5 m×5 m 空间分辨率的工程样机的研制。电子科技大学雷达成像实验室也开展了双频、多极化机载 SAR 和星载 SAR 的研制工作。

30 多年来，我国在 SAR 研制方面连续突破了一系列关键技术，为未来 SAR 卫星的发射奠定并提供了有力保障。

6.2.3.3 SAR 发展趋势

自 1994 年航天飞机成像雷达系统 SIR－C/X－SAR 发展之后，成像雷达正朝着多波段、多极化和多工作模式的方向发展。我们认为未来星载 SAR 及 SAR 技术将主要向以下几个方向发展：高分辨率和超高分辨率成像，多波段、多极化、多视角和多工作模式，小型化、小卫星 SAR，运动目标成像，能产生目标三维图像的干涉 SAR，校准技术，实时 SAR 成像处理和先进的成像技术。

6.2.4 SAR 海面成像原理

6.2.4.1 海面微波散射特性

（1）镜面反射和后向散射：卫星发出的电磁波向下传播，遇到海面经过反射和散射等物理过程，返回的电磁波携带着海面的信息，这些信息连同噪音被雷达接收。

对于平静无风的海面而言，镜面反射是电磁波能量返回雷达传感器的主要过程，海面基本上可以将能量反射到在天底点方向（垂直海面方向，即入射角为 0°）发射电磁波的传感器，其他入射角则不能把能量反射回传感器。对于有风的海面则不然，随着风生表面张力波和短重力波（统称微尺度波）的出现，海面变得粗糙起来，这相当于海面生成了很多从不同方向反射能量的小反射面，致使到达天底点方向的回波大大减少，相反，偏离天底点方向的传感器也可以接受到一些回波。即使最粗糙的海面也不可能产生相对于水平面倾斜 20°～25°以上的斜率。因此，镜面反射只有对于 0°～15°的入射角才是重要的。对于大于 15°的入射角而言，主要通过海面的散射得到回波信号，且回波信号的强弱在很大程度上取决于海面的粗糙度（Robinson，1985；杨劲松，2005）。

（2）雷达后向散射截面：图 6.11 是描述雷达波束在海面投射的几何示意图，其中 θ 是入射角，即雷达波束与海面垂线的夹角；R 是卫星到被探测面积元的距离，A 是雷达波束照射到海表面的面积。

对于 SAR 而言，雷达方程的基本形式是：

$$P_R = \frac{P_T G_T}{4\pi R^2}\sigma \frac{A_E}{4\pi R^2} \tag{6.17}$$

式中：P_R是接收的雷达功率（W），P_T是发射的雷达功率，G_T是天线传输能量增益，A_E是天线的有效面积（m^2），σ 是对应被探测元的雷达后向散射截面（m^2）。

天线接收电磁波的能量增益 G_R与天线的有效面积 A_E的关系是：

$$G_R = \frac{4\pi}{\lambda^2}A_E \tag{6.18}$$

式中：λ 是电磁波的波长。将式（6.18）代入式（6.17），得：

$$P_R = \frac{P_T G_T G_R \lambda^2 \sigma}{(4\pi)^3 R^4} \tag{6.19}$$

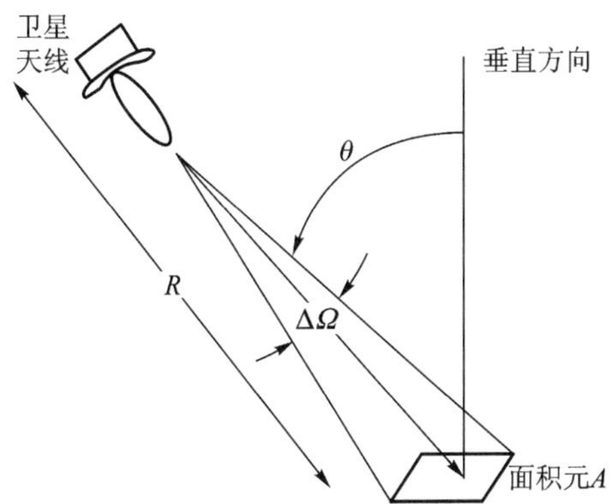

图 6.11　雷达波束在海面投射的几何示意图(刘玉光,2009)

式(6.19)是雷达方程的一般形式。根据式(6.19),对应被探测面积元的雷达后向散射截面 σ(m^2)可表示为:

$$\sigma = \frac{P_R(4\pi)^3R^4}{P_T\ G_TG_R\lambda^2} \tag{6.20}$$

单位面积的雷达后向散射截面 σ^0是无量纲的,它的定义是:

$$\sigma = \int_A \sigma_0 \mathrm{d}A \approx \sigma_0 A \tag{6.21}$$

式中:A 是海面被探测的面积。σ^0可由接收功率和发射功率的比值表示。将式(6.20)代入式(6.21)获得 σ^0的表达式:

$$\sigma^0 \approx \frac{P_R(4\pi)^3R^4}{P_TG_TG_R\lambda^2A} \tag{6.22}$$

因为 σ^0是无量纲的,故一般被称为标准化雷达后向散射截面(normalized radar-backscatter cross section,NRCS)。由于 σ^0变化范围太大,经常用 σ^0[dB]表示标准化雷达后向散射截面 NRCS,即

$$\sigma^0[\mathrm{dB}] = 10\ \log_{10}\sigma^0 \tag{6.23}$$

式中:左侧代表用分贝(dB)表达的 σ^0[dB],右侧代表原始定义的 σ^0。分贝(dB)仅仅是数学单位,它不代表物理上的量纲。

(3) 海面粗糙度:研究表明,SAR 后向散射在很大程度上受到海面粗糙度的影响。如图 6.12 所示,对于光滑海面,产生类似镜面的反射效应,基本上没有后向散射,因此其在 SAR 图像上显得很暗;对于中等粗糙的海面,大部分入射到海面的雷达波离开雷达,其中仅有一部分返回雷达,后向散射部分很小;而对于粗糙海面,散射方向图展布的很宽,因此后向散射到雷达的能量增加。一般地说,后向散射与海面粗糙度成比例,在 SAR 图像上,粗糙目标较光滑目标亮度大(杨劲松,2005)。

虽然海面粗糙度反映了海面的粗糙程度,但在不同雷达波长和入射角条件下,海面粗糙度也不同。为了定量描述海面粗糙度,可以采用 Rayleigh 判据的二分法(Stewart,

1985)。即,满足条件:

$$h_r \cos\theta < \lambda_R / 8 \tag{6.24}$$

的海面为平滑海面,否则为粗糙海面。式中:h_r为海面起伏的垂直高度。

也可以采用三分法对海面粗糙度进行定量描述,即满足 $h_r < \lambda_R \cos\theta/25$ 条件的海面是平滑海面,满足 $h_r > \lambda_R \cos\theta/4$ 条件的海面是粗糙海面,介于两者之间的为中等粗糙海面(Robinson,1985)。例如,对于工作在 C 波段的 ERS-1/2 SAR 来说,$\lambda_R \approx 5.6$ cm,$\theta \approx 23°$,因此 $h_r > 1$ cm 的海面可视为粗糙海面。

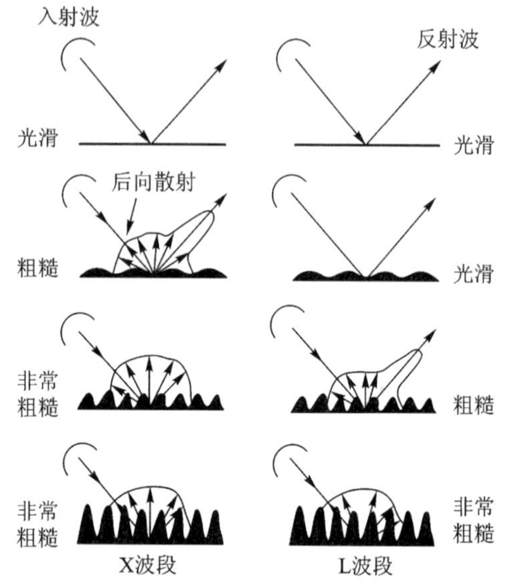

图 6.12　在不同雷达波长(L 波段和 X 波段)条件下的海面粗糙度与散射方向示意图
(Onstott 和 Shuchman,2004)

(4) Bragg 共振散射原理:一般来说,标准化雷达后向散射截面 NRCS 包括两个部分,一部分由电磁波在海面的镜面反射机制产生,另一部分是 Bragg 共振散射机制产生的信号。即:

$$\sigma^0 = a\sigma_R^0 + \sigma_B^0 \tag{6.25}$$

式中:σ_R^0代表来自镜面反射的部分;σ_B^0代表来自 Bragg 共振散射的部分;a 是校准系数(Apel,1994;Wu,1994;Lu 等,2000),采用校准系数是因为人们对镜面反射机制还没有完全认识清楚而采取的一种补救措施。

雷达发射的电磁波与海表面微尺度波之间产生 Bragg 共振需要满足如下条件:

$$\lambda_R = 2\lambda_B \sin\theta \tag{6.26}$$

或

$$k_B = 2k_R \sin\theta \tag{6.27}$$

式中:k_R和 k_B分别是雷达波和海面微尺度波(或称 Bragg 波)的波数;λ_R和 λ_B分别是其对

应波长。

图 6.13 显示了 Bragg 共振条件的示意图。而且，当

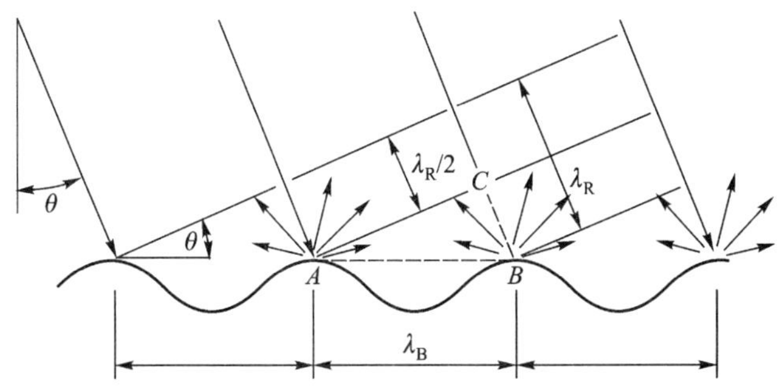

图 6.13　Bragg 共振条件示意图（Martin,2004）

$$2\lambda_B \sin\theta = 2\,\overline{AB}\sin\theta = 2\,\overline{BC} \tag{6.28}$$

等于雷达波长 λ_R 时，从海面上后向散射的电磁波有相同的相位，具有相同相位的电磁波相遇产生 Bragg 共振。

由于 SAR 对海面的观测是侧视观测，入射角一般大于 20°，因而对于平滑海面来说回波很少，占主要部分的则是电磁波与海表面微尺度波之间产生的 Bragg 共振散射回波信号。图 6.14 显示了镜面反射和 Bragg 散射随入射角的变化。

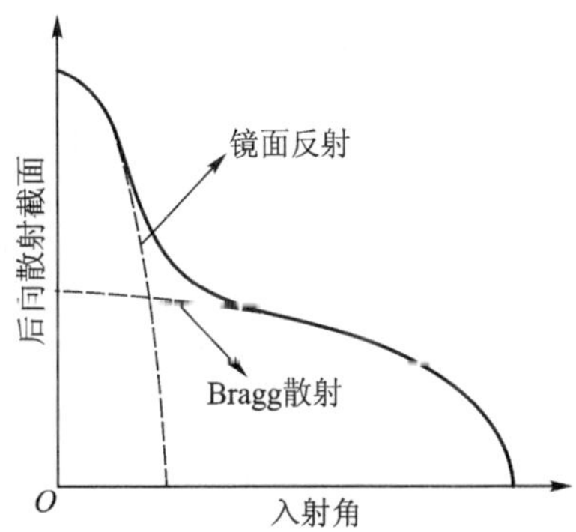

图 6.14　镜面反射和 Bragg 散射随入射角的变化

6.2.4.2　雷达后向散射模型

描述随机粗糙海面的雷达后向散射的模型主要有 Kirchhoff 散射模型（Holliday，1986）、Bragg 散射模型和二尺度模型（Valenzuela，1978，Romeiser 和 Alpers，1997）。Kirchhoff 模型适用于大尺度起伏的粗糙海面和小入射角（0° ~ 20°）的情形；Bragg 模型主要应用于小尺度起伏的粗糙海面和中等入射角（20° ~ 70°）的情形；二尺度模型适用于不能明确区分大尺度和小尺度的较为复杂的粗糙地物表面。由于真实的海面是由具有不同振幅不同波长的波叠加而成的，一般都存在大尺度波浪对小尺度表面波的调制，因此，二尺

度模型优于 Bragg 散射模型(Durden 和 Vesecky,1989)。这里简单介绍 Bragg 散射模型和二尺度模型。

(1) Bragg 散射模型:星载 SAR 波束的入射角多数在 20° ~ 70°之间,如前所述,在此入射角下,中等风速时海面散射主要是 Bragg 散射。

在一阶近似的条件下,由 Bragg 散射产生的标准化雷达后向散射截面(NRCS)σ^0可用下式表示(Rice,1951; Wright,1966,1968; Barrick,1968,1972):

$$\sigma^0 = 16\pi k_R^4 \left| g_{ij}(\theta) \right|^2 W(k_B, \phi) \tag{6.29}$$

式中:$W(k_B,\phi)$是极坐标下重力毛细波的波数谱,其中 $k_B = 2k_R \sin\theta$ 是与电磁波产生 Bragg 共振的海面重力毛细波的波数;ϕ 是雷达波束的方位角,即雷达波束在海面投影与风向的夹角;$g_{ij}(\theta)$是散射系数,它是海水介电常数、雷达入射角和极化方式的函数,其中下标 ij 代表雷达极化方式。

在垂直极化和水平极化条件下,$g_{ij}(\theta)$的一阶近似表达式分别为(Wright,1966,1968; Barrick,1968):

$$g_{VV}(\theta) = R_V \cos^2\theta + \frac{1}{2} T_V^2 \left(1 - \frac{1}{\varepsilon_r}\right) \sin^2\theta \tag{6.30a}$$

$$g_{HH}(\theta) = -R_H \cos^2\theta \tag{6.30b}$$

式中:$T_V = 1 + R_V$,R_V和 R_H是菲涅耳反射系数,下标 V 和 H 分别表示垂直和水平极化方式;ε_r是海水的相对介电常数。

将菲涅耳反射系数的公式(Xu 等,2006)代入式(6.30),可得:

$$g_{VV} = \frac{\left[\left(\frac{n_2}{n_1}\right)^2 - 1\right]\left[\left(\frac{n_2}{n_1}\right)^2 (1+\sin^2\theta) - \sin^2\theta \frac{\left(\frac{n_2}{n_1}\right)^2 - \left(\frac{n_2}{n_1}\frac{n_1'}{n_2'}\right)^2}{\left(\frac{n_2}{n_1}\right)^2 - 1}\right]}{\left[\left(\frac{n_2}{n_1}\right)^2 \cos\theta + \sqrt{\left(\frac{n_2}{n_1}\right)^2 - \left(\frac{n_2}{n_1}\frac{n_1'}{n_2'}\right)^2 \sin^2\theta}\right]^2} \cos^2\theta \tag{6.31a}$$

和

$$g_{HH} = \frac{\left(\frac{n_2}{n_1}\right)^2 - \left[\cos^2\theta + \left(\frac{n_2}{n_1}\frac{n_1'}{n_2'}\right)^2 \sin^2\theta\right]}{\left[\cos\theta + \sqrt{\left(\frac{n_2}{n_1}\right)^2 - \left(\frac{n_2}{n_1}\frac{n_1'}{n_2'}\right)^2 \sin^2\theta}\right]^2} \cos^2\theta \tag{6.31b}$$

式中:n 为介质的复折射率;n' 为介质的折射率,即复折射率的实部;下标 1 和 2 分别代表介质 1 和介质 2。

对于海-气界面,$n_1 = 1.0$,$n_2 = \sqrt{\varepsilon_r}$,且

$$\left(\frac{n_2}{n_1}\frac{n_1'}{n_2'}\right) \approx 1.0 \tag{6.32}$$

此时,式(2.15)可简化为:

$$g_{VV}(\theta)=\frac{(\varepsilon_r-1)[\varepsilon_r(1+\sin^2\theta)-\sin^2\theta]}{(\varepsilon_r\cos\theta+\sqrt{\varepsilon_r-\sin^2\theta})^2} \tag{6.33a}$$

和

$$g_{HH}(\theta)=\frac{\varepsilon_r-1}{(\cos\theta+\sqrt{\varepsilon_r-\sin^2\theta})^2} \tag{6.33b}$$

式(6.33)即为散射系数的传统公式(Donelan 和 Pierson,1987;Apel,1994)。

需要指出的是,在微波波段,上述传统公式并不成立。因此,尽管式(6.31)与传统公式的计算结果相差不大,但公式(6.31)仍是一个改进。

(2) 二尺度模型:真实的海面是由具有不同振幅和不同波长的波叠加而成的,假定海面由长波以及叠加在其上的微尺度波组成,Brown(1970)和 Valenzuela(1978)等采用二尺度模型(也称为组合表面模型)模拟了近似海面。如图 6.15 所示,海面波浪可以分为波长为 λ_1 的大尺度部分(大于雷达波的分辨单元)和波长为 λ_2 的小尺度部分(小于雷达波的分辨单元),其中小尺度部分可以用具有当地入射角的 Bragg 散射来加以描述,而大尺度部分对毛细波的调制则是引起当地入射角发生改变的主要原因。

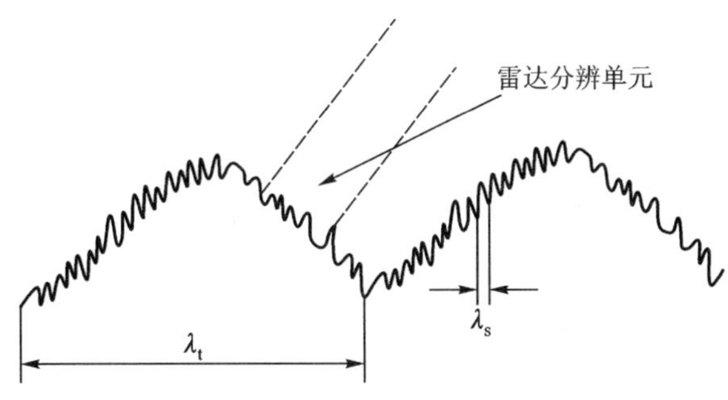

图 6.15 二尺度散射(傅斌,2005)

对应于入射角 θ 的标准化雷达后向散射截面(NRCS)σ^0 可由下式获得:

$$\sigma^0(\theta)=\int_{-\infty}^{\infty}\int_{-\infty}^{\infty}\sigma^0(\theta_i)f(\tan\psi,\tan\delta)\,\mathrm{d}(\tan\psi)\,\mathrm{d}(\tan\delta) \tag{6.34}$$

式中:$\sigma^0(\theta_i)$ 是入射角为 θ_i 的当地小面元上的标准化雷达后向散射截面;$f(\tan\psi,\tan\delta)$ 是波面斜率的联合概率密度函数;ψ 和 δ 分别是当地小平面在 x 和 y 方向的倾角;$\tan\psi$ 和 $\tan\delta$ 分别是当地小平面在 x 和 y 方向的斜率。

在垂直极化和水平极化条件下,$\sigma^0(\theta_i)$ 可分别由下式计算(Valenzuela,1978):

$$\sigma^0_{VV}(\theta_i)=16\pi k_R^4\,|G_1(\theta_i)|^2 W\left[2k_R\sin\theta_i,\varphi+\arctan\left(\frac{\gamma\sin\delta}{\alpha}\right)\right] \tag{6.35a}$$

$$\sigma^0_{HH}(\theta_i)=16\pi k_R^4\,|G_2(\theta_i)|^2 W\left[2k_R\sin\theta_i,\varphi+\arctan\left(\frac{\gamma\sin\delta}{\alpha}\right)\right] \tag{6.35b}$$

$$\sigma^0_{HV}(\theta_i)=\sigma^0_{VH}(\theta_i)=16\pi k_R^4\,|G_3(\theta_i)|^2 W\left[2k_R\sin\theta_i,\varphi+\arctan\left(\frac{\gamma\sin\delta}{\alpha}\right)\right] \tag{6.35c}$$

式中 $G_1(\theta_i)$ 和 $G_2(\theta_i)$ 可分别表示为：

$$G_1(\theta_i)=\left(\frac{\alpha\cos\delta}{\alpha_i}\right)^2 g_{VV}(\theta_i)+\left(\frac{\sin\delta}{\alpha_i}\right)^2 g_{HH}(\theta_i) \tag{6.36a}$$

$$G_2(\theta_i)=\left(\frac{\alpha\cos\delta}{\alpha_i}\right)^2 g_{HH}(\theta_i)+\left(\frac{\sin\delta}{\alpha_i}\right)^2 g_{VV}(\theta_i) \tag{6.36b}$$

$$G_3(\theta_i)=\left(\frac{\alpha\cos\delta\sin\delta}{\alpha_i^2}\right)(g_{VV}(\theta_i)-g_{HH}(\theta_i)) \tag{6.36c}$$

式(6.35)中$\arctan\left(\frac{\gamma\sin\delta}{\alpha}\right)$是由当地海面斜率引起的方位角的变化，其中各参数的关系是(Valenzuela,1978；Stewart,1985；Elfouhaily 等,1999)

$$\alpha_i=\sin\theta_i \tag{6.37a}$$

$$\alpha=\sin(\theta+\psi) \tag{6.37b}$$

$$\gamma=\cos(\theta+\psi) \tag{6.37c}$$

$$\cos\theta_i=\cos(\theta+\psi)\cos[\mathrm{atan}(-\tan\delta\cos\psi)] \tag{6.37d}$$

在更简单的近似中(Liu 和 Yan,1995)，可以只考虑一个背景长波的影响，而不采用式(6.34)的积分。定义 ψ_b 为背景重力波在迎风和背风方向的平均斜率，可由下面公式获得：

$$\tan\psi_b=\pm\int_0^{\tan(\pi/6)}x\mathrm{d}x\int_{-\infty}^{\infty}f(x,y)\mathrm{d}y \tag{6.38}$$

式中：$f(x,y)$ 是长重力波波面斜率的联合概率密度函数，积分上限是 $\tan(\pi/6)$，意味着倾角超过 30°的重力波将破碎，积分结果是在 x 方向的平均斜率 $\tan\psi_b$。当地小平面的倾角 ψ 和 δ 可由下式计算：

$$\sin\delta=\sin\psi_b\sin\phi \tag{6.39a}$$

$$\tan\psi=\tan\psi_b\cos\phi \tag{6.39b}$$

背景长波前后两面通过 Bragg 共振机制产生的雷达回波总和是：

$$\sigma^0=\frac{1}{2}\sigma_1^0+\frac{1}{2}\sigma_w^0 \tag{6.40}$$

式中：1/2(即 50%)分别代表在迎风和背风方向的概率。这是一个简单的两尺度模型，其中 σ_1^0 和 σ_w^0 分别是背景重力波的背风(leeward)面和迎风(windward)面上通过 Bragg 共振产生的雷达回波，他们可通过式(6.29)计算得到。

二尺度模型虽然考虑了 Bragg 波在当地入射角的变化，却忽略了波-流相互作用，骑在长波上的 Bragg 波的分布经常是不对称的，并且在较大入射角条件下，二尺度散射模型会产生明显的误差(Durden 和 Vesecky,1989)。基于二尺度散射模型，Romeiser 等(1997)提出了改进的组合表面模型，该模型不但考虑了在雷达距离向、方位向的海面倾斜对 Bragg 波的影响，同时也考虑了长波对 Bragg 波的水动力调制等对 SAR 海浪成像的影响，并对逆风、顺风时后向散射截面分布的不对称性作出了解释。有关散射模型的形式及详细推导过程，读者可参考 Romeiser 等(1997)的文章，这里不再赘述。

6.2.5 SAR 遥感海洋与水环境应用

对于传统海洋要素主要采用岸基观测站、船只和浮标等方式测量,不可避免地存在很多不足之处,具体体现在:①采样点少,现场观测方法只能获得有限个点的资料,无法同时获取大面积海洋信息,且很难保证采样点的代表性;② 费用较高,难以开展长时间连续观测;③ 海上现场调查受实际天气状况影响较大,在极端天气条件下无法获取有效的海洋信息;④ 对调查船只不易到达的海域,无法开展海洋要素测量工作。因此,传统意义上的海洋要素测量方法已经无法满足物理海洋学发展的需求,而将遥感技术,尤其是微波遥感技术与海洋学结合,对海洋进行大面积、全天候和全天时的长期观测,已成为海洋科学研究的一个重要手段。

SAR 通过测量海面微波的后向散射来探测海洋现象。在中等入射角(20° ~ 70°)情况下,海面微波散射主要是 Bragg 散射(如图 6.14 所示),而海面微尺度波是雷达微波的主要散射体。也就是说,SAR 图像记录的是这些微尺度波的空间分布。如果这些海洋或大气现象能够改变海面微尺度波的空间分布,进而改变海面粗糙度,那么只要这种变化的空间尺度大于雷达的空间分辨率,这些现象均有可能被 SAR 观测到。考虑到 SAR 在海洋探测中的独特优势,SAR 资料在海洋学研究中将得到越来越广泛的应用(徐青等,2010)。

通过对 SAR 图像的解译,我们可以对发生于海洋上层和海-气边界层的多种现象进行分析,例如海浪、海洋内波、海洋锋、涡旋和上升流等海流特征、海冰、海面上空风场特征、大气重力波和降雨等。浅海地形特征以及人类活动对海洋的影响,如近岸工程设施、船舶航行、海洋溢油污染等也可被高分辨率 SAR 成像。

然而,SAR 遥感数据在水质和水环境监测中应用的实例不是很多。其中芬兰海湾应用 TM 光学遥感数据和 SAR 微波遥感数据估算叶绿素和悬浮物浓度的实例将在第七章介绍。我们相信,随着 SAR 技术的进一步发展,它必将在水质遥感监测中发挥愈来愈重要的作用。

参考文献

Ackermann F. Airborne Laser Scanning: Present Statusand Future Expectations[J]. ISPRS Journal of Photogrammetry and Remote Sensing,1999,54: 64-67.

Apel J R. An improved model of the ocean surface wave vector spectrum and its effects on radar backscatter [J]. Journal of Geophysical Research,1994,99: 16,269-16,291.

Baltsavias E P. Airborne Laser Scanning: Existing Systems and Firms and Other Resources[J]. ISPRS Journal of Photogrammetry and Remote Sensing,1999,54(2/3): 164-198.

Barrick D E. First-order theory and analysis of MF/HF/UHF scatter from the sea[J]. IEEE Transactions on Antennas and Propagation,1972,AP-20: 2 ~ 10.

Billard B,Wilsen P J. Sea surface and depth detection in the WRELADS airborne depth sounder[J]. Applied Optics,1990,29: 3218-3227.

Brown R. A secondary flow model for the planetary boundary layer[J]. Journal of Atmospheric Sciences, 1970,27: 742-757.

Durden S L,Vesecky J F. On the Ability of Rough Surface Scattering Approximations to Predict Hydrodynamics Modulation of the Ocean Radar Cross Section: A Numerical Study[J]. Journal of Geophysical Research,1989,94: 12703-12708.

Elberink S O,Maas H G. The use of anisotropic height texture measurements for the segmentation of airborne laser scanner data[J]. International Archives of Photogrammetry and Remote Sensing,Amsterdam, 2000.

Elfouhaily T,Thompson D R,Vandemark D,*et al.* A new bistatic model for electromagnetic scattering from perfectly conducting random surfaces[J]. Waves Random Media,1999,9: 281-294.

Flood M,Gutelius B. Commercial implications of topographic terrain mapping using scanning airborne laser radar[J]. Photogrammetric Engineering and Remote Sensing,1997,63(4): 327-329 and 363-366.

Flood M. LIDAR activities and research priorities the commercial sector[J]. International Archives of Photogrammetry and Remote Sensing,2001,34(3/W4): 3-7.

Flood M. Review of airborne laser technology[J]. EARSel Newsletter,June,1999: 20-23.

Hengstermann T,Reuter R. Lidar fluoresensing of mineral oil spills on the sea surface[J]. Applied Optics, 1990,29: 3218-3227.

Hoge F E,Swift R N,Yungel J K. Feasibility of airborne detection of laser-induced fluorescence emissions from green terrestrial plants[J]. Applied Optics,1983,22: 2991-3000.

Hoge F E,Swift R N. Airborne dual laser excitation and mapping of phytoplankton photopigments in a Gulf Stream Warm Core Ring[J]. Applied Optics,1983,22: 2272-2281.

Hoge F E,Wright C W,Swift R N,*et al.* Airborne laser-induced oceanic chlorophyll fluorescence: solar-induced quenching corrections by use of concurrent downwelling irradiance measurements[J]. Applied Optics,1998,37: 3222-3226.

Holiday D,St-Cyr G,Woods N E. A radar ocean imaging model for small to moderate incidence angles[J]. International Journal of Remote Sensing,1986,7: 1809-1834.

Kaula W M,Schubert G,Lingenfelter R E,*et al.* Apollo laser altimetry and inferences as to lunar structure. The 5th Lunar Science Conference,Cosmochim,USA,1974.

Lame D B,Born G H. SEASAT measurement system evaluation: Achievement and limitations[J]. Journal of Geophysical Research,1982,87(C5): 3175-3178.

LiDAR 机载激光雷达系统. http://www. bjeo. com. cn/pubnews/761062/20080828/761070. jsp,2010.

Liu Z,Ma J,Zhang J. A new,simple method of extracting temperature of liquid water from Raman scattering [J]. SPIE,1991,1558: 306-316.

Lu J,Kwoh L K,Lim H,*et al.* Mapping oil pollution from space[J]. Backscatter,2000,11: 23-26.

McCandless S W, Christopher R J. Principles of synthetic aperture radar,in Synthetic aperture radar marine user's manual,Christopher R J,Apel J R,eds. Washington DC: U. S. Department of Commerce,2004: 189-206.

Oliver C J, Quegan S. Understanding synthetic aperture radar[M]. London: Artech House, 1998.

Onstott R G, Shuchman R A. SAR measurement of sea ice, in Synthetic aperture radar marine user's manual, Christopher R J, Apel J R, eds. Washington DC: U.S. Department of Commerce, 2004: 139-170.

Penny M F. Abbot R H, Phillips D M, *et al.* Airborne laser hydrography in Australia[J]. Applied Optics, 1986, 25: 2046-2058.

Rice S O. Reflection of electromagnetic waves from slightly rough surfaces[J]. Communications on Pure and Applied Mathematics, 1951, 4: 351-378.

Robinson I S. Satellite Oceanography: an introduction for oceanographers and remote sensing scientists[M]. Chichester: Ellis Horwood, 1985.

Romeiser R, Alpers W. An improved composite surface model for the radar backscattering cross section of the ocean surface 2. Model response to surface roughness variations and the radar imaging of underwater bottom topography[J]. Journal of Geophysical Research, 1997, 102: 25251-25267

Stewart R H. Methods of Satellite Oceanography[M]. California: University of California Press, 1985.

Valenzuela G R. Theories for the interaction of electromagnetic and ocean waves—A review[J]. Boundary-Layer Meteorology, 1978, 13: 61-85.

Wright J W. A new model for sea clutter[J]. IEEE Transactions on Antennas and Propagation, 1968, AP-16(2): 217-223.

Wright J W. Backscattering from capillary waves with application to sea clutter[J]. IEEE Transactions on Antennas and Propagation, 1966, AP-14(3): 749-754.

Wu D, Wang R, Chen W. Ocean lidar (BLOL) for measuring chlorophyll-a concentration, diffuse attenuation coefficient and water-leaving radiance[J]. Acta Optica Sinica, 1998, 18: 1690-1696.

Wu J. Altimeter wind and wind-stress algorithms—Further refinement and validation[J]. Journal of Atmospheric and Oceanic Technology, 1994, 11: 210-215.

Zhao H, Shibasaki R A. System for reconstructing urban 3D-objects using ground- based laser range and CCD sensor. International Workshop on Urban 3D/Multi-media Mapping, Seiken, 1999.

陈卫标,吴东. 海洋表层叶绿素浓度的激光雷达测量方法和海上实验[J]. 海洋与湖沼,1998,29(3): 255-260.

戴锦年,朱晓,杨克成. 机载激光测深的有效衰减系数[J]. 华中理工大学学报,1998,26: 91-93.

傅斌. SAR浅海水下地形探测[D]. 中国海洋大学博士学位论文,2005.

郭华东等. 雷达对地观测理论与应用[M]. 北京:科学出版社,2000.

贺延,吴东. 机载海洋激光雷达测量叶绿素a浓度、悬移质浓度和浅海深度的性能估计. 中国海洋大学学报(自然科学版),2004,34(4): 649-654.

季铮,近景目标三维重建的自动化方法研究[D]. 武汉大学博士学位论文,2007.

赖旭东,万幼川. 基于平坦度的激光雷达强度图像的滤波算法[J]. 中国激光,2005,32(10): 1325-1329.

李树楷. 遥感时空信息集成技术及其应用[M]. 北京:科学出版社,2003.

刘经南,张小红. 激光扫描测高技术的发展与现状[J]. 武汉大学学报(信息科学版),2003,28(2): 133-137.

刘永坦等. 雷达成像技术[M]. 哈尔滨：哈尔滨工业大学出版社,1999.

刘玉光. 卫星海洋学[M]. 北京：科学出版社,2009.

马泳,林宏,冀航等. 基于机载激光雷达监测海洋赤潮模型研究[J]. 光子学报,2007,36(2)：344-349.

王健. 3Dsurs 动态激光测图数据处理系统,中国科技论文在线,http://www.paper.edu.cn,2010.

魏志强,张凯临,吴东. 机载海洋激光荧光雷达测量海表层叶绿素 a 浓度的算法研究[J]. 中国海洋大学学报(自然科学版),2007,37(1)：157-162.

徐逢亮,李树楷. 基于激光测距的航空扫描影像中建筑物的自动提取[J]. 遥感学报,1999,3(3)：171-174.

徐青等. 星载合成孔径雷达海洋遥感[M]. 北京：科学出版社,2010.

徐祖舰,王滋政,阳锋. 机载激光雷达测量技术及工程应用实践[M]. 武汉：武汉大学出版社,2009.

许晓东. 机载 Lidar 数据滤波方法与滤波质量评价[D]. 武汉大学硕士学位论文,2007.

杨劲松. 合成孔径雷达海面风场海浪和内波遥感技术[M]. 北京：海洋出版社,2005.

尤红建,李树楷. 基于稀疏激光采样点的建筑物提取[J]. 中国科学院研究生学报,2001,18(2)：154-159.

袁孝康. 星载合成孔径雷达导论[M]. 北京：国防工业出版社,2003.

张凯临,贺延,李志刚. 机载海洋激光荧光雷达叶绿素 a 测量性能模拟和初步机载实验[J]. 中国海洋大学学报(自然科学版),2006,36(5)：790-794.

张小红. 机载激光雷达测量技术理论与方法[M]. 武汉：武汉大学出版社,2007.

张小红. 机载激光扫描测高数据滤波及地物提取[D],武汉大学博士学位论文,2002.

张煜,窦延娟,张晓东. 机载激光雷达数据采集数据处理[J]. 长江科学院院报,2010,27(1)：13-16.

第7章　海岸及内陆水质遥感应用实例

7.1　遥感监测河口及海岸水体重要水色要素的应用实例

影响水质评价的悬浮颗粒物浓度、浮游植物生物量（定义为叶绿素 a 浓度）以及溶解有机碳影响着水体的反射特征（Prieur 和 Sathyendranath，1981）。悬浮泥沙浓度的算法可以从遥感图像直接反演得到，但是对于粗调的光谱分辨率的遥感平台，例如 Landsat TM、增强型专题制图仪（Enhanced Thematic Mapper，ETM+）、ASTER 和 IKONOS 或者 Quickbird 等来说，在较深的水体，悬浮泥沙浓度普遍较低，叶绿素浓度的反演是相对成功的，然而当悬浮泥沙浓度增加时，水体中水色要素的分布不均匀，叶绿素浓度信号被有效地掩盖，不能可靠地根据宽波段的卫星平台获取叶绿素浓度。目前的经验算法（OC4 算法）在近岸水体中失效，一些诸如神经网络的"软"图像分类技术在水色反演中得到了一定的应用。开阔海域在通常条件下是贫营养水体，然而淡水通常处于富营养化的状态。在通过遥感监测淡水是否处于富营养状态的研究中，可以根据一些水体中的浮游植物生物量高于大洋水体来识别，但是在较浅的水体区域，水体富营养化可能会更加严重，但是由于高度异质的悬浮泥沙的存在，其基于遥感的评价也更加的复杂（Mobley，2004）。因此近岸水体与大洋水体叶绿素遥感定量的挑战是不同的。

叶绿素存在于所有光合植物中，它的浓度量级为每立方米水体中有多少毫克叶绿素，通常用于浮游植物丰度的相关测量中。在实际的运用中，叶绿素浓度通常指的是叶绿素 a 的总量，叶绿素 a 是浮游植物细胞中主要的色素。从最清洁的开阔大洋水体到多产的沿岸上升流区域、到富营养化的河口或者湖泊地区，叶绿素浓度变化范围从 0.01 $mg \cdot m^{-3}$ 到 10 $mg \cdot m^{-3}$ 然后到 100 $mg \cdot m^{-3}$。全球开阔大洋近表层的平均叶绿素浓度约为 0.5 $mg \cdot m^{-3}$。叶绿素在蓝波段和红波段都有很强的吸收，其中在 $\lambda = 430$ nm 和 $\lambda = 650$ nm 处叶绿素 a 有很明显的吸收峰，蓝光波段的吸收峰是红光波段吸收峰的 1～3 倍，在 550～650 nm 之间的吸收相对很小，吸收的最小值出现在 600 nm 附近，大约为在 440 nm 吸收值的 10% ~30%(Maxwell 和 Johnson,2000)。有关叶绿素的比吸收系数变化在实验室研究相对较多,在自然条件下不同种类浮游植物吸收系数变化研究相对较少(图 7.1)。

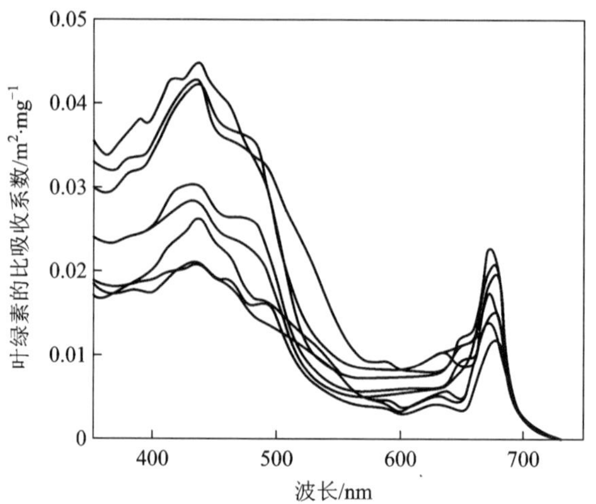

图 7.1 叶绿素比吸收系数光谱曲线

叶绿素并不是平均分布在浮游植物细胞中,而是在叶绿体中,这种叶绿体在细胞体中是非随机分布(Gitelson 等,1993)。这种色素的分布意味着浮游植物细胞中的叶绿素的光谱吸收与单个色素的光谱吸收有一定的差异,即红蓝波段吸收峰减少、可见光波段整体吸收减少。这就是所谓的“色素包裹效应”(Gitelson 等,1993)。因为色素怎样包裹在细胞中不仅依赖于浮游植物的种类,而且依赖于细胞的大小和生理状态(生理状态依赖于各种环境因子,例如周围光场和营养物质),所以“色素包裹效应”是浮游植物种间和种内光谱吸收差异的主要原因。这种光谱差异也是造成经典的蓝绿比值法反演叶绿素浓度中的影响误差之一。

浮游植物叶绿素的另一个光谱特征是叶绿素能被太阳光激发释放出荧光或者磷光。叶绿素分子有红光和蓝光两个强吸收区,当叶绿素吸收光量子后就会由稳定的能量低的基态跃迁到高能状态的激发态,被红光激发的电子跃迁到能量较低的第一单线态,而被蓝光激发的电子跃迁到能量较高的第二单线态,处于高能轨道的电子不稳定,很容易通过各种途径释放能量回到基态,其中一部分能量参与光合作用,多余的能量以热或者光(荧光或磷光)的形式释放出来。处于第一单线态的电子回到基态发射荧光,处在较高单线态的电子回到基态所发出的光称为磷光。荧光的寿命很短,仅仅有 10^{-8} ~ 10^{-10} s,由于叶绿素分子吸收的光能有一部分需要消耗在分子内部振动上,所以发射出的荧光的波长总是比吸收波长要长一些,通常吸收红光后的叶绿素分子在波长为 680 nm 附近有明显的荧光峰。虽然叶绿素荧光的总量很小,仅仅为总的光吸收的 1% ~2%,然而对于水体中的叶绿素,由于缺少能量受体或者电子受体,在照光时色素会发射很强的荧光,这些荧光被卫星接收作为叶绿素浓度反演的另一个有效途径(Chen 等,2005)。实验室的荧光测量是很简单的。荧光光谱不同于吸收光,因为荧光光谱发射峰处的波长比吸收光波长更长,因此可以通过让叶绿素吸收固定波长的光,然后测量更长波长发射的光子的量来定量荧光光场。

随着叶绿素浓度的增加,荧光峰朝红外波段方向移动。在叶绿素浓度较高的水体,当一个叶绿素分子吸收光处于激发态后,处于激发态的叶绿素分子可能将能量转移到另一个叶绿素分子,使第二个叶绿素分子进入激发态,然后产生荧光,这种现象称为共振能量转移。因为在能量转移过程中的能量消耗,使得发出的荧光向长波方向移动,水体中叶绿素浓度分布密度越高,共振能量转移现象会越明显。研究表明,当叶绿素 a 浓度小于3 mg · m^{-3}时,荧光峰对应波段为683 nm,当叶绿素 a 浓度增加到 10 mg · m^{-3}时,荧光峰移到685 nm 处;叶绿素浓度达到 100 mg · m^{-3}时,荧光峰移动到 700 nm 处;达到300 mg · m^{-3}时,荧光峰移动到 705 nm 处(刘岳峰,1998)。如果说叶绿素荧光这一光谱特征是另一种有效的叶绿素遥感反演方法,那么荧光峰的红移问题无疑是该算法中亟待解决的问题之一。

7.1.1 研究区域

珠江口是我国主要河口之一,位于中国广东省中部,北起珠江各分流河口,南至外伶仃岛和上川岛一线,东起香港,西抵上川岛。位于 113°00′E ~ 114°00′E 和 21°30′N ~ 22°45′N 之间。珠江口属于亚热带季风气候,年平均气温是 22 ℃,全年最低气温出现在1-2 月,月平均气温为 14. 7 ℃,全年最高气温出现在 7—8 月,月平均气温达 28. 4 ℃。珠江口降雨量年际变化大,多年最大降雨量为 2 750 mm,多年最小降雨量为 1 100 mm。干湿季节明显,年内各月降雨量变化差异较大,6 月份降雨量最大,约 385 mm,12 月份降雨量最小约 29 mm。珠江口的年平均径流量仅次于长江居全国第二(Tang,2003),西江、北江、东江是珠江径流的主要来源。而这三者中,又以西江的径流量居首,西江的径流量占珠江总流量(3.02×10^{11} m^3)的 73. 5% ,北江占 13. 5% ,东江占 7. 3% ;珠江多年平均输沙量为8.338×10^7 t,其中西江占 87% ,北江占 6. 2% ,东江占 3. 7% 。珠江属于少沙河流,多年平均含沙量为 0. 249 kg · m^{-3},年平均含沙量约为 $8\ 872\times10^4$ t。含沙量以西江最大,多年平均值为 0. 306 kg · m^{-3},东江次之为 0. 136 kg · m^{-3},北江较小为 0. 126 kg · m^{-3}。据统计,80% 的悬沙由珠江口经过各口门输入南海,20% 的悬沙沉积在珠江三角洲河网区(Tang,2003)。珠江水系的流量分布特征与其他河流差不多,也是夏高冬低。一般丰水期在 4—9 月,枯水期在 10 月至次年 3 月,丰水期径流量约占全年的 80% 。

珠江口周边工农业高度发达,经济发展迅速,工矿企业较多,工业生产废水和居民生活污水的无序排放造成珠江水体受污染严重,珠江河口区水体富营养化严重,赤潮频发。据记载,从 1981 年起珠江口及邻近海区发生的赤潮事件有 146 起(O' Reilly 等,1998)。珠江口已经成为仅次于渤海湾的全国第二重点污染海域。

7.1.2 采样航次与站位

本文的研究区域为珠江口及其临近海域。珠江口采样分布如图 7. 2 所示,包括五个航次的78个站点的光谱数据及叶绿素、悬浮泥沙和黄色物质等水色要素实测数据，PRE200301航次的采样时间为2003年1月25—26日，PRE200401航次的采样时间是2004年1月5—6日，GZ200405航次采样时间为2004年5月18日，GZ200608航次采样时间为2006年8月21日。PRE200612航次采样时间为2006年12月6日。其中PRE200301和PRE200401两个航次用于建立叶绿素遥感算法。PRE200401航次、PRE200612航次、GZ200405航次和GZ200608航次用于建立悬浮泥沙遥感算法。PRE200401用于CDOM算法研究。PRE200301航次和PRE200401航次是中英合作计划中，搭载渔船在珠江口海域进行的小航次观测，其中叶绿素主要是英国方面合作者采用丙酮萃取荧光分析法测定的。所以选定这两个航次建立叶绿素遥感反演算法。在PRE200301航次中中方测定的悬浮泥沙浓度结果和英方测定的悬浮泥沙浓度结果有较大出入，所以在悬浮泥沙算法建立中仅采用另外四个航次。选用同步测量了CDOM吸收系数的PRE200401航次来检验CDOM的算法。其中PRE200301航次有一个站位为赤潮站位，水体叶绿素浓度高达224.28 $mg \cdot m^{-3}$。

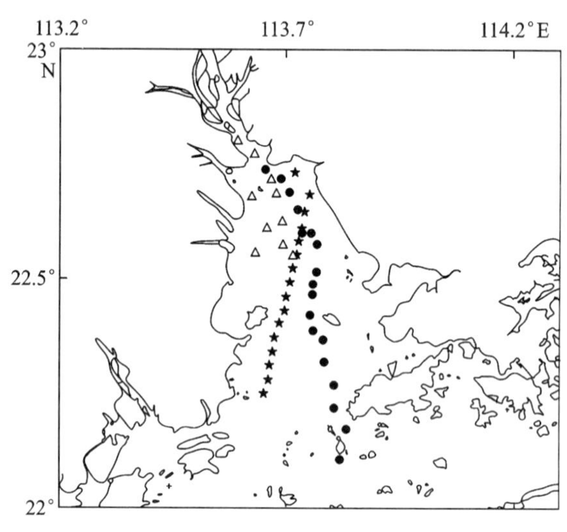

图7.2 研究海区站位图

其中●表示PRE200301和PRE200401航次站位分布，△表示GZ200405航次站位分布，◇表示GZ200608航次站位分布，★表示PRE200612航次站位分布

7.1.3 水色采样及分析

样品采集和测量方法按《海洋监测规范(1998)》相应规定实施。本研究中主要监测的项目有叶绿素浓度、悬浮泥沙浓度和黄色物质吸收系数。采用近岸表层采样器采集表层水样，采样深度为水面以下0.5 m处，冷冻贮存待当天实验室叶绿素浓度和悬浮泥沙浓度的监测。对于黄色物质，如果在水样采集后不及时测量，细菌会分解水样中的溶解有机物，黄色物质本身在受光的情况下也会发生光化学反应，引起水样中黄色物质浓度

变化。所以本研究中黄色物质吸收系数测定是在现场完成的。

叶绿素浓度采用丙酮萃取荧光分析法测得。首先量取一定体积水样，加 2 mL 碳酸镁悬浮液混合均匀，用玻璃纤维滤膜过滤。将带有样品的滤膜放入具塞离心管，加入丙酮溶液 10 mL，摇荡，然后将萃取液离心分离 15 分钟至萃取液澄清，将表面漂浮的叶绿素移入玻璃试管测其荧光。最后利用之前测定的已知浓度的纯叶绿素溶液的荧光计算得到萃取样品中的叶绿素浓度。

悬浮泥沙浓度测定方法采用重量法。将滤膜袋洗净、烘干、编号。将玻璃纤维滤膜（直径 47 mm，孔径 0.45 μm 的滤膜置于烘箱中 60 ℃ 左右烘干，恒温 6～8 小时后，放入干燥器中冷却 6～8 小时，称重并编号放入滤膜袋中。用高纯水冲洗过滤器，然后将称重后的滤膜用高纯水冲洗过的镊子放在过滤器上待抽滤，抽滤压力控制在 $5\times10^4 \sim 6\times10^4$ Pa。将水样混匀，用高纯水洗净的量筒量取 1 L 水样，倒入过滤器中，待抽干后用高纯水淋洗过滤器三次。用经过高纯水冲洗过的镊子将滤膜取下，两次对折后用编号的锡纸包裹后放入滤膜袋中，将包裹有滤膜的锡纸放入烘箱中 60 ℃ 左右恒温脱水（约 24 小时），取出放入干燥器中干燥 6～8 小时，称量，反复恒温脱水、干燥直至称至恒重。最后用载有悬浮物的滤膜质量减去过滤前滤膜质量，除以水样的过滤体积即为悬浮泥沙的浓度。

本节选取几种较经典的叶绿素浓度反演算法，检验其是否适用于珠江口及邻近海区。主要包括 OC4 算法、归一化荧光高度法（normalized fluorescence height，NFH）、荧光基线高度法（fluorescence line height，FLH），同时基于目前荧光基线高度法的缺陷，初步建立简单的移动荧光峰的荧光基线高度法。选择重采样后的 Hyperion 波段设置的遥感反射比来进行精度评价。

O'Reilly 等 1998 年和 2000 年基于大量全球贫营养水体和富营养水体的实测数据，分别提出了 OC2 算法和 OC4 算法，并将其应用于 SeaWiFS 数据中（Tang 等，2008）。目前算法已经更新至第四个版本，即 OC4v4（采用 443 nm、490 nm、510 nm 和 555 nm 波段），OC4v4 算法是经验算法，与 OC2v2 相比更加复杂，但是具有更高的精度（赵冬至等，2005），其表达式可以表示如下：

$$\lg C=0.366-3.067\times R+1.930\times R^2+0.649\times R^3-1.532\times R^4 \tag{7.1}$$

式中：$R=\log_{10}\left(\frac{R_{rs}(443)>R_{rs}(490)>R_{rs}(510)}{R_{rs}(555)}\right)$。

归一化荧光高度法（NFH）最早是由 Vos 等 1986 年提出来的，此后 Gitelson 等进行了大量的归一化荧光高度法的研究，该算法在许多海区都取得了较高的反演精度。归一化荧光高度法的基本原理是将红光波段荧光峰的反射比最大值归一化到反射率曲线在 560 nm 处的最大值（NFH1）或反射比曲线在 675 nm 处（NFH2）的最小值（Bouillon 等，2007）。

$$\mathrm{NFH1}=\frac{R_{\mathrm{rs\ max\ red}}}{R_{\mathrm{rs\ 560\ max}}} \quad \text{或} \tag{7.2}$$

$$\mathrm{NFH2}=\frac{R_{\mathrm{rs\ max\ red}}}{R_{\mathrm{rs\ 675\ min}}} \tag{7.3}$$

荧光基线高度法(FLH)最早是由 Morel、Gower 等提出,他们发现荧光峰高度与叶绿素浓度之间存在很强的正相关关系,并提出采用荧光基线高度法来反演叶绿素浓度的设想。其后许多研究者开展了大量的荧光基线高度反演叶绿素浓度的相关研究,对荧光基线高度波段组合、影响荧光基线高度的因素、荧光基线高度法的探测范围等都进行了比较细致的研究。荧光基线高度可以定义为图 7.3,它是基于以叶绿素浓度在 685 nm 附近发射的荧光峰与荧光峰左右两侧通道的连线作为基线计算荧光基线高度,然后根据荧光基线高度与叶绿素浓度存在的关系,采用式(7.4)从荧光峰提取出 FLH 来反演叶绿素浓度。在本研究中,我们选择的基线及其荧光峰的波段设置为:671.02 nm、681.2 nm 和752.43 nm。

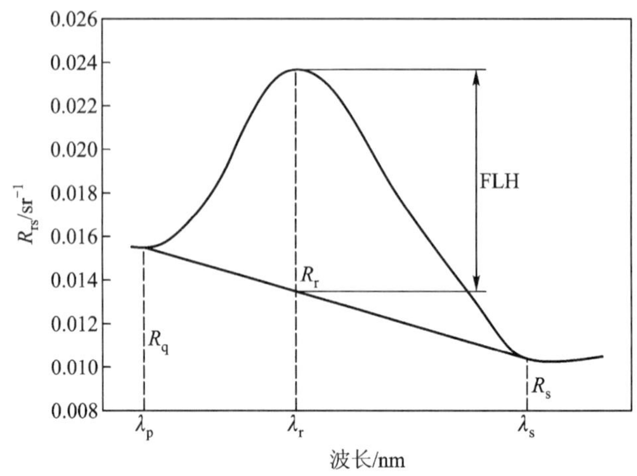

图 7.3 荧光基线高度法

$$\mathrm{FLH}=R_r-\left[R_s+(R_q-R_s)\times\frac{\lambda_s-\lambda_r}{\lambda_s-\lambda_p}\right] \tag{7.4}$$

目前已经证实随着叶绿素浓度的增加,荧光峰的位置不断向长波方向移动,Gitelson 等发现当叶绿素浓度从 9 mg · m^{-3}变化到 70 mg · m^{-3}时,荧光峰的位置从 688 nm 变化到 706 nm (Bouillon 等,2007)。荧光峰位置的变化是基于荧光基线高度法反演叶绿素浓度的主要的误差来源之一。本节试图对荧光基线高度法进行初步的改进,改进方法是固定荧光峰基线的波段,在此波段范围内编程查找荧光峰的位置,利用基线两端点的波段和荧光峰对应的波段计算荧光基线高度,根据荧光基线高度建立与叶绿素浓度的关系。Hyperion 的光谱分辨率约为 10 nm,我们选择基线波段为 671.02 nm 和 752.43 nm,中间包括 7 个波段,编程确定荧光峰所在波段位置,然后根据式(7.4)计算荧光基线高度。为了区分,我们令第二种方法计算出来的 FLH 为移动荧光基线高度(MFLH)。

根据表 7.1,OC4v4 算法和 NFH1 算法的精度较低,两个算法均采用了短波的蓝绿波段,对于 OC4v4 算法,443 nm 受到黄色物质影响较大,同时 555 nm 受悬浮泥沙浓度的影响较大,当悬浮泥沙浓度增加时,555 nm 附近的遥感反射比增加。这可能是 OC4v4 算法精度较差的原因。对于 NFH1 算法采用的 560 nm 附近的遥感反射比也会随着悬浮泥沙浓度的增加而抬高,关于悬浮泥沙对光谱的影响分析将在本章第二节详细阐述。叶绿素浓度增加时,叶绿素在绿光的反射增强,同时荧光峰也增强,荧光峰与绿光波段的比值很难定量的估算叶绿素浓度。

表 7.1 基于不同算法的珠江口叶绿素浓度反演精度比较

算法	R^2	RMSE[f]	表达式
OC4v4	0.560 7	0.424 0	$\lg C=0.366-3.067R+1.930R^2+0.649R^3-1.532R^4$; $R=\lg(R_{rs}(443)>R_{rs}(490)>R_{rs}(510)/R_{rs}(555))$ [a]
NFH1	0.316 5	0.394 5	$\lg C=1.549\ 5x-0.03$ [b]
NFH2	0.729 3	0.248 3	$\lg C=1.397\ 8x-0.728\ 6$ [c]
FLH	0.685 3	0.267 7	$\lg C=2.030\ 8x+0.401\ 4$ [d]
MFLH	0.685 6	0.267 5	$\lg C=1.276\ 1x+0.510\ 5$ [e]

[a] C 表示叶绿素浓度,R_{rs}表示遥感反射比;[b] x 表示归一化到 560 nm 的归一化荧光高度;[c] x 表示归一化到 675 nm 的归一化荧光高度;[d] x 表示荧光基线高度;[e] x 表示初步改进的移动荧光峰的荧光基线高度;[f] 对 $\lg C$ 计算均方根误差的结果。

NFH2 算法反演精度最高,相关系数平方达到 0.729 3,均方根误差为 0.248 3。NFH2 算法主要采用了荧光峰以及红光波段的吸收峰。叶绿素浓度增加引起 675 nm 附近的强吸收及荧光峰的增强,荧光峰与吸收峰处的遥感反射比的比值更能够体现叶绿素浓度的变化。

MFLH 与 FLH 的精度比较接近 NFH2 算法,MFLH 算法虽然考虑了荧光峰的移动,但是与 FLH 相比并没有显著的改善。总的来说,采用荧光的方法更适宜于珠江口二类水体叶绿素反演。本节的第二部分内容集中在如何有效地利用荧光建立更适宜于珠江口的叶绿素浓度反演算法。

7.1.4 珠江口叶绿素光谱特征分析

前面讨论了常规算法在珠江口叶绿素浓度反演中的可行性,结果并不理想。本节试图引进另一种叶绿素浓度的反演算法——荧光包络面积法(FEA)。在荧光包络面积法中,主要采用一阶导数确定荧光波段范围,采用包络线去除技术得到荧光峰的包络曲线,进而利用计算的包络面积与叶绿素浓度的关系建立珠江口叶绿素反演算法。

自然荧光在很大程度上受到浮游植物生理状态的影响,而浮游植物生理状态是由很多因素引起的,例如光场、种的结构等。所以在分析叶绿素浓度与自然荧光信号关系之前,首先需要考虑浮游植物生理状态对荧光的影响。每一个采样站位都存在大量的浮游植物群,在浮游植物群中单个浮游植物处于不同的生长状态,然而对于特定时期的某一较小的范围,浮游植物群从整体上可以看做具有相对稳定的生理状态,因此应用荧光算法是有实际应用价值和意义的。

为了分析珠江口水体反射光谱曲线对不同浓度的叶绿素的响应，基于 Smith(1999)提出的贫富营养海水的叶绿素浓度阈值和 Bouillon(2007)等对高低悬浮泥沙浓度的定量区分及珠江口叶绿素和悬浮泥沙浓度范围的特征，将水体分为贫营养混浊水体、富营养混浊水体、贫营养清洁水体和富营养清洁水体四类，对应这四类水体将光谱曲线也分为四种类型(图 7.4)：低叶绿素高悬浮泥沙(chl<5 mg · m^{-3}，TSM ≥20 g · m^{-3})、高叶绿素高悬浮泥沙(chl≥5 mg · m^{-3}，TSM≥20 g · m^{-3})、高叶绿素低悬浮泥沙(chl≥5 mg · m^{-3}，TSM<20 g · m^{-3})、低叶绿素低悬浮泥沙(chl<5 mg · m^{-3}，TSM<20 g · m^{-3})各类型光谱曲线的站位个数如表 7.2 所示。图 7.4 是各类水体光谱曲线的平均值，从中可以看到珠江口不同水体间最大的差异是红光波段明显的吸收峰和 690 nm 附近的荧光峰，红光波段强吸收峰也有可能是叶绿素吸收与增加的荧光峰协同作用的结果。对于高混浊度水体，遥感反射比的值有所增加，特别是在波段范围约 550 ~ 750 nm 附近，导致叶绿素在绿光波段的反射峰逐渐趋于不明显，甚至消失，这也解释了为什么第三章中应用到绿波段的 OC4v4 算法和 NFH1 算法的反演结果较差。可以看出叶绿素是造成光谱吸收和发射增强的主要物质，悬浮泥沙则是造成可见光波段范围遥感反射比抬高和绿波段反射峰趋于不显著的主要物质。由于黄色物质主要光谱特

表 7.2　各类型光谱曲线的站位个数

	叶绿素/mg · m^{-3}	悬浮泥沙/g · m^{-3}	站位个数
低 C 高 S	<5	≥20	3
高 C 高 S	≥5	≥20	3
高 C 低 S	≥5	<20	19
低 C 低 S	<5	<20	12

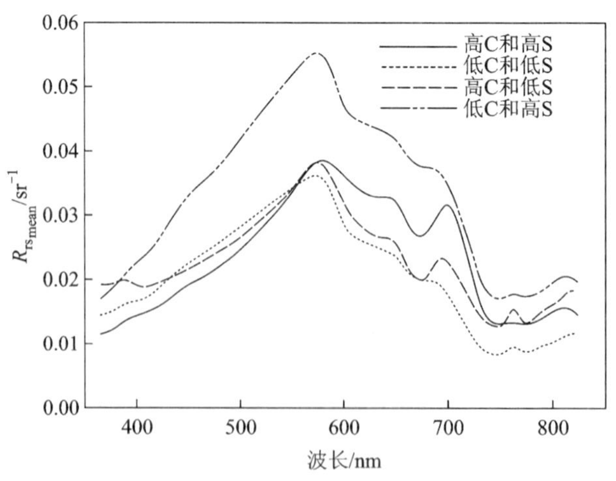

图 7.4　不同浓度叶绿素和悬浮泥沙的光谱曲线比较

征是紫外-蓝光波段的吸收，对叶绿素荧光波段的影响非常小，所以在分析中没有考虑黄色物质对光谱的影响。因此即将建立的算法要满足以下特征：① 更充分地利用叶绿素在红光和荧光波段的特征吸收和发射；② 排除红光和荧光波段悬浮泥沙对整体光谱抬高的影响，即在新建立的算法中避免采用绝对遥感反射比的值。

7.1.5 荧光包络面积计算

采用一阶导数确定荧光峰的两个端点，根据图 7.4 将荧光峰两端点设置为 671.02 nm和 752.43 nm，这两个端点即为完整荧光峰的波段范围。这与 MERIS 荧光通道的波段设置比较吻合。

在荧光峰范围确定以后，采用包络线去除的方法计算荧光峰包络面积。前面已经讨论过悬浮泥沙会造成整个可见光波段范围内遥感反射比的值抬高，可以认为悬浮泥沙对光谱曲线的绝对值影响较大，而叶绿素浓度对光谱曲线的形状影响较大。为了消除这种光谱整体抬高对叶绿素浓度反演的影响，选择包络线去除的方法消除背景值的影响，提取和增强荧光峰的信息。

包络线去除方法最早是 1984 年由 Clark 和 Roush 提出，用于光谱分析的一种方法(Clark 和 Roush，1984)。包络线也叫连续统，是一条连接荧光峰起点和终点的直线，它作为一个数学函数通过除对应波长的荧光峰遥感反射比来提取特定的荧光特征。对沿岸的水体的高悬浮泥沙浓度会抬高包络线的位置，但是荧光峰的形状主要受叶绿素浓度的影响，与包络线位置高低没有显著联系。包络线作为一个背景的影响在提取荧光峰特征时应该予以去除(施润和等，2005)。包络线去除的表达式可以表示如下

$$R'(\lambda) = R_{rs}(\lambda) / R_e(\lambda) \tag{7.5}$$

式中：波长范围在 671.02 nm 和 752.43 nm 之间；R_{rs}表示遥感反射比；R_e表示包络线上对应波长的值。包络线去除的结果如图 7.4 与图 7.5，荧光部分遥感反射比的比较发

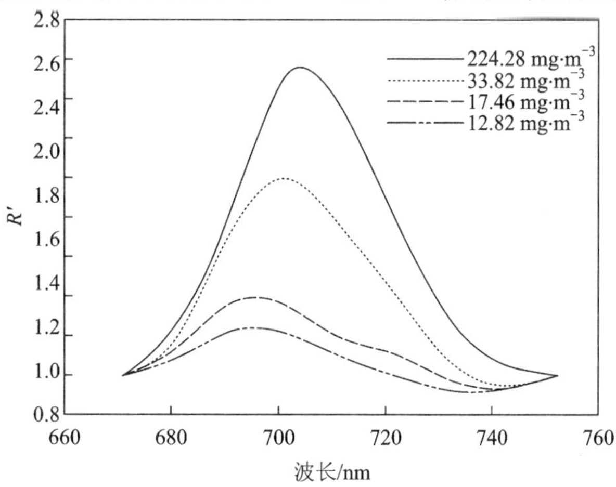

图 7.5 包络线去除后荧光信号增强的光谱曲线

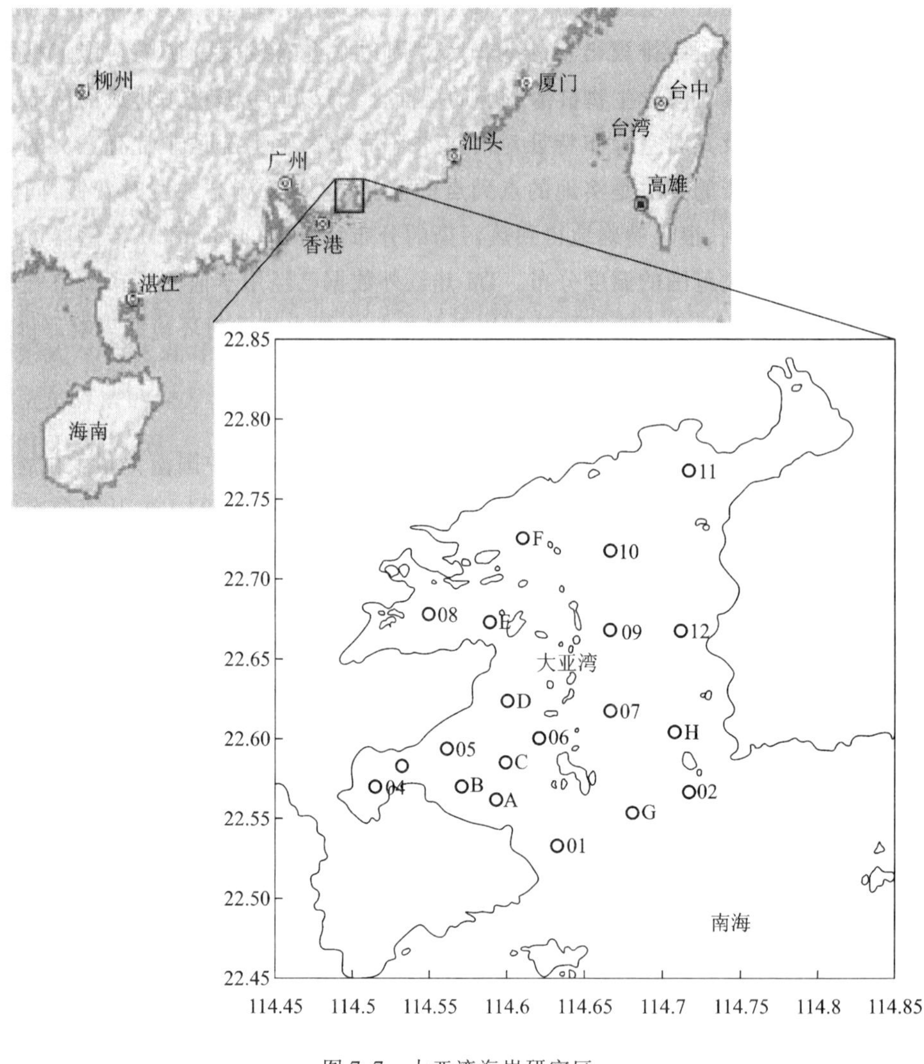

图 7.7 大亚湾海岸研究区

7.2.3 算法的发展及精确性分析

通过温度计 WTR-1 测量冬季(2000 年 1 月 3 日)和夏季(2000 年 7 月 13 日)的水表面温度 。站位 1 ~ 12 是长期观测点,其他站位是不定期观测点。测量时间与卫星过境时间准同步(卫星过境时间±40 min)。21 个站位的 41 个样品数据中,选择 31 个数据用于发展区域水表温度的反演算法(图 7.8)。

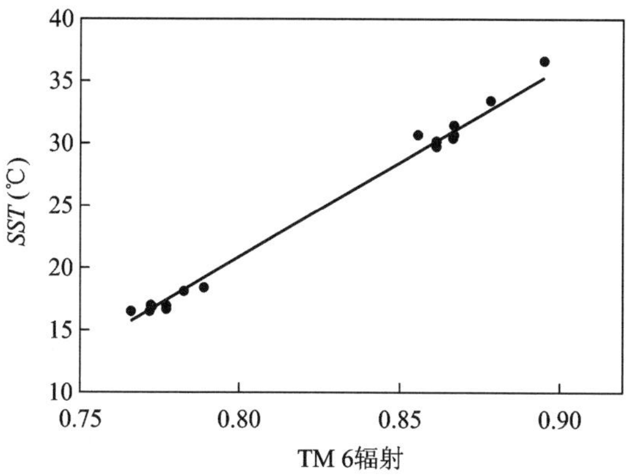

图 7.8 大亚湾海水表面温度

由此得到区域的水表面温度遥感反演算法

$$SST=149.55\times R_6-98.703\ (n=31, r^2=0.9943) \tag{7.8}$$

式中:SST 为海水表面温度(sea surface temperature);R_6为 TM 波段 6 的辐亮度值。

为了评价该算法,剩下没有用于建模的 10 个站位的数据用于评价该算法的精度,相关误差可以通过以下公式计算

$$R_{error}=(SST_{estimate}-SST_{measure})/SST_{measure}\times 100\% \tag{7.9}$$

表 7.3 给出该算法的计算精度结果。

表 7.3 水表温度算法精度

站	测定 *SST* /℃	估算 *SST* /℃	相对误差/%	时间
2	16.9	17.5	3.6	2000 年 1 月 03 日
5	17.5	16.6	-5.1	2000 年 1 月 03 日
8	16.8	16.6	-1.2	2000 年 1 月 03 日
9	16.9	16.6	-1.8	2000 年 1 月 03 日
G	17.1	16.6	-2.9	2000 年 1 月 03 日
2	29.6	30.2	2.0	2000 年 7 月 13 日
10	30.8	31.1	1.0	2000 年 7 月 13 日
C	30.3	30.2	-0.3	2000 年 7 月 13 日
D	30.6	31.1	1.6	2000 年 7 月 13 日
F	30.8	31.1	1.0	2000 年 7 月 13 日
平均	23.7	23.8	2.1	

其结果表明,该海岸区域的海表温度算法最大误差仅为 5.1%,可以较好地用于区

域海表温度的遥感反演。将该算法应用于整个大亚湾海区的海表面温度反演,能满足应用要求。

7.2.4 结果和讨论

采用本例建立的区域算法,从 TM 热红外波段反演整个大亚湾的海表面温度。计算了大亚湾的平均温度,同时为了降低冷却水排放对平均海温统计结果的影响,首先计算整个区域的平均水体温度,然后计算未受冷却水排放影响区域的平均水体温度。结果表明未受冷却水影响区域的平均温度比整个大亚湾水体平均温度高 1°,我们将以新的平均温度定位背景平均温度(表 7.4)。

表 7.4 由 TM 计算的大亚湾海岸水域水表温平均值

时间	1986 年 12 月 14 日	1989 年 7 月 15 日	1994 年 8 月 30 日	1994 年 11 月 2 日	2000 年 1 月 3 日	2000 年 7 月 13 日	2001 年 5 月 13 日
SST	14.4	29.7	27.0	19.7	16.8	30.5	26.9

基于背景平均温度,冷却水排放影响区域的热污染状况可以通过减去背景平均温度来表示。因此表 7.5 给出热污染状况。

表 7.5 由 TM 计算的大亚湾海岸水域热污染强度面积分布 单位:km^2

强度/TM	1994 年 8 月 30 日	1994 年 11 月 2 日	2000 年 1 月 3 日	2000 年 7 月 13 日	2001 年 5 月 13 日
$1° \leqslant T<2℃$	1.501	13.192	10.653	7.847	4.494
$2° \leqslant T<3℃$	0.046	0.817	7.925	2.273	0.735
$3° \leqslant T<4℃$	0.007	0.540	0.526	2.581	0.305
$T \geqslant 4℃$	0.008	0.309	0.744	0.965	0.193
总计	1.562	14.858	19.849	13.666	5.727

从 TM 热红外数据得到的热污染状况的遥感影响可以看出不同季节和潮汐情况的热污染分布状况。从 1994 年 8 月的遥感图像上可以看到排放的冷却水平流输送到东南部,而在 2000 年 1 月,输送到西南部,在 2000 年 7 月,冷却水平流输送到东北部,2001 年 5 月,往东南方向输送。热污染的分布模式不断变化,可能是因为受到海流、潮汐以及排水量的影响。另外冷却水排放点也从西南移到东北。不同排放点的水动力条件不同,扩散速率也不同,导致了热污染随时空变化的模式(图 7.9)。

从 1994 年到 2001 年的 Landsat-5 TM 数据研究大亚湾核电站的热排放对周围海区热污染状况。基于卫星同步的实测的海表温度数据建立了一个局部的海温反演算法。该算法应用于 TM 数据估算海温。研究表明遥感技术在热污染强度的定量监测和

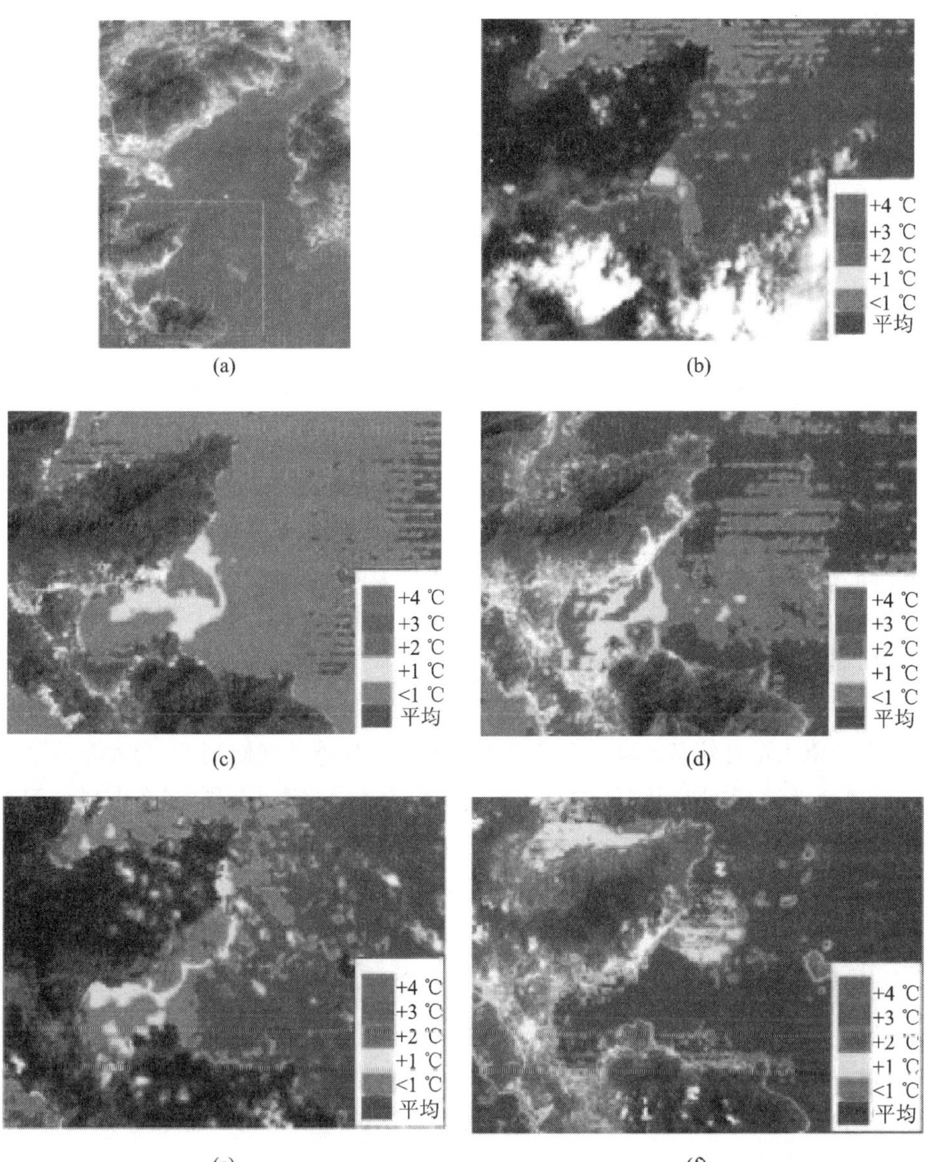

图 7.9 大亚湾研究区热污染分布模式(另见书末彩图)

热污染分布模式的研究方面是一个非常有效的工具。

7.3 内陆湖泊叶绿素 a 浓度遥感监测

我国湖泊众多,面积大于 1 km^2的天然湖泊共有 2 759 个,总面积约 91 019 km^2,占总国土面积的 0.95%,其中多数为浅水湖泊(王苏民和窦洪身,1998)。这些湖泊大部分地处人口稠密、经济发达的地区,不适宜的人类活动方式导致湖泊生态系统陆续出现许多环境问题——水质恶化、生态系统失调、蓝藻水华频繁爆发，严重制约着湖泊流域社会和经济的可持续发展(秦伯强等,2004; Wang 等,2004; Giardino 等,2001)。如 2007 年 5—6 月，由于太湖蓝藻水华剧烈爆发，无锡重要水源地贡湖南泉水厂取水口遭受严重污染，导致 100 多万人饮水困难，为广大民众的正常生活带来了潜在威胁。目前，湖泊水体水质下降和富营养化问题已经越来越多地引起公众和政府的关注和高度重视。

7.3.1 研究区域

太湖位于江苏省南部，临近浙江省及上海市，是全国“五大淡水湖”之第三大淡水湖泊，也是上海、无锡和苏州等周边发达城市重要的饮用水资源地。太湖面积达 2 427.8 km^2，东西宽约 56 km，南北长约 68 km。太湖亦是一个典型的大型浅水湖泊，其平均水深仅为 1.9 m，最深约 2.6 m(秦伯强等,2004)，深度范围视季节不同而略有变化。

太湖地处江南水网的中心，河网调蓄量大，水位比较稳定，利于灌溉和航运。太湖流域总面积 36 500 km^2，人口 3 400 万，以不到全国 0.4% 的国土面积创造着约占全国 1/8 的国民生产总值，城市化水平居全国之首，乡镇工业发达，粮食产量占全国的 3%，淡水渔业产值也占有较高比重。太湖流域属于亚热带季风气候，冬天受大陆冷气团影响，天气寒冷干燥，多北向风；夏季受海洋气团影响，气候湿润炎热，多东南风。四季分明，降雨丰富，光照充足。年平均气温在 14.9 ~ 16.2℃，北部偏低。年平均降雨量大约为 1010 ~ 1400 mm。太湖周边地区风景秀丽，环境优雅，是我国著名的风景名胜区之一。

但是，近些年来，随着经济的快速发展和人类活动的剧烈，太湖遭受到严重污染，水质富营养化程度急剧增高，太湖西部及北部水域蓝藻爆发日益严重，尤其以梅梁湾及西部沿岸区域为甚，蓝藻爆发频繁时期由每年初春直到秋季，为人类生活以及生态旅游等社会活动带来了极大危害。因此，对太湖水体水质的全面监测和控制，无疑具有非常重要的现实意义。

但是，太湖不同区域水体水质也有显著不同，差异主要表现在太湖东部区域与其他区域之间。在东太湖区域，水体较浅，并且非常清澈，有大量水生植被生存，水质属于中贫型营养状态。但在太湖中部至西部水域，水体浑浊，透明度极低，悬浮泥沙及叶绿素含量较高，并是蓝藻高发区，常有大量蓝藻颗粒聚集水面或悬浮于水体中，水体呈高度富营养化状态。

叶绿素是藻类重要的色素成分之一，叶绿素 a(Chla)存在于所有的真核藻类中，其浓度的高低是表征光能自养生物量的重要指标(李素菊等,2002)。叶绿素 a 含量的高低与水体藻类的种类、数量等密切相关，其浓度经常用于估测浮游植物的生物量和生产力，也是反映水体富营养化程度的一个重要参数(Thiemann 和 Kaufmann,2000)。因此,通过估测叶绿素 a 含量能够在一定程度上反映水质状况(Duan 等,2008),对于水体水质的监测及保护具有重要的意义。本节基于在太湖获取的实测数据以及遥感影像,尝试建模反演太湖水体的叶绿素 a 浓度并估测其分布趋势。

7.3.2 数据采集及处理说明

2008 年 10 月 5—17 日,在太湖不同地区 100 个站点进行了全面水质调查和数据采集,航次站点分布如图 7.10 所示。本航次中现场测量了水体遥感反射率、水深、透明度、水温、风速风向等参数,并在每站点均采集水样冷藏供实验室测量叶绿素 a、悬浮物、黄色物质及溶解有机碳等水质参数含量。数据采集及处理过程与珠江口数据采集方法基本一致,在此不再赘述。

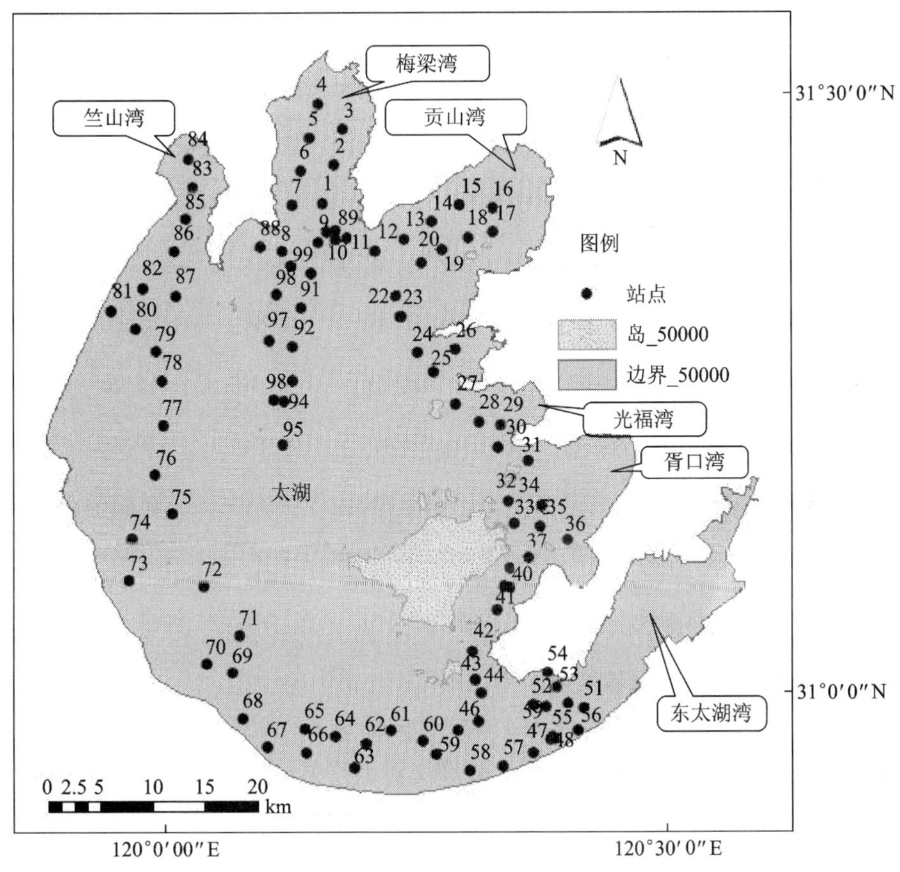

图 7.10 2008 年 10 月太湖航次站点分布图

表 7.6 给出了 2008 年太湖航次中主要水质参数统计描述,可以看出,在整个太湖区域水质参数变化幅度较大,叶绿素 a 浓度最小值仅为 0.46 mg · m^{-3},位于东太湖水生植被区域;最大值达到 493.8 mg · m^{-3},记录表明采集水样时,在该站点有严重的蓝藻水华出现,导致叶绿素 a 浓度大幅度升高。相对而言,悬浮物浓度变化较叶绿素 a

浓度稍平缓一些，但高悬浮物浓度区值仍达到 169 g · m^{-3}，低悬浮物浓度值同样分布在东太湖水生植被区。

由于东太湖水域水生植被较多，水体透明度高且深度较浅，在该区域采集到的水体遥感反射率光谱往往携带大量水生植被和底质信息，当这些光谱用于叶绿素 a 浓度反演建模时，经常导致叶绿素 a 浓度高估。因此，为提高反演精度，讨论不同区域叶绿素 a 浓度反演方法，本节利用透明度和水深的关系将太湖区域分为光学深水区和光学浅水区。若透明度高于 1/3 水深，则水体底质将对光谱产生影响，将此类区域划分为光学浅水区；若透明度远远低于水深的 1/3，则定义为光学深水区。基于实测数据，本文共有 70 个站点被划分为光学深水区，剩余 30 个站点被划分为光学浅水区。

以叶绿素 a 浓度反演为例，本文将测量得到的水体遥感反射率光谱与叶绿素 a 浓度值进行建模反演，并应用到 MODIS 数据中，进而实现对太湖水体的叶绿素 a 浓度遥感监测。

表 7.6　2008 年 10 月 5—17 日太湖航次采集到主要水质参数统计描述

水质参数	最小值	最大值	中值	平均值	标准差	站点数
Chla/(mg · m^{-3})	0.46	493.80	17.30	29.47	56.05	100
z/m	1.40	3.20	2.50	2.46	0.37	100
SDD/m	0.18	1.75	0.40	0.58	0.43	98
TSS/(g · m^{-3})	1.57	169.0	24.83	28.40	23.70	100
$a_g(440)/m^{-1}$	0.41	1.88	0.80	0.84	0.30	100
DOC/(g · m^{-3})	2.21	8.38	4.32	4.55	1.43	100

注：Chla，叶绿素 a 浓度；z，水深；SDD，塞氏盘透明度；TSS，总悬浮颗粒物；$a_g(440)$，黄色物质浓度；DOC，溶解性有机碳。

7.3.3　叶绿素 a 浓度反演模型

反射率波段比可以消除来自其他水体成分的影响并增强被研究参数的信息，最常用的叶绿素 a 浓度经验反演算法是基于遥感反射率比值的二波段模型。在清澈水体，学者们往往利用遥感反射率光谱的吸收峰（440 nm 和 675 nm）与反射峰（550 nm 附近）的比值与叶绿素 a 浓度实测值进行回归分析建立模型，但对复杂浑浊的内陆湖泊水体、悬浮物以及其他水色成分对于叶绿素 a 在蓝绿波段的响应有严重影响，该波段组合并不适用。另有研究发现红外波段与红光波段的反射率比值也可较精确地估测叶绿素 a 浓度（Mittenzwey 和 Gitelson，1992；Gons，1999），本节将利用这两个波段进行叶绿素 a 浓度的反演。二波段模型可以简易表示为：

$$\mathrm{Chla}=A_1\times\frac{R_{\mathrm{rs}}(\lambda_1)}{R_{\mathrm{rs}}(\lambda_2)}+A_2 \tag{7.10}$$

式中：A_1 和 A_2 为待确定的经验系数。

在 100 个站点中，成功采集到 96 个站点的遥感反射率数据，另外 4 站点数据受天气、仪器以及水面状况影响出现异常，因此不参与模型运算。为便于分析在太湖不同水域内二波段模型的应用效果，输入数据按照以下特征被分为四组：(a) 全部 96 个站点有效叶绿素 a 浓度和遥感反射率数据；(b) 叶绿素 a 浓度低于 100 mg · m^{-3} 的 90 个站点数据；(c) 60 个光学深水区且 Chla 浓度低于 100 mg · m^{-3} 站点数据；(d)30 个光学浅水区数据。

双波段模型是建立在最佳波段组合确定的基础上的，因此任意两个波段的遥感反射率比值与叶绿素 a 浓度的相关系数被作为确定两波段位置的评判标准。分别将四组数据输入，计算得到在 400 ~ 800 nm 波段内的任意两波段的遥感反射率比值与相应叶绿素 a 浓度的相关系数，为每组数据寻找到各自的最佳波段组合。图 7.11 和表 7.7 分别给出了四组数据的双波段模型的反演效果，波段组合基本都在红外波段与红光波段

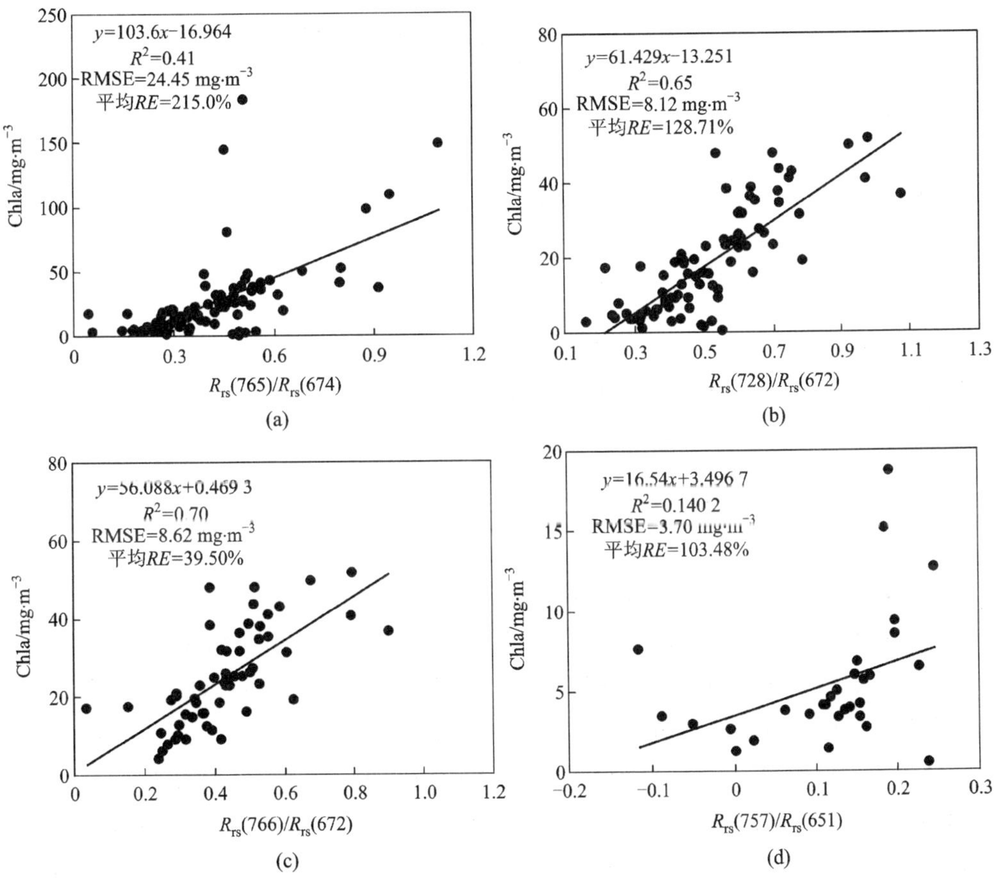

图 7.11　双波段模型效果

(a) 全部 96 个站点有效叶绿素 a 浓度和遥感反射率数据；(b) 叶绿素 a 浓度低于 100 mg · m^{-3} 的 90 个站点数据；(c) 60 个光学深水区且 Chla 浓度低于 100 mg · m^{-3} 站点数据；(d) 30 个光学浅水区数据。

比值组合。从图 7.11(a)中可以看出,当全部站点数据输入双波段模型后,在叶绿素 a 浓度较高的几个点,表现出较大的误差。其原因是在这几个站点,较多蓝藻颗粒漂浮或悬浮在水体,导致叶绿素 a 浓度增高,但由于包裹效应在遥感反射率光谱上的响应并不明显,导致二波段模型在这些站点不适用。图 7.11(b)为去除这些高叶绿素 a 浓度站点后的模型效果,反演精度有所提高,但在低值区域仍存在较大偏差。图 7.11(c)是仅输入光学深水区叶绿素 a 浓度低于 100 mg · m^{-3}的站点数据的模型效果,反演模型大大提高,决定系数达到 0.70,均方根误差为 8.62 mg · m^{-3},平均相对误差为 39.5%。但图 7.11(d)表明双波段模型在光学浅水区并不适用,反演效果很差,主要原因是在光学浅水区,遥感反射率受水生植被和底质的影响严重,从而不能有效反应水体色素浓度含量信息。因此,对于剔除底质和水生植被对水体光谱的影响,在光学浅水区建立有效的叶绿素 a 反演模型,仍然值得做进一步研究。

表 7.7 四组数据双波段模型的反演效果

输入数据	二波段模型	R^2	RMSE /mg · m^{-3}	平均相对误差 /%
(a) 96 个站点	Chla= 103.6×$R_{rs}(765)/R_{rs}(674)-16.96$	0.41	24.25	215.0
(b) 90 个站点 Chla<100 mg · m^{-3}	Chla= 61.43×$R_{rs}(728)/R_{rs}(672)-13.25$	0.65	8.12	128.71
(c) 光学深水区 Chla<100 mg · m^{-3} 60 个站点	Chla= 56.09×$R_{rs}(766)/R_{rs}(676)+0.47$	0.70	8.62	39.5
(d)光学浅水区 30 个站点	Chla= 16.54×$R_{rs}(757)/R_{rs}(651)-3.50$	0.14	3.70	103.48

7.3.4 太湖叶绿素 a 浓度遥感估测

在水质水色遥感研究中,分别搭载在 Terra 和 Aqua 卫星上的 MODIS 传感器以其较多的波段、较高的时间分辨率(一日两次)及中等的空间分辨率得以广泛运用。本节利用 500 m 空间分辨率的 MODIS L1B 产品对太湖叶绿素 a 浓度分布进行遥感估测。

结合实测数据测量时间,共成功下载有 6 幅清晰少云影像,分别为 2008 年 10 月 12 日、14 日和 15 日的 Terra 和 Aqua 的 MODIS 影像。500 m 分辨率的 MODIS 影像共有 7 个波段,其中第一和第二波段分别为红光(620 ~ 670 nm)和近红外波段(841 ~ 876 nm),符合双波段模型的波段特征。利用 ENVI 遥感图像处理软件将 6 景 MODIS 影像分别进行预处理,包括几何矫正、水体提取、云覆盖以及 FLAASH 大气校正,最终得到 MODIS 反射率数据。根据实测数据站点与 MODIS 影像匹配,提取各站点反射率的值,进而利用 MODIS 波段 2 与波段 1 比值与叶绿素 a 浓度进行回归分析,得到适合太湖水体的 MODIS 双波段反演模型，并应用到整幅图像，从而实现用 MODIS 数据反演叶绿素 a 浓度的相对分布图。

图 7.12、图 7.13 和图 7.14 分别给出了利用 2008 年 10 月 12 日、14 日和 15 日 MODIS 遥感影像反演得到的太湖叶绿素 a 浓度的分布图，可以看出，在梅梁湾以及西太湖沿岸区域，叶绿素 a 浓度值很高，同时这些区域也是蓝藻水华的高发区。在航次采样期间，当风速较低时，蓝藻水华大面积出现在这些区域，在图中当叶绿素 a 浓度值高于 80 mg · m^{-3}时（深色区域），可以确定为蓝藻水华明显的区域。叶绿素 a 浓度低值主要出现在太湖中部及东部区域。

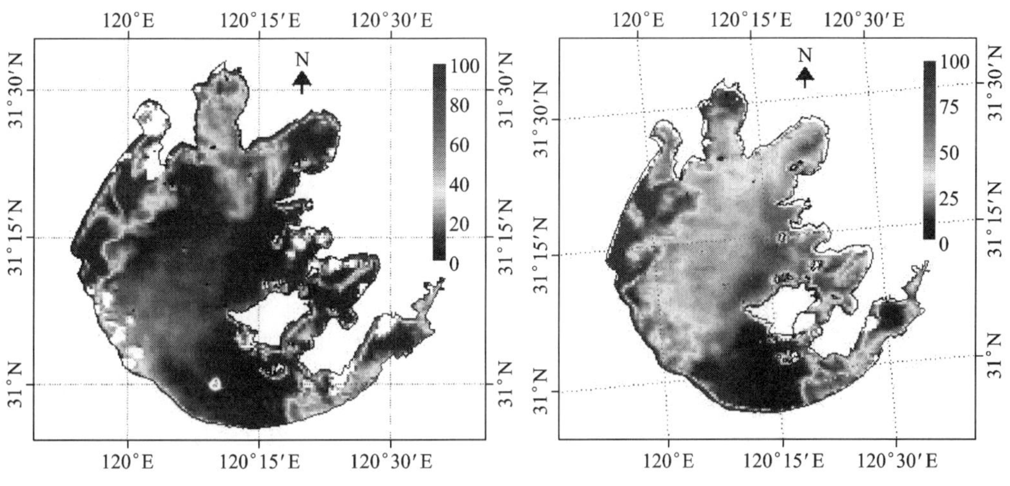

图 7.12　2008 年 10 月 12 日 TerraMODIS（左）与 AquaMODIS（右）叶绿素 a 浓度（另见书末彩图）（单位：mg · m^{-3}）

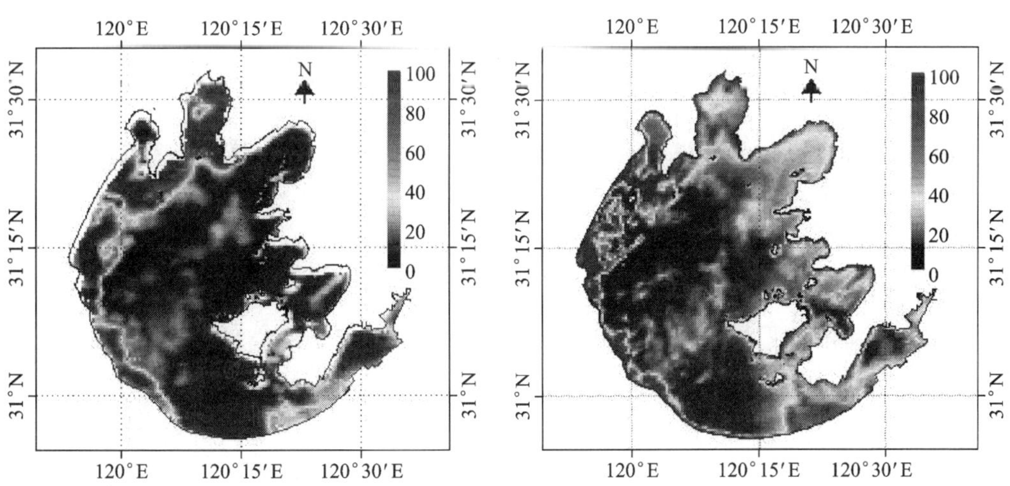

图 7.13　2008 年 10 月 14 日 TerraMODIS（左）与 AquaMODIS（右）叶绿素 a 浓度（另见书末彩图）（单位：mg · m^{-3}）

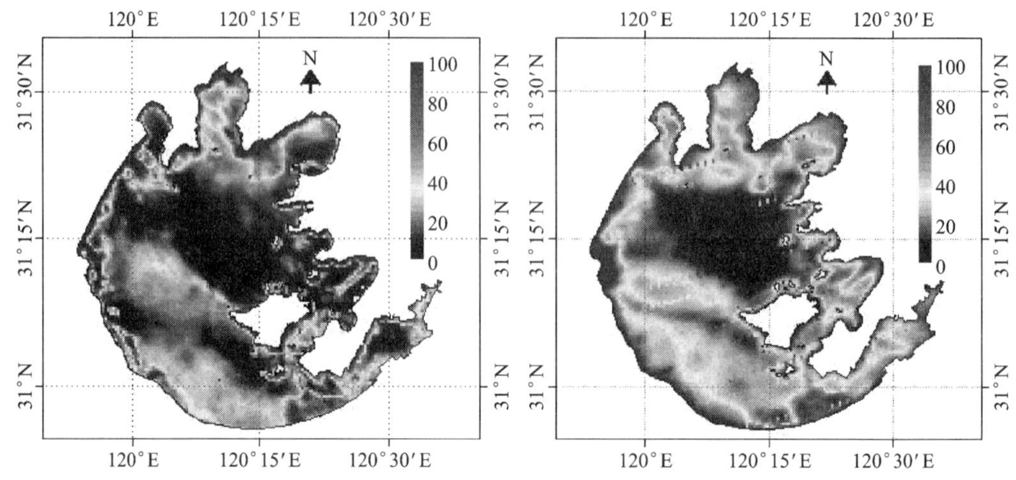

图 7.14 2008 年 10 月 15 日 TerraMODIS(左)与 AquaMODIS(右)
叶绿素 a 浓度(另见书末彩图)(单位:mg · m^{-3})

需要特别指出的是,在东太湖水域,叶绿素 a 浓度遥感反演明显偏高,与前文描述一致,由于东太湖存在大量水生植被,在红外波段通常具有高反射率,与水色的色素信息相混淆,而简单的波段比值反演不能消除水生植被的影响,进而导致叶绿素 a 浓度的过高估算。在不同时间,叶绿素 a 浓度波动也很大,由于受风速、风向以及温度的影响,同一日的上午星 Terra 与下午星 Aqua 的 MODIS 叶绿素 a 浓度反演结果变化显著,利用这种特征结合一定气象信息有助于监测蓝藻水华的爆发并分析其变化特征和分布范围。

7.4 烟台近海水体叶绿素浓度遥感估算

7.4.1 研究区域

研究区位于烟台市莱山区北部海域——北黄海南部、烟台近岸四十里湾(图 7.15)。研究区位于芝罘岛和养马岛之间,北有崆峒岛、担子岛,平均水深 10 m 左右,属半封闭型海域,是海水养殖的重要区域。研究海区水体交换能力较差,海域环境质量受陆源径流和海水养殖等因素的影响较大。近年来,烟台近海海水养殖以结构调整为主线,大力推进名优高效养殖向规模化、设施化、产业化方向发展,浅海筏养、底播增殖、滩涂养殖、网箱养殖等养殖模型并存,呈现出良好的发展态势。与此同时,一些问题也逐渐显现出来,如养殖规模过大,超出了海域环境的负载能力;养殖单元过于集中,相互之间排水管道设置不科学,海水不能得到充分净化,重复利用,交叉污染,破坏了近海和海岸带的生态环境,出现了海域污染、水质下降和养殖病害频发等问题,严重影响了海域的生态环境,造成赤潮频发,影响了渔业经济的可持续发展。近年来赤潮在该海域频繁爆发，给海水养殖业及滨海旅游业造成了严重的负面影响，进而导致渔业产量的急剧下降。因此，对指导渔业生产、监测水环境状况变化尤为重要。

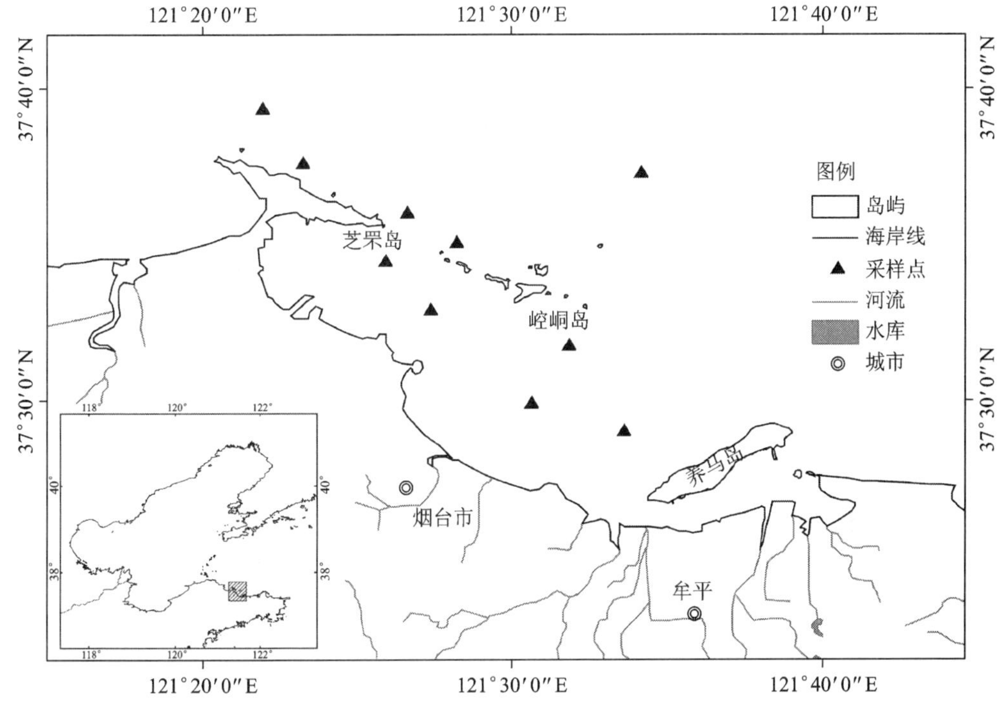

图 7.15　烟台近海采样点分布图

7.4.2 高光谱数据的测量与处理

现场水样及高光谱数据都是2008年11月至2009年10月期间在烟台近海逐月的海域环境调查船上获取的。在每一站点的多次测量结果中，均依据相应公式计算不同波长处的遥感反射率，剔除遥感反射率曲线异常的数据，然后取反射率的平均值作为该站点的遥感反射率，以供光谱分析和研究。同时对现场实测的遥感反射率进行光谱重采样处理到10 nm，以供分析、研究。图7.16是2009年4月至7月份现场实测的12个站位的遥感反射率曲线。

7.4.3 叶绿素浓度的获取

现场叶绿素浓度，是采用美国YSI公司生产的6920型多参数水质监测仪测量获取的。YSI可以同时测量不同水深处的温度、盐度、pH、氧化还原电位、电导率、叶绿素、浊度、溶解氧等水质参数。仪器在测量水质参数之前已进行了严格的校正。其中叶绿素、溶解氧和浊度属于光学传感器、叶绿素传感器测量范围0 ~ 400 $\mu g \cdot L^{-1}$，检出限是0.1 $\mu g \cdot L^{-1}$，分辨率是0.1 $\mu g \cdot L^{-1}$。仪器经过严格的实验室定标后再测量野外水质参数。

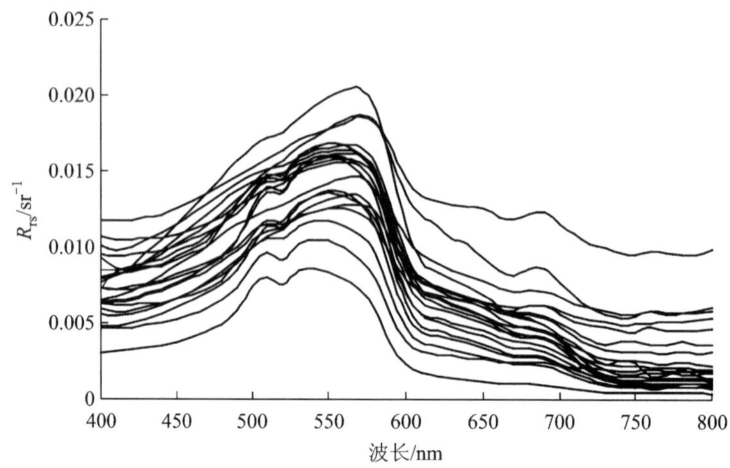

图7.16 不同月份、不同站位的遥感反射率曲线

为了数据的可靠性,同时采集了表层水样进行实验室的对比分析实验。将仪器YSI现场获取的叶绿素浓度同实验室测量的叶绿素浓度加以对比研究,发现其平均的相对偏差为46.6%。

7.4.4 叶绿素浓度反演精度讨论

通过研究实测高光谱数据和实测叶绿素浓度之间的相关关系,依据反射率光谱曲线选取的三个波段建立了三波段模型,结果表明利用三波段模型反演研究区的叶绿素浓度,其决定系数为0.6608,RMSE为0.59 μg·L^{-1},相对偏差为36.7%。同时利用实测高光谱数据,依据三波段模型的原理及MERIS和MODIS的波段范围,把现场实测的光谱反射率数据进行光谱平均处理,建立了模拟MERIS和MODIS波段设置的三波段模型,通过研究发现利用模拟的MODIS和MERIS影像数据可以用来反演研究区的叶绿素浓度,而且具有较好的反演精度,模拟的MERIS三波段模型RMSE=0.67 μg·L^{-1},模拟的MODIS三波段模型RMSE为0.78 μg·L^{-1}。

此外,通过利用反射峰面积法对实测高光谱数据进行叶绿素浓度的反演研究,发现利用反射峰面积法反演研究区的叶绿素浓度也具有良好的反演精度,其决定系数是0.5589,RMSE是0.67 μg·L^{-1},相对偏差为39.9%。

为了验证三波段模型和反射峰面积法的有效性,还使用其他反演方法对实测高光谱数据进行了叶绿素浓度的反演研究,结果表明可以使用三波段模型和反射峰面积法反演研究区的叶绿素浓度,而且具有较高的反演精度(表7.8)。通过表7.8还可以得知,对于研究区叶绿素浓度的反演,所有的反演模型精度都不是很高,这与研究区水体叶绿素浓度的含量较低有关。

表 7.8 实测数据的不同模型反演精度比较

反演模型		决定系数 (R^2)	RMSE /μg · L^{-1}	相对偏差 /%
三波段模型	实测三波段模型	0.6608	0.59	36.7
	MERIS 三波段模型	0.5658	0.67	40.3
	MODIS 三波段模型	0.4065	0.78	52.8
NPA		0.5589	0.67	39.9
比值模型	$R_{rs\ 725}/R_{rs\ 675}$	0.3149	0.84	52.0
	$R_{rs\ 748}/R_{rs\ 667}$	0.3009	0.85	54.4
荧光模型	$R_{rs\ 690}$	0.5551	0.68	40.8
	FLH	0.3466	0.82	46.5
	$R_{rs\ 690}/R_{rs\ 560}$	0.6213	0.62	39.1
	$R_{rs\ 690}/R_{rs\ 670}$	0.5297	0.69	42.9
OC4	$\mathrm{chla}=10^{(0.366-3.067\times X+1.930\times X^2+0.649\times X^3-1.532\times X^4)}$；其中 $X=\lg\left[\frac{\max(R_{443},R_{490},R_{530})}{R_{550}}\right]$	0.0253	1.32	109.6

7.4.5 叶绿素浓度的遥感反演

利用实测叶绿素浓度数据同三波段模型及比值模型建立的线性反演关系，根据ENVI的基本工具功能中的波段数学运算功能，计算不同月份的叶绿素浓度分布图(ENVI-Basic tools-Band Math)。依据建立的反演模型输入数学表达式，定义用于计算叶绿素浓度的波段数据，输出文件，得到研究区的叶绿素浓度分布图。

通过三波段模型和比值模型计算得到研究区不同月份的叶绿素浓度。通过查看图像的统计信息对图像上叶绿素浓度是负值和0值像元进行掩模处理，得到研究区的叶绿素浓度分布图。同时通过1：400万基础地理底图对陆地进行掩模设置，提取水陆边界。

7.4.6 研究区叶绿素浓度的季节变化

利用三波段模型对MODIS L1B数据进行图像处理和叶绿素浓度的反演研究，得到了不同月份的叶绿素浓度分布图(图7.17a～d)。

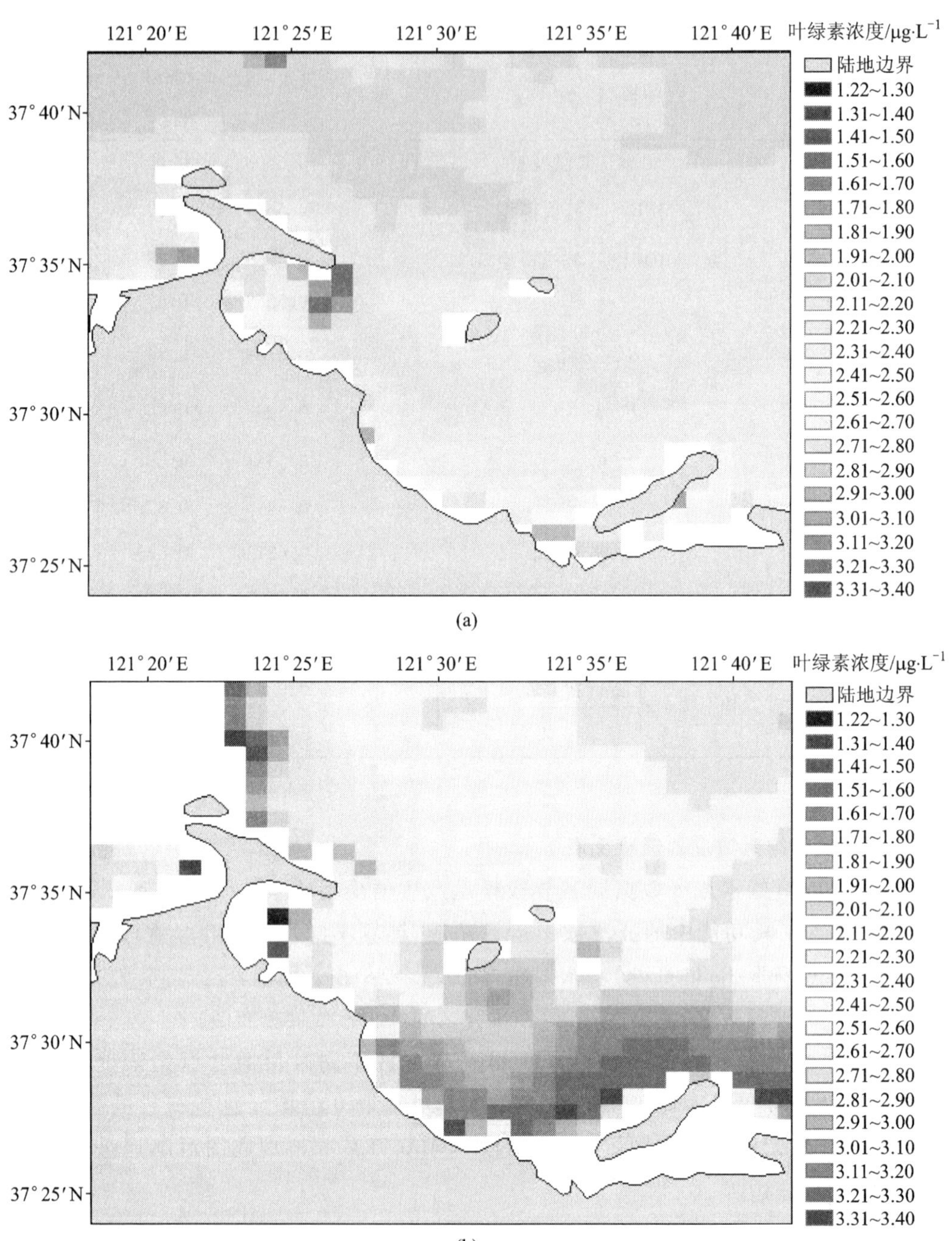
121°20′E
121°25′E
121°30′E
121°35′E
121°40′E
37°40′N
37°35′N
37°30′N
37°25′N
叶绿素浓度/μg·L^{-1}
陆地边界
1.22~1.30
1.31~1.40
1.41~1.50
1.51~1.60
1.61~1.70
1.71~1.80
1.81~1.90
1.91~2.00
2.01~2.10
2.11~2.20
2.21~2.30
2.31~2.40
2.41~2.50
2.51~2.60
2.61~2.70
2.71~2.80
2.81~2.90
2.91~3.00
3.01~3.10
3.11~3.20
3.21~3.30
3.31~3.40
121°20′E
121°25′E
121°30′E
121°35′E
121°40′E
37°40′N
37°35′N
37°30′N
37°25′N
叶绿素浓度/μg·L^{-1}
陆地边界
1.22~1.30
1.31~1.40
1.41~1.50
1.51~1.60
1.61~1.70
1.71~1.80
1.81~1.90
1.91~2.00
2.01~2.10
2.11~2.20
2.21~2.30
2.31~2.40
2.41~2.50
2.51~2.60
2.61~2.70
2.71~2.80
2.81~2.90
2.91~3.00
3.01~3.10
3.11~3.20
3.21~3.30
3.31~3.40

(a)

(b)

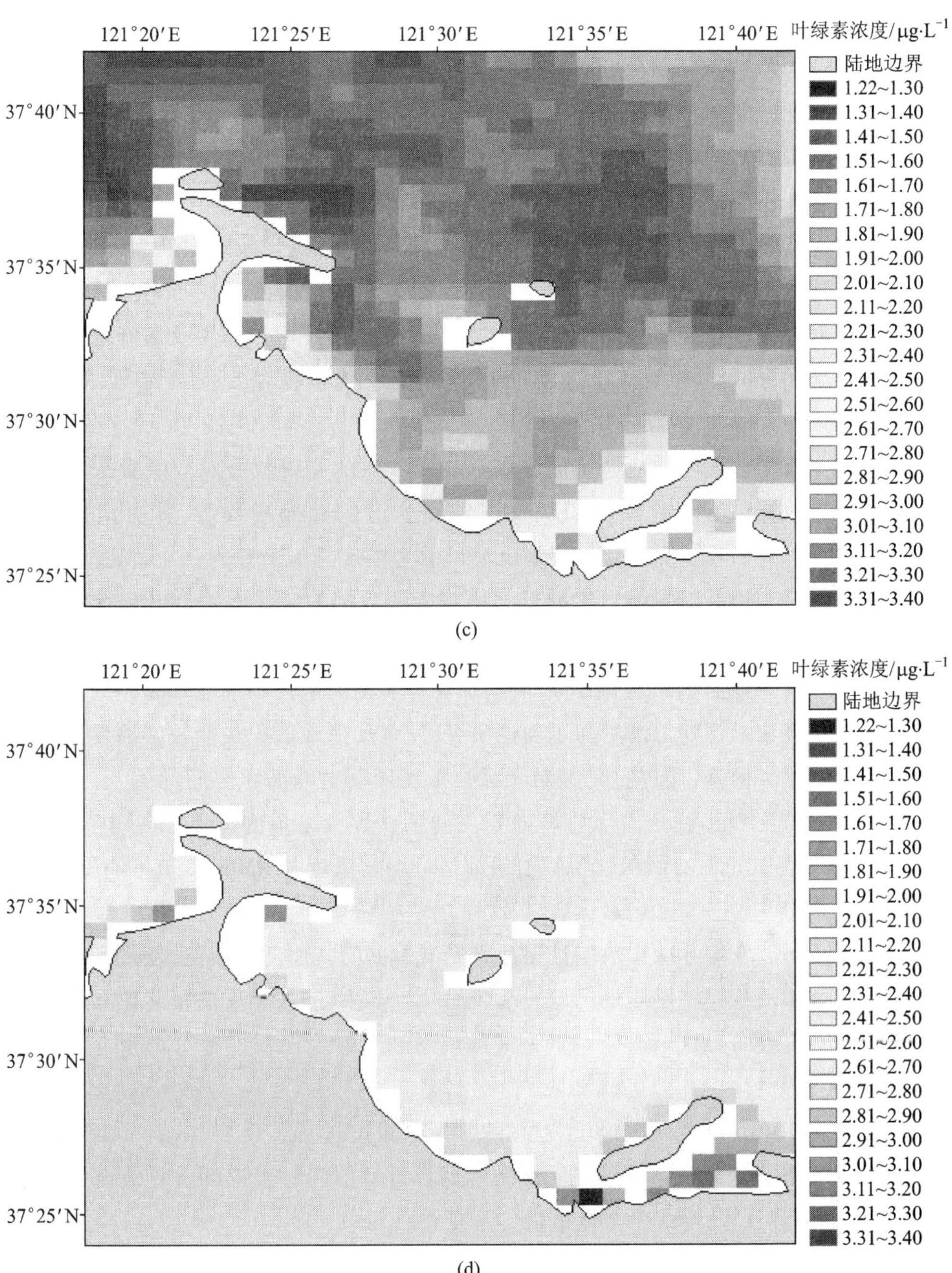

图 7.17　2009 年烟台近海的叶绿素浓度分布图(另见书末彩图)

(a) 冬季;(b) 春季;(c) 夏季;(d) 秋季

利用研究区叶绿素浓度的逐月分布趋势图,分季节对研究区的叶绿素浓度进行了研究。结果发现,在 2009 年内研究区春季叶绿素浓度相对其他季节来说最高,叶绿素浓度最低的是夏季,冬季和秋季的叶绿素浓度相差不大。

通过研究模拟数据和烟台近海实测的高光谱数据和叶绿素浓度数据,利用三波段模型和反射峰面积法对模拟叶绿素数据和实测悬浮物及叶绿素进行了反演研究,同时利用卫星影像数据对研究区进行了叶绿素季节变化的研究,结果表明:

用三波段模型反演模拟数据的叶绿素浓度,其反演精度比其他反演模型要高,其决定系数达0.9967,利用建立的三波段模型反演模拟数据的叶绿素浓度,其 RMSE 为 0.83 $\mu g \cdot L^{-1}$,相对偏差为 12.9%。与此同时,利用三波段模型对现场实测的反射率光谱进行了叶绿素的反演研究,发现利用实测光谱建立的三波段模型反演叶绿素浓度其决定系数为 0.6608,利用基于实测光谱建立的三波段模型反演叶绿素浓度,其 RMSE 为 0.59 $\mu g \cdot L^{-1}$,相对偏差为 36.7%。

通过利用反射峰面积法对模拟的光谱数据及实测的光谱数据对叶绿素浓度进行了反演研究,发现利用反射峰面积法反演模拟光谱的叶绿素浓度,其决定系数是 0.999,利用反射峰面积建立的反演模型反演叶绿素浓度其 RMSE 为 0.45 $\mu g \cdot L^{-1}$,相对偏差为6.7%。利用反射峰面积模型反演模拟光谱数据的叶绿素浓度其反演精度要优于其他的反演模型。

为了验证反射峰面积法的有效性,利用珠江口实测的悬浮物浓度和高光谱数据对反射峰面积法反演悬浮物浓度进行了验证研究,发现反射峰面积法能较好地反演珠江口的悬浮物浓度。此外,通过研究实测叶绿素浓度同反射峰面积之间的关系,结果表明实测叶绿素浓度和实测光谱反射峰面积之间的线性关系最为显著,其决定系数是 0.5589,利用建立的反射峰面积模型反演研究区叶绿素浓度其 RMSE 是 0.67 $\mu g \cdot L^{-1}$,相对偏差是 39.9%。

通过对比研究实测叶绿素浓度数据和高光谱数据的其他反演模型,发现利用三波段模型和反射峰面积模型反演烟台近海水体的叶绿素浓度时,其反演精度比其他反演模型的反演精度要高。这一点证实了三波段模型和反射峰面积模型对烟台近海水体反演叶绿素的适用性。

最后用 MODIS L1B 数据对烟台近海的叶绿素浓度进行了反演,得到了烟台近海叶绿素浓度的季节变化趋势图,指出 2009 年烟台近海的叶绿素浓度含量最高的是春季,其次是冬季和秋季,叶绿素浓度最低的是夏季。

7.5 遥感在水环境质量评价中的应用

随着水体环境的恶化及全球水资源的短缺,许多遥感研究者都研究了采用遥感技术监测水环境的水质参数,其中主要集中在单个水质变量的基础上,例如,悬浮泥沙、浑浊度、透明度、化学需氧量、生化需氧量等(Allee 和 Johnson,1999; Chen 等,2003; Doerffer 和 Fischer,1994; Giardino 等,2001; Tassan,1994; Wang 等,2004)。然而对于单个水质参数的监测无法为决策者提供一个综合表述水质状况的信息。

为了能够提供一个水体受污染状况的综合指标,1972 年日本人冈市友利提出了多项指标的营养状态指数法[式(7.11)],将营养指数公式进行调整,将该公式中的总氮改为总无机氮,将有机磷改为活性磷酸盐,得到综合污染指数法。这样改的目的是因为化学需氧量、无机氮、活性磷酸盐是划分贫营养、中营养、富营养、超营养类型的标准,是我国水质标准中的三个监测参数。同时化学需氧量是指化学氧化剂氧化水中有机污染物时所需氧量。化学需氧量越高,表明水中有机污染物越多。水中有机污染物主要来源于生活污水或工业废水的排放,动植物腐烂分解后流入水体产生的。所以化学需氧量反映水体的有机污染情况。而氮磷是重要的营养盐,海水中的无机氮化合物有 NH^{4+}、NO_3^-和 NO_2^-,其中还原态的 NH^{4+} 是生物代谢产物和死亡分解的最终产物,NO_3^-是氧化态氮的主要形式,NO_2^-在海水中含量较少。无机氮盐都可以被植物细胞所吸收,吸收次序是氨氮、硝酸氮和有机氮。另外,海水中磷的种类有颗粒性磷酸(POP)、溶解有机磷(DOP)和溶解无机磷(DIP)。虽然颗粒磷的含量最高,但是跟生物活动相关度最大的是溶解无机磷,溶解无机磷可以被生物体快速吸收。基于以上的考虑,来源于营养指数公式的综合污染指数(CPI)(式(7.12))可以表示为:

$$E=\frac{\mathrm{COD}\times\sum \mathrm{N}\times \mathrm{P}\times 10^{6}}{4\ 500} \tag{7.11}$$

式中:COD 为化学需氧量,$\sum$N 为总氮,P 为有机磷。单位为 mg/L。

$$\mathrm{CPI}=\frac{\mathrm{COD}\times\mathrm{TIN}\times\mathrm{PO_4{-}P}\times 10^{6}}{4\ 500} \tag{7.12}$$

式中:COD 为化学需氧量,TIN 为总无机氮,PO_4-P 为活性磷酸盐。单位为 mg/L。

7.5.1 研究区域

本研究以珠江口为例,珠江长为 2 214 km,集水面积为 453 690 km^2。它是南海最大的河流。平均年径流量为 3 260 亿立方米,它是中国仅次于长江的第二大河流。珠江排放量的年变化显著,主要依赖于降雨量。从 10 月到 4 月份,珠江口盛行东北季风,平均降雨量相对较低,平均每个月 30 ~ 40 mm;5 月到 9 月间盛行从低纬度来的温暖、湿度较高的西南季风,导致大量降水(300 ~ 400 mm/月)。枯水季节珠江口排放量大约为1500 m^3/s,在丰水期增至大约 20 000 m^3/s。暖湿气候导致了强的化学风化作用,每年大约 3 000 万吨的溶解物质通过珠江口排入南海。珠江的水通过 8 大河口流入南海,导致了水体组分复杂的空间分布。

珠江三角洲主要的几个大城市有广州、佛山、深圳和珠海。在过去几十年里,整个三角洲经历了迅速的城市化和工业化进程。然而经济的迅速发展增大了工业废水和生活污水的排放,导致河口区域的水质急剧恶化。其中最严重的环境问题是富营养化,总无机氮浓度相当高(普遍高于 70 μmol · L^{-1},局部达到 126 μmol · L^{-1}),磷酸盐浓度相对较低(最大为1.5 μmol · L^{-1},大部分地区<1 μmol · L^{-1}),N : P 比(N 为总无机氮,P 为 PO_4)>50 : 1,局部地区达到100 : 1,大大高于浮游植物摄取的标准营养比值(16 : 1)。营养比值显示P为控制浮游植物生物量生长的限制因子。富营养化导致了河口及其濒临海区自20世纪80年代以来的一系列的赤潮事件和有毒藻类疯长。该区域的环境问题已经引起了大家关注,遥感技术因为其实时性、覆盖量大等特点成为大区域水体水质监测的不二选择。

7.5.2 野外调查及实测数据

研究采用了珠江口六个航次的数据,即1998年3月12—13日,19—20日,7月9—10日,12月15—16日,29—31日以及2003年1月25—26日。1998年五个航次中,对14个站位对三个水层的数据测量(图7.18)。2003年1月航次的18个站位测量了表层水。在1998年航次中分析了832个水样,测量的变量包括温度、深度、盐度、pH、叶绿素a、悬浮颗粒物(SS)、营养物质(包括氮、磷和硅)、总无机碳(TOC)、溶解有

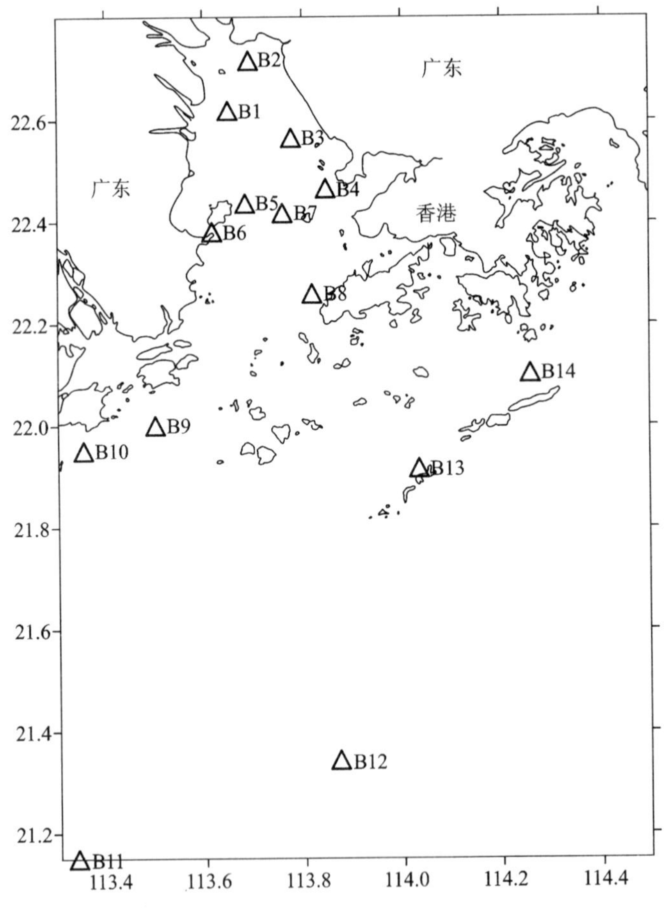

图7.18 1998年珠江口研究区样点示意图

机碳(DOC)、化学需氧量(COD)、生化需氧量(BOD_5)和重金属(铜、铅、锌、铬、镉、镍和汞)。在2003年的18个航次中(图7.19),测量的变量包括温度、深度、盐度、叶绿素a、总悬浮物(TSM)、营养物质(包括氮、磷和硅)、溶解有机碳(DOC)、化学需氧量(COD)、黄色物质吸收系数(A_g)和遥感反射比(R_{rs})。所有数据的测量参照《海洋调查规范海水化学要素观测》。

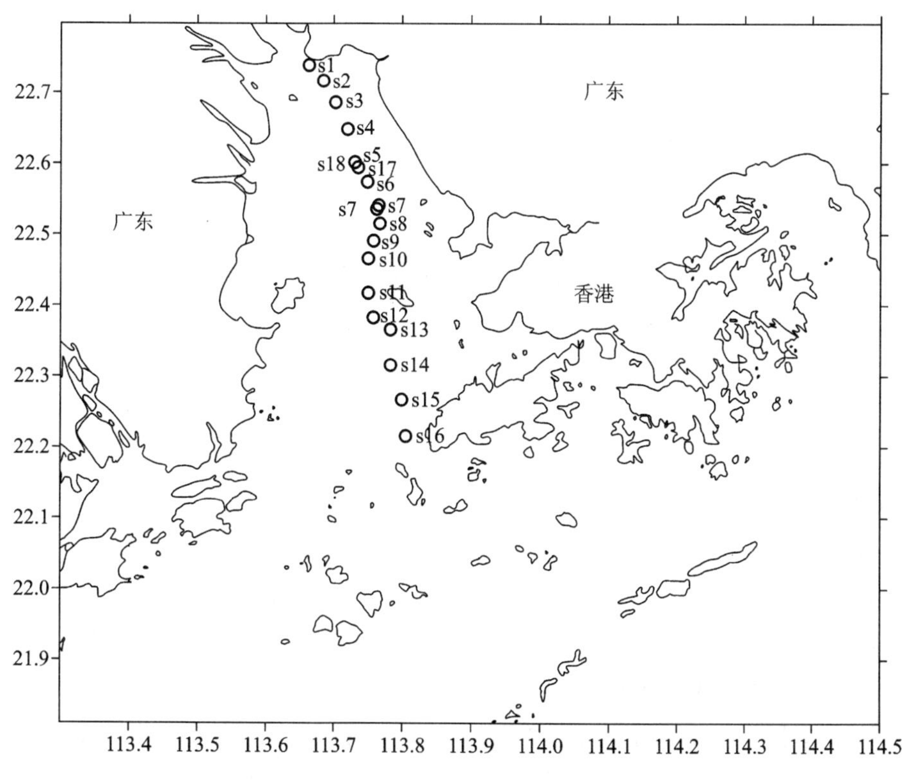

图7.19　2003年珠江口研究区样点示意图

7.5.3　SeaWiFS数据处理

本研究采用香港科技大学SeaWiFS接收站接收的,由美国国家航空航天局Goddard分布式数据档案中心负责分发的SeaWiFS数据。1998年12月31日和2003年1月29日的两景SeaWiFS L1A数据通过局部改进的大气校正方法进行大气校正处理得到波段1~6的离水辐亮度(Chen等,2005)。读取两景图像中与实测站位位置相对应的离水辐亮度用于建立CPI遥感算法。

7.5.4　CPI遥感算法的建立

根据综合污染指数的计算公式,利用COD、总无机氮(TIN)和磷酸盐(P)计算综合污染指数。建立SeaWiFS波段或者波段组合和综合污染指数的关系,在240种波段组

合或最优波段中，选择与综合污染指数相关性最大的，然后进行拟合，得到综合污染指数的最佳反演表达式，

$$\lg(\mathrm{CPI}) = 2.8792 \times \frac{L_2 \times L_4}{L_1 + L_3} - 3.9101 \tag{7.13}$$

式中：L 代表 SeaWiFS 离水辐亮度，下标 1 ~ 4 标示 SeaWiFS 的波段数。相关系数为 0.934 78。

7.5.5 水质等级与综合污染指数的转化

将 CPI 遥感算法应用于经过大气校正的遥感图像中，便可得到整个研究海区的 CPI 分布。然而对于环境决策者来说，CPI 不是一个熟悉的评价水质的参数，可以将 CPI 值转化为水质等级。在国家海水水质标准中将水质分为五个等级，即一类水体、二类水体、三类水体、四类水体、劣四类水体。本研究根据珠江海域水质观测资料和国家水质标准建立了综合污染指数与水质等级之间的对应关系，然后将卫星遥感资料中获得的综合污染指数转化为水质等级，进而得到水体水质等级图。

根据 1998 年五个航次的观测数据中的 832 组 COD、TIN、PO4-P 等数据分别计算各组数据对应的综合污染指数和水质等级，水质等级的计算参照国家海洋局发布的《国家水质污染标准 GB3097—1997》予以确定。

对水质等级进行分级的原则是舍低取高，即三个参数 COD、TIN、PO4-P 中哪个污染等级较高，则把该等级作为该组数据对应的水质等级。举例说明，若某站位的 COD 属于一级水体，TIN 属于三级水体，PO4-P 属于二级水体，则将该站位定义为三级水体。如果某个参数在某一个区间既属于二级，又属于三级水体，则根据其他水质参数来判断该站位水体的级别，别的水质参数级别高，则取高，反之亦然。然后统计 832 组数据确定的水质等级与综合污染指数之间的对应关系，得到和水质等级对应的综合污染指数平均值。综合污染指数与水质等级的关系见表 7.9

表 7.9 综合污染指数与水质等级关系

水质等级	一级水体	二级水体	三级水体	四级水体	劣四级水体
CPI 平均值	0.10907	0.33736	0.58891	0.98598	4.50345
样品数	147	53	34	44	572
CPI 阈值	<0.22322	>0.22322	>0.46313	>0.78745	>2.74472
		<0.46313	<0.78745	<2.74472	

根据综合污染指数与水质等级的相互转化关系，可以将研究海区的综合污染指数分布转化为水质等级分级。将得到的水质等级分布图与国家海洋局发布的水质等级图相比较，发现两图的分布非常相似。需要注意的是国家海洋局发布的水质等级图是

某个时期的平均状态，基于遥感的水质等级分布图是卫星过境的某一特定时间的水质等级状况（图 7.20）。

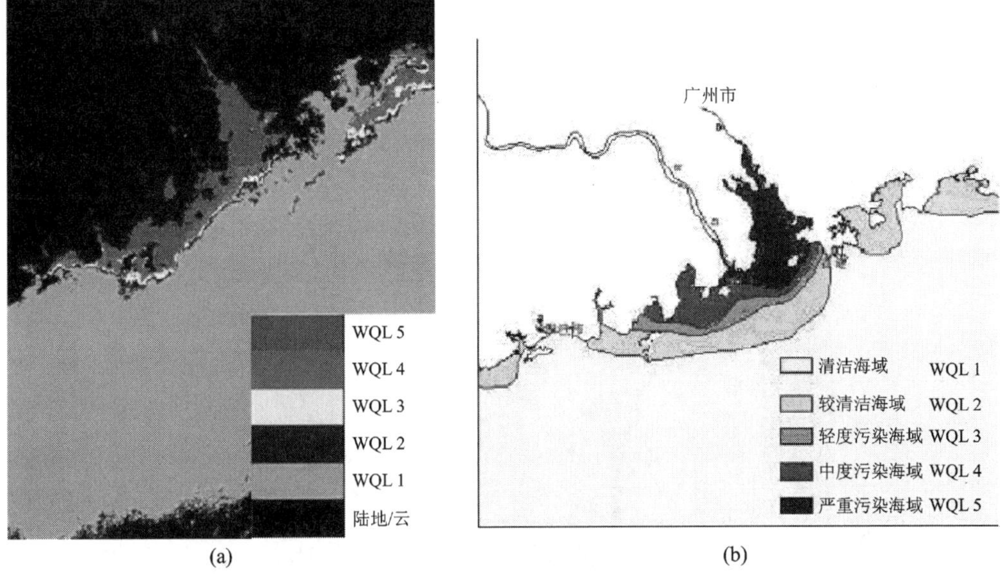

图 7.20 珠江口水质等级分布图（另见书末彩图）
（a）1998；（b）2003

对水质等级的判定依赖于 30 多个水体污染组分，对于不同的水体、不同的时间，这些水体组分在水质等级的判定中所占的比重是不同的。所以发展一个全球统一的评价各种水体水质等级的算法是很难的。本例子中研究海区珠江口富营养化比较严重，所以我们采用遥感手段获得与富营养化关系密切的水质参数（营养物质以及化学需氧量等）所计算的综合污染指数来评价水体水质。然而如果某一水体受重金属污染较严重，或者是热污染，就需要调整水体水质等级评价的污染参数，或者通过遥感的手段获取相应的水质参数予以综合评价。

虽然各种污染物对遥感监测的离水辐亮度的影响机理目前还不清楚，但是污染物质可以通过与水色要素的相互作用，改变水色要素对光的响应，进而影响离水辐亮度。使基于遥感的水质等级评价成为可能（Chen 等，2005）。

7.6 芬兰水质遥感监测应用实例

7.6.1 研究区域

研究区位于波罗的海北部的芬兰湾及芬兰南部湖泊（图 7.21）。芬兰湾相对较浅，平均水深 38 m 左右，最深达 123 m 左右，总水量达 1 130 km^3，水表面积为 29 600 km^2，流域面积则为 421 000 km^2。河流年平均径流量约 110 km^3 · a^{-1},由于那瓦河(Neva River)的影响,其东部水域盐度很低。冬季其平均盐度为 0.6%,而夏季介于 0.3% ~0.6%。总体来讲,芬兰湾水体含氮量有限,而那瓦河口水体含磷量有限。因此,水中光学衰减物如有机物、藻类物及悬浮物的空间分布会随时间而变化(Kuusisto 等,1998)。而且芬兰湾周边工厂较多,由于废水排放,造成点源污染严重,附近海域的生态环境遭到破坏,赤潮频发,导致渔业产量的急剧下降,影响了渔业经济的可持续发展,同时也给滨海旅游业造成了负面影响。因此,利用遥感技术监测芬兰湾水质环境状况意义重大。

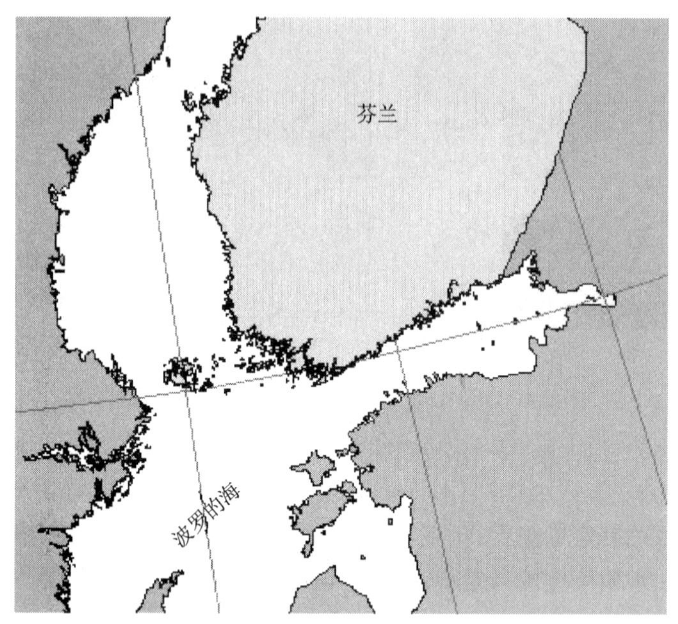

图 7.21　芬兰湾研究区示意图

7.6.2 研究方法与结果

从理论上讲,表面水质波谱模型是计算波谱辐射传播函数,求出传感器探测表面水质的波谱分布特性,并模拟其相应的物理过程。它可以反演出表面水质的波谱特性以及反映各水质成分富集程度的水质参数。但是,如果这种物理模型既可以描述表面水质的波谱模型,又可以计算出水质成分的富集程度的话,那么它就可以反演出表面水质成分的波谱特性。许多前人在研究中已经认识到这种水质成分的吸收和散射特性。目前,人们对纯水的这种吸收和散射特性(在可见光和近红外波段)的研究比较成熟(Palmer 等,1974; Smith 等,1981; Pope 等,1997)。但是,对其他水质成分的波谱特性研究仍在进一步认识与提高之中。

该研究工作采用光学遥感数据(TM)和微波遥感数据(ERS-2)复合方法,估算芬兰湾及芬兰南部湖泊叶绿素浓度、悬浮物含量及混浊度的分布范围。遥感数据有航空遥感数据、陆地卫星 TM 数据和 ERS-1/ERS-2 数据,其中卫星遥感数据的获取时间为

1997 年 8 月 16 日，实地表面水质测试和航空遥感飞行任务是 1997 年 8 月 14 日完成的。尽管相差两天，但由于平均风速小于 6 m · s^{-1}，因此可以认为主要表面水质参数如叶绿素含量和混浊度都是相对稳定的。由于陆地卫星 TM 数据的空间分辨率为 30 m，ERS-1/ERS-2 数据的空间分辨率为 12.5 m，而航空遥感数据的空间分辨率为 2 m，因此需要用定义相同面积的"窗口"来提取不同类型的遥感数据。实地水质测试和地面数据定标是由芬兰环境研究所（Finnish Environment Institute）完成，遥感数据处理和水质类型反演是在芬兰赫尔辛基技术大学空间技术实验室水质遥感研究项目组完成的（Zhang 等，2002，2003）。

图 7.22 是芬兰湾水体混浊度的 TM 数据的反演结果实例之一（Zhang 等，2002）。这些估算结果与已有文献成果相似，没有一个定值，但都介于 0.59 和 0.98 之间（Lindell 等，1999）。首先需要进行遥感数据的大气校正和水质参数的地面定标，然后分析研究区内各水质参数之间，以及不同遥感数据与各水质参数之间的相关性。从计算结果中发现，芬兰海湾中叶绿素含量和混浊度之间的相关性很低，它表明该研究区内的混浊度并不依赖于其藻类生物量的变化；然而，芬兰南部湖泊的叶绿素含量和混浊度之间的相关性很高，这表明它们的混浊度依赖于其藻类生物量的变化。这种差别的成因机理及其物理意义还有待于进一步研究。

另外，对 TM 数据的反演结果，和利用 TM、SAR 联合反演的结果加以对比（表 7.10），说明如果能够结合多种数据源进行水质参数遥感反演，有可能提高反演结果的精度；特别是 SAR 数据不受云雨天气影响，更增加了水质遥感的实用性（Zhang 等，2002）。

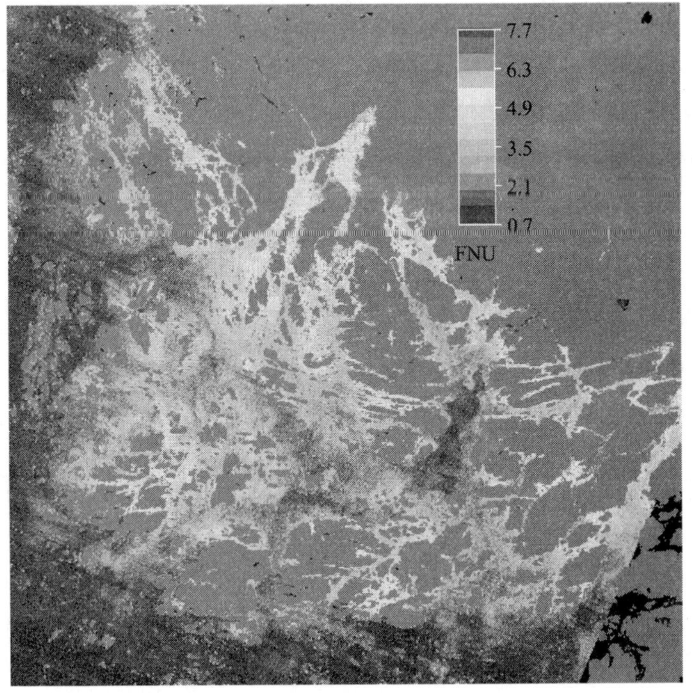

图 7.22 给出芬兰海湾混浊度的 TM 数据的反演结果（另见书末彩图）

表 7.10　芬兰湾水质参数遥感估算结果对比

R^2(RMSE)	TM/SAR	TM	TM/SAR(无 TM6)	TM(无 TM6)
Chl-a	0.92(0.47 μg·L⁻¹)	0.90(0.53μg·L⁻¹)	0.87(0.61μg·L⁻¹)	0.84(0.67μg·L⁻¹)
SSC	0.91(0.65 mg·L⁻¹)	0.89(0.72 mg·L⁻¹)	0.85(0.84 mg·L⁻¹)	0.81(0.95 mg·L⁻¹)
浊度	0.96(0.28FNU)	0.94(0.35FNU)	0.91(0.44FNU)	0.88(0.51FNU)
SDD	0.95(0.19m)	0.92(0.25m)	0.94(0.20m)	0.91(0.26m)

本应用实例研究的基本目的是确认已有的多种传感器遥感技术是否可以有效地监测芬兰海湾及其南部湖泊的水质参数及其变化情况。以浑浊度为例,模拟和反演结果表明:

(1) 航空遥感数据以其高分辨率的优点,比卫星遥感数据对水质参数具有较高的反演能力。

(2) 可见光中波段范围的选择和组合,有利于提高对水质参数的反演能力。

(3) 微波信息和可见光信息的复合可以提高对水质参数的反演能力。

因此,应用多种传感器遥感技术进行水质监测是可行的,进一步的算法研究及不同研究区域的比较研究仍在进行之中。

参 考 文 献

Allee R J, Johnson J E. Use of satellite imagery to estimate surface chlorophyll-a and Secchi disc depth of Bull Shoals, Arkansas, USA[J]. International Journal of Remote Sensing, 1999, 20: 1057-1072.

Arenz J R F, Lewis J W M, Saunders J F. Determination of chlorophyll and dissolved organic carbon from reflectance data for Colorado reservoirs[J]. International Journal of Remote Sensing, 1996, 17(8): 1547-1566.

Chen C, Pan Z, Shi P, *et al*. Application of satellite data for integrated assessment of water quality in the Pearl River Estuary, China[J]. IEEE Geoscience and Remote Sensing Symposium, IGARSS'05 Proceedings IEEE International, 2005, 4: 2550-2553.

Chen C, Shi P, Zhan H. A local algorithm for estimation yellow substance (gellbstoff) in coastal waters from SeaWiFS data: Pearl River estuary, China[J]. International Journal of Remote Sensing, 2003, 24(5): 1171-1176.

Chen C, Tang S, Pan Z. Remotely sensed assessment of water quality levels in the Pearl River Estuary, China[J]. Marine Pollution Bulletin, 2007, 54: 1267-1272.

Chen C, Wei J, Shi P. Atmospheric correction of SeaWiFS imagery for turbid waters in Southern China coastal areas[J]. Proceedings of SPIE (Ocean Remote Sensing and Applications), 2003, 4892: 80-86.

Clark R N, Roush T L. Reflectance Spectroscopy' Quantitative Analysis Techniques for Remote Sensing Applications[J]. Journal of Geophysics Research, 1984, 89(B7): 6329-6340.

Doerffer R, Fischer J. Concentrations of chlorophyll, suspended matter, and gelbstoff in case II waters derived from satellite coastal zone color scanner data with inverse modeling methods[J]. Journal of Geophysics Research,1994,C4(99): 7457-7466.

Duan H,Zhang Y,Zhang B,*et al.* Estimation of chlorophyll-a concentration and trophic states for inland lakes in Northeast China from Landsat TM data and field spectral measurements[J]. International Journal of Remote Sensing,2008,29(3): 767-786.

Giardiano C,Pepe M,Bribio P A,*et al.* Detecting chlorophyll,secchi disk depth and surface temperature in a sub-alpine lake using Landsat imagery[J]. The Science of the Total Environment,2001,268: 19-29.

Gitelson A. Algorithms for remote sensing of phytoplankton pigments in inland waters[J]. Advances in Space Research,1993,13(5): 197-201.

Gons,H J. Optical teledetection of chlorophyll a in turbid inland waters[J]. Environmental Science and Technology,1999,33(7): 1127-1132.

Kuusisto M,Koponen J,Sarkkula J. Modelled phytoplankton dynamics in the Gulf of Finland[J]. Enviornmental Modelling and Software,1998,13: 461-470.

Maxwell K,Johnson G N. Chlorophyll fluorescence-a practical guide[J]. Journal of Exoerimental Botany, 2000,51(345): 659-668.

Mittenzwey H G,Gitelson A A. Determination of chlorophyll a of inland waters on the basis of spectral reflectance[J]. Limnology and Oceanography,1992,37: 147-149.

Mobley C D. Light and water: Radiative transfer in natural waters[M]. New York: Academic Press,2004.

O'Reilly J E,Maritorena S,Mitchell B G,*et al.* Ocean color chlorophyll algorithms for SeaWiFS[J]. Journal of Geophysical Research,1998,103: 24937-24953.

Palmer K F,Williams D. Optical properties of waters in the near infrared[J]. Journal of the Optical Society of America,1974,64: 1107-1110

Pierson T,Premazzi D,Ziliolli G,*et al.* Manual for monitoring European lakes using remote sensing techniques. Joint Research Centre European Commission: Brussels,Belgium,1999.

Pope R M,Fry E S. Absorption spectrum (380-700 nm) of pure water. II. Integrating cavity measurements [J]. Applied Optics,1997,36: 8710-8723

Prieur L,Sathyendranath S. An optical classification of coastal and oceanic waters based on the specific spectral absorption curves of phytoplankton pigments,dissolved organic matter,and other articulate materials[J]. Limnology and Oceanography,1981,26(4): 671-689.

Steven B,Frank D,Branko V,*et al.* Dynamics of organic and inorganic carbon across contiguous mangrove and seagrass systems (Gazi Bay,Kenya)[J]. Journal of Geophysical Research,2007,112: G02018.

Tang D,Kester D R,Nid I,*et al.* In situ and satellite observations of a harmful algal bloom and water condition at the Pearl River estuary in late autumn 1998[J]. Harmful Algae,2003,2(2): 89-99.

Tang S,Chen C,Zhan H,*et al.* An appraisal of surface chlorophyll estimation by satellite remote sensing in the South China Sea[J]. International Journal of Remote Sensing,2008,29(21): 6217-6226.

Tassan S. Local algorithms using SeaWiFS data for the retrieval of phytoplankton,pigments ,suspended sediment,and yellow substances in coastal waters[J]. Applied Optics,1994,33(12): 2369-2378.

Thiemann S,Kaufmann H. Determination of chlorophyll content and trophic state of lakes using field spectrometer and IRS-1C satellite data in the Mecklenburg lake district, Germany[J]. Remote Sensing of Environment, 2000, 73: 227-235.

Wang Y, Xia H, Fu J, *et al*. Water quality change in reservoirs of Shenzhen, China: detection using LANDSAT/TM data[J]. Science of the Total Environment, 2004, 328: 195-206.

Zhang Y, Pulliainen J, Koponen S, *et al*. Application of an empirical neural network to surface water quality estimation in the Gulf of Finland using combined optical data and microwave data[J], Remote Sensing of Environment, 2002, 81: 327-336.

Zhang Y, Pulliainen J, Koponen S, *et al*. Water quality retrievals from combined Landsat TM data and ERS-2 SAR data in the Gulf of Finland[J], IEEE Transactions on Geoscience and Remote Sensing, 2003, 41: 622-629.

刘岳峰,韩慕康,邬伦,等. 珠江三角洲口门区近期演变与围垦远景分析[J]. 地理学报,1998,53(6): 492-500

施润和,牛铮,庄大方. 叶片生化组分浓度对单叶光谱影响研究: 以 2100 nm 吸收特征的碳氮比反演为例[J]. 遥感学报,2005,9(1): 1-7.

李素菊,吴倩,王学军,等. 巢湖浮游植物叶绿素含量与反射光谱特征的关系[J]. 湖泊科学,2002,14(3): 228-234.

李素菊,王学军. 内陆水体水质参数光谱特征与定量遥感[J]. 地理学与国土研究,2002,18(2): 26-30.

王苏民,窦洪身. 中国湖泊志[M]. 北京: 科学出版社,1998.

秦伯强,胡维平,陈伟民. 太湖水环境演化过程与机理[M]. 北京: 科学出版社,2004.

赵冬至,张丰收,杨建洪,等. 表征赤潮水体太阳激发的叶绿素荧光高度的波段优化——归一化荧光高度法[J]. 海洋学报,2005,27(6): 146-153.

第 8 章　水质遥感的发展趋势

8.1　水质遥感的发展趋势

遥感技术在水质监测方面的应用体现了水质遥感监测方法的应用潜力和常规方法不具备的优势,但由于水体本身复杂的光谱特性,且辐射信息受大气散射影响严重,加上常规遥感器分辨率较低,高光谱遥感数据处理技术不够成熟等原因,遥感在内陆水体监测中的应用远不如在地质、生态、海洋等领域应用成熟(汪小钦和陈崇成,2000)。今后的水质遥感监测工作将主要集中在下面的几个方面:

(1) 建立水质遥感监测体系:根据先期遥感数据和地面光谱资料及水质参数实测数值,形成一个标准化的水安全定量遥感监测体系。针对不同类型的内陆水体,建立多种水质参数反演算法,实现从定性遥感到定量遥感的跨越,为内陆水体提供动态的监测数据。

(2) 加强水质遥感理论研究:首先需要加深对水体内在光学特性的了解,水体的光学特性是决定水体光谱特征的本质因素,只有深入了解水体的光学特性才能从遥感数据中发现水体中物质成分的区别。另外,进一步研究水质参数、内在光学特性及表面反射率之间的理论关系,只有加深对这些关系理论的理解,才能为监测水质参数设计出更合理有效的理论算法,提高水质参数测定的可靠性和精度,并使算法具有普遍性,不限定于特定的时段和水域。

(3) 改进统计分析技术:利用光谱分辨率较低的宽波段遥感数据得到的水质参数算法精度都不很高,改进统计分析技术可充分挖掘水质信息,是提高遥感定量监测精度的有效途径,并可在一定程度上消除算法的空间特殊性(李崃,2005)。

(4) 拓宽水质遥感监测项目:现阶段水质遥感局限于某些特定的水质参数,例如,藻类叶绿素、悬浮物及与之相关的水体透明度、混浊度等参数。在长期经验方法的基础上,应加强对其他水质参数(如可溶性有机物、COD 等)的光谱特征研究,以扩大水质参数的定量监测种类，建立不同水质参数的光谱特征数据库。

（5）增强高光谱遥感技术的研究：多光谱遥感影像的光谱分辨率不高，不能透彻地了解水体光谱特征，使得反演精度受限。高光谱遥感技术是近些年来迅速发展起来的一种集探测器技术、精密光学机械、微弱信号检测、计算机技术、信息处理技术于一体的综合性技术，和其他遥感数据相比，多光谱遥感数据具有波段多、光谱分辨率和空间分辨率高等特点。因此完善高光谱遥感数据处理技术，发展针对高光谱数据的处理算法使水质遥感有更好的数据来源，是提高反演精度的关键（李婉晖，2009）。

（6）加强主动遥感的非光学特性研究：主动遥感监测手段，例如，激光雷达、雷达遥感技术具有全天候全天时影像的获取能力以及对一切地物的穿透能力，能在对地观测领域中发挥其他手段难以发挥的作用，目前已经成为遥感领域的前沿技术手段。当前的水质遥感监测大多数都是围绕着对水体光学特性的研究进行的，加强主动遥感的非光学特性研究，是水质遥感监测在未来的发展过程中不能忽视的一个方面。张渊智等（2002）结合光学数据与微波数据对芬兰湾进行了表面水质的监测研究，研究结果表明微波数据可以作为光学数据的辅助数据来提高水质参数的反演精度。

（7）增强与其他监测手段的有效结合：遥感手段与其他监测手段的有效结合也能提高遥感监测的精度。其中，遥感技术与 GIS、GPS 的结合是利用遥感技术进行水质监测的发展方向之一。遥感为大范围和动态的水质监测提供多种数据源，地理信息系统是遥感数据处理和管理的有效工具，全球定位系统对地面实测数据进行精确的定位。综合应用 RS、GIS 和 GPS 技术，建立水质遥感监测和评价系统，实现水环境质量信息的准确、动态、快速发布，推动国家水安全预警系统建设，这对水质遥感监测的应用与发展将具有深远的意义。

总之，更有效、更快速地通过遥感监测获取更高精度的水质参数，将促进水环境以及整个流域的环境管理、规划和治理工作。随着全球环境计划的纷纷出台和遥感技术的不断发展，新一代的遥感卫星陆续升空，高分辨率、高光谱和多极化遥感数据将成为主要的遥感信息源，为水质遥感监测技术的发展与提高提供了数据保证，遥感技术必将在水质监测方面具有更为广泛的发展。

8.2 水质遥感的应用前景

水质遥感的实用性在很大程度上体现在监测方面，为了增加其实用性，可以从以下几个方面加深对水质遥感的应用研究。

（1）水质变化和土地利用变化的关系：国际地圈生物圈计划（IGBP）和全球变化人文领域计划（IHDP）于 1995 年提出“土地利用和土地覆盖变化”研究计划，使土地利用变化研究成为当前全球变化研究前沿和热点课题。土地利用是在人与土地相互作用下由不同的利用方式和利用强度组成的动态系统（郝芳华等，2004），反映了人类与自然界在相互影响与交互作用中最直接和最密切的关系。不适当的土地利用方式和农田管理模式会导致土壤侵蚀和过量的氮磷随地表径流流失(Ahearn 等,2005;张淑荣,2001;陈利顶和傅伯杰,2000;Hill,1981),从而形成对流域的大面积污染。

尽管有许多研究着重于监测土地利用的快速变化,但很少有研究关注该区土地利用变化对其水质环境恶化趋势的影响。遥感技术被广泛地用于土地变化和水质监测研究中,随着遥感技术的进一步发展,在研究水质变化和土地利用变化的关系上,遥感技术一定能发挥越来越卓越的作用(Jones 等,2000)。

(2) 水质变化和人类活动的关系:随着全球变化研究的深入和发展,各国科学家越来越重视人类活动对环境变化的影响。急速的经济发展伴随着快速的城市化进程,也必然会引起人口的快速膨胀和城市数量的快速扩张。由于发展与人类活动息息相关,不断增加的污染负荷不可避免地对临近水环境造成日益沉重的压力,研究人类活动的水质环境效应意义重大。在国内,一项在西安的调查研究说明城市化进展给表面水质带来了显著的影响(He 等,2008)。人类活动和水质变化的关系在上海市同样也得到了证实(Ren 等,2003),研究证明快速的城市化进展必然伴随着水质环境的快速恶化。对水质变化和人类活动关系的进一步研究,也是水质遥感监测的另一个应用前景。

(3) 水质变化和温室气体的关系:温室气体主要有二氧化碳、甲烷和一氧化碳,是由陆地生态系统、自然水生态系统以及人类活动排出的。水库及自然水生态系统排放的温室气体数量取决于水体的物理-化学特性,因此,水体排放的温室气体与水质密切相关(特伦布莱,2006)。另一方面,二氧化碳等温室气体排放过量会增加水体的酸性,进而破坏水体的生态环境。在所有水体中,海水比其他水体更容易吸收二氧化碳,海洋持续从大气中吸收的二氧化碳造成海水酸性的不断加剧,海水化学的种种平衡被破坏,使依赖于化学环境稳定性的多种海洋生物乃至生态系统面临巨大威胁。研究温室气体排放和水质变化二者之间的关系,对于增加水质遥感在生态学方面的应用,有着重要的意义。

参考文献

Ahearn D S, Sheibley R W, Dahlgren R A, *et al.* Land use and land cover influence on water quality in the last free-flowing river draining the western Sierra Nevada[J]. California Journal of Hydrology, 2005, 313: 234-247.

He H, Zhou J, Wu Y, *et al.* Modelling the response of surface water quality to the urbanization in Xi'an, China[J]. Journal of Environmental Management, 2008, 86: 731-749.

Hill A R. Stream phosphorus exports from watersheds with contrasting land uses in southern Ontario[J]. Water Resources Bulletin, 1981, 17: 627-634.

Jones K B, Heggem D, Wade T, *et al.* Assessing landscape condition relative to water resources in the western United States: a strategic approach[J]. Environment Monitoring and Assessment, 2000, 64: 227-

245.

Ren W, Zhong Y, Meligrana J, *et al*. Urbanization, land use, and water quality in Shanghai 1947-1996[J]. Environment International, 2003, 29: 649-659.

Zhang Y, Pulliainen J, Koponen S, *et al*. Application of an empirical neural network to surface water quality estimation in the gulf of Finland using combined optical data and microwave data[J]. Remote Sensing of Environment, 2002, 81: 327-336.

陈利顶,傅伯杰. 农田生态系统管理与非点源污染控制[J]. 环境科学,2000,21(2): 98-100.

郝芳华,陈利群,刘昌明,等. 土地利用变化对产流和产沙的影响分析[J]. 水土保持学报,2004,18(3): 6-8.

李嵘. 遥感技术在水环境监测中的应用研究[J]. 江西化工,2005,4: 49-51.

李婉晖. 水质遥感方法及其应用[J]. 能源与环境,2009,5: 62-64.

特伦布莱. 水库水质与温室气体排放的关系[J]. 水利水电快报,2006,27(15): 19-21.

汪小钦,陈崇成. 遥感在近岸海洋环境监测中的应用[J]. 海洋环境科学,2000,19(4): 72-76.

张淑荣,陈利顶,傅伯杰. 农业区非点源污染敏感性评价的一种方法[J]. 水土保持学报,2001,15(2): 56-59.

图 5.21　运用掩模提取的查干湖水体

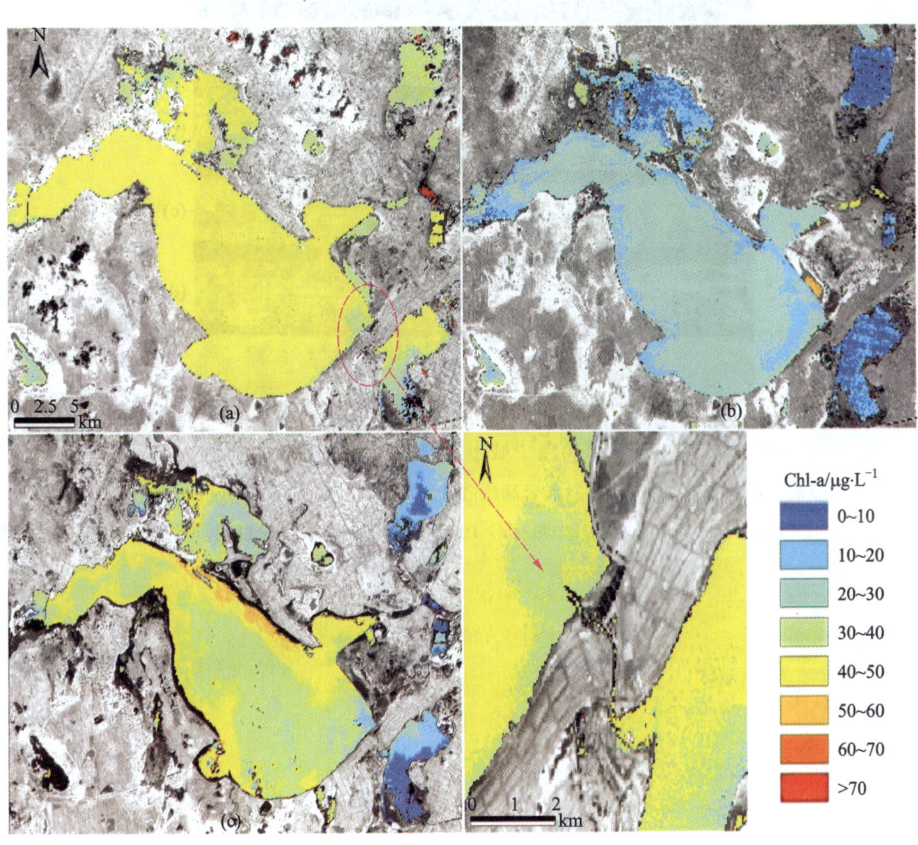

图 5.27　查干湖叶绿素遥感反演:(a) 2004-07-26;(b) 2004-10-14;(c) 2005-07-13

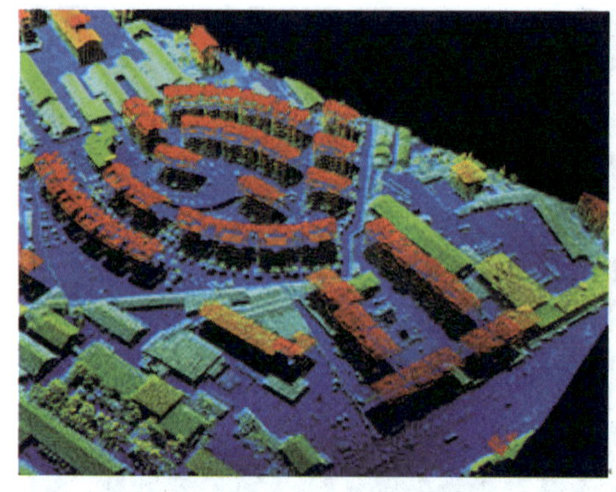

图 6.2 显示高程信息的激光点云数据(BEO inc. ,2007)

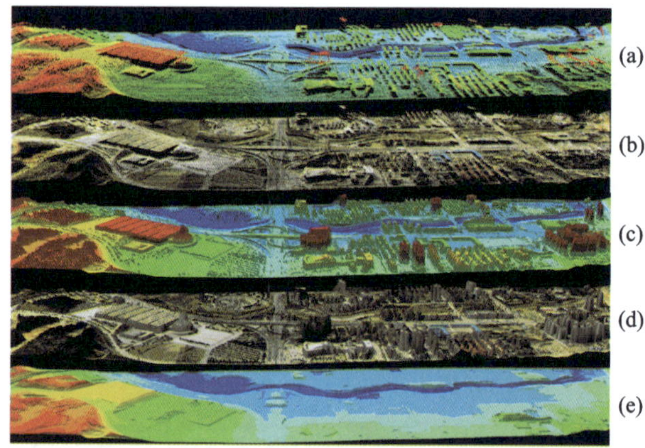

图 6.4 LiDAR 采集的南宁城市数据不同表现形式及分类产品

(a) 用高程渲染的 LiDAR 点云数据;(b) 对点云赋色之后的 LiDAR 点云数据;(c) 用点云生成的城市 DSM;(d) DSM+DOM 的城市三维图;(e) DEM(去除地上地物)(徐祖舰,2009)

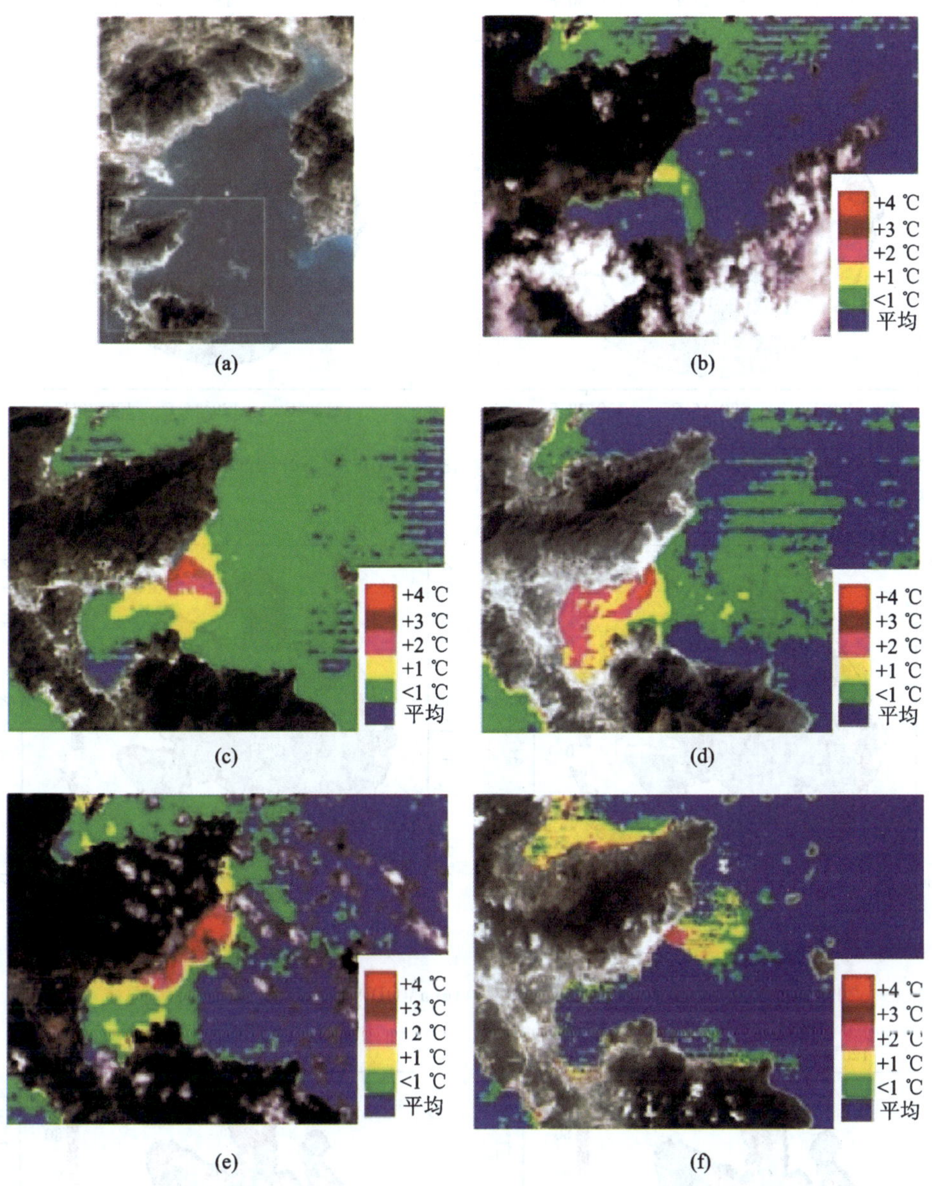

图 7.9 大亚湾研究区热污染分布模式

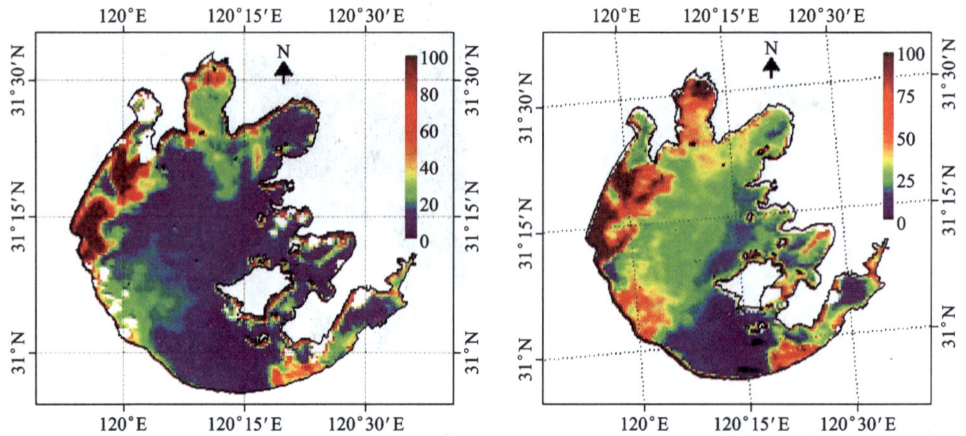

图 7.12　2008 年 10 月 12 日 TerraMODIS(左)与 AquaMODIS(右)叶绿素 a 浓度(单位:mg · m^{-3})

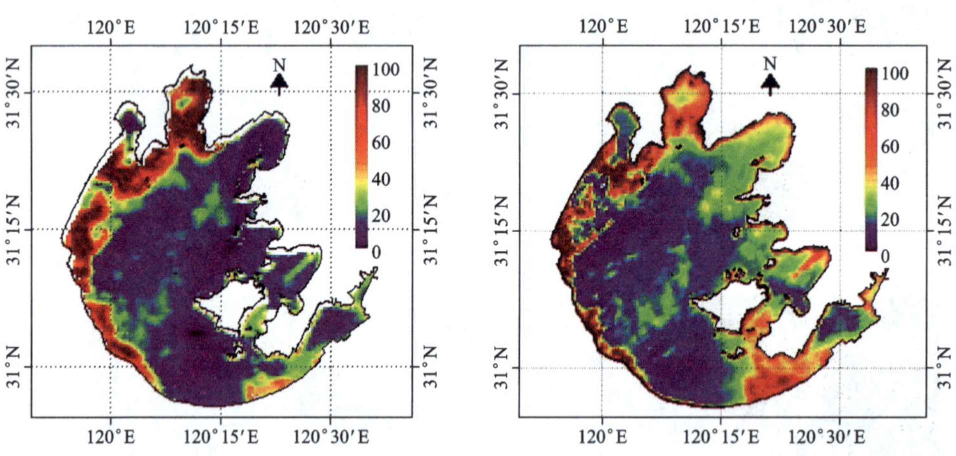

图 7.13　2008 年 10 月 14 日 TerraMODIS(左)与 AquaMODIS(右)叶绿素 a 浓度(单位:mg · m^{-3})

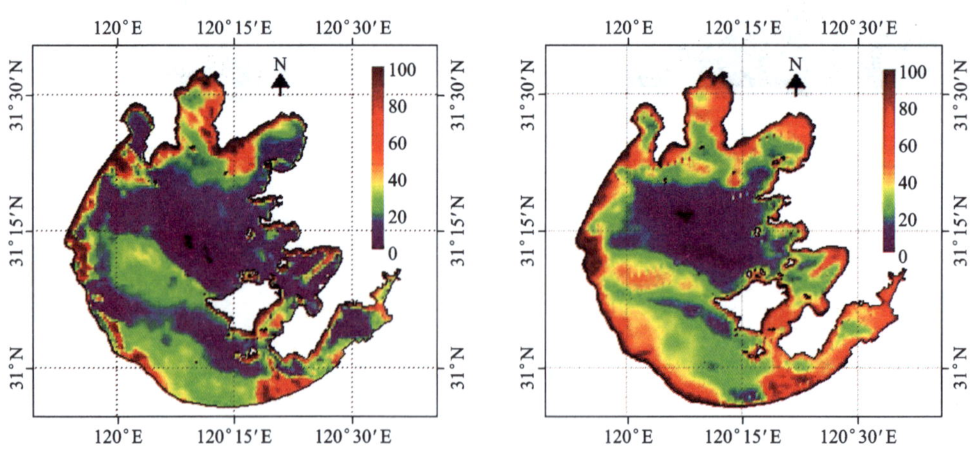

图 7.14　2008 年 10 月 15 日 TerraMODIS(左)与 AquaMODIS(右)
叶绿素 a 浓度(单位:mg · m^{-3})

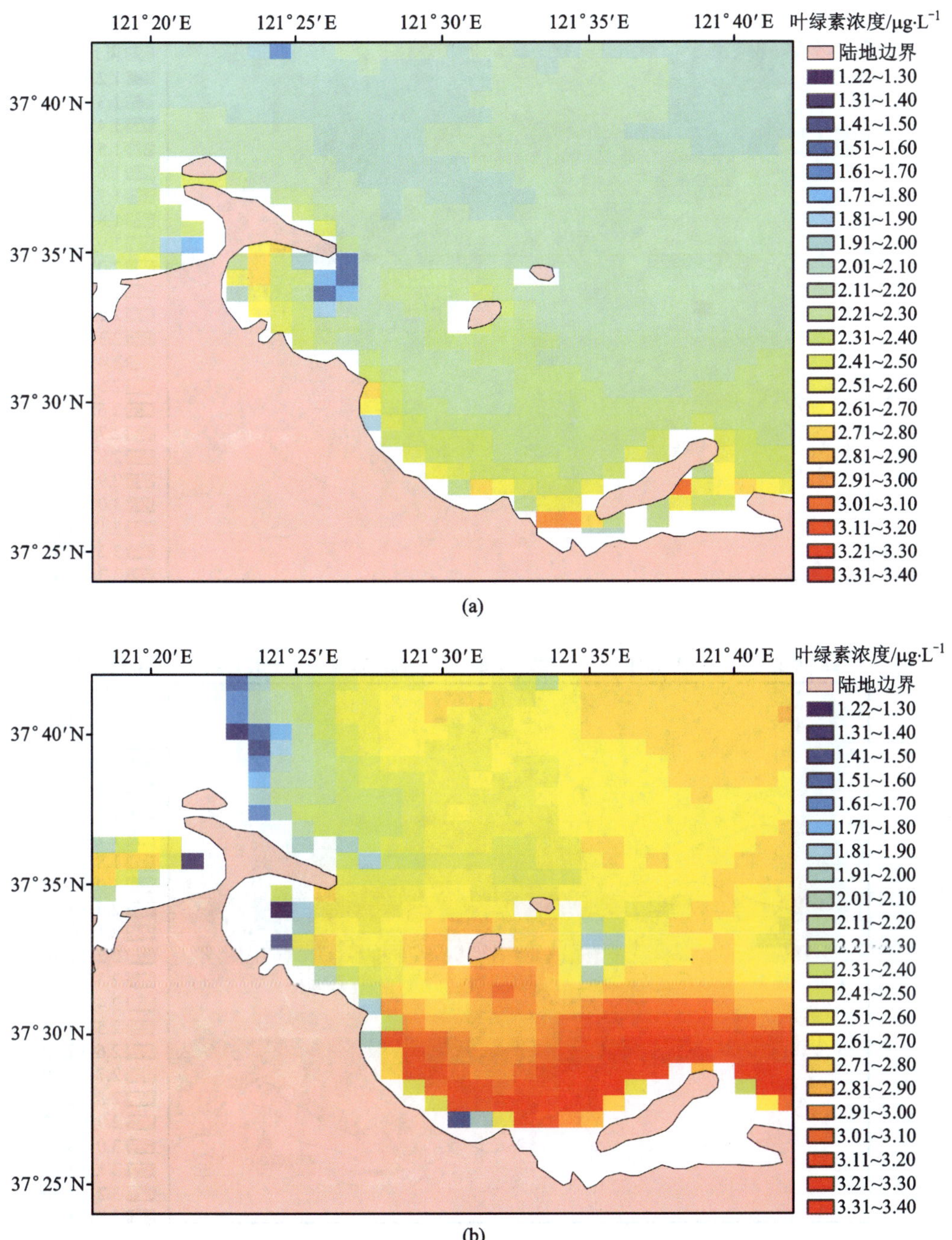

(a)

(b)

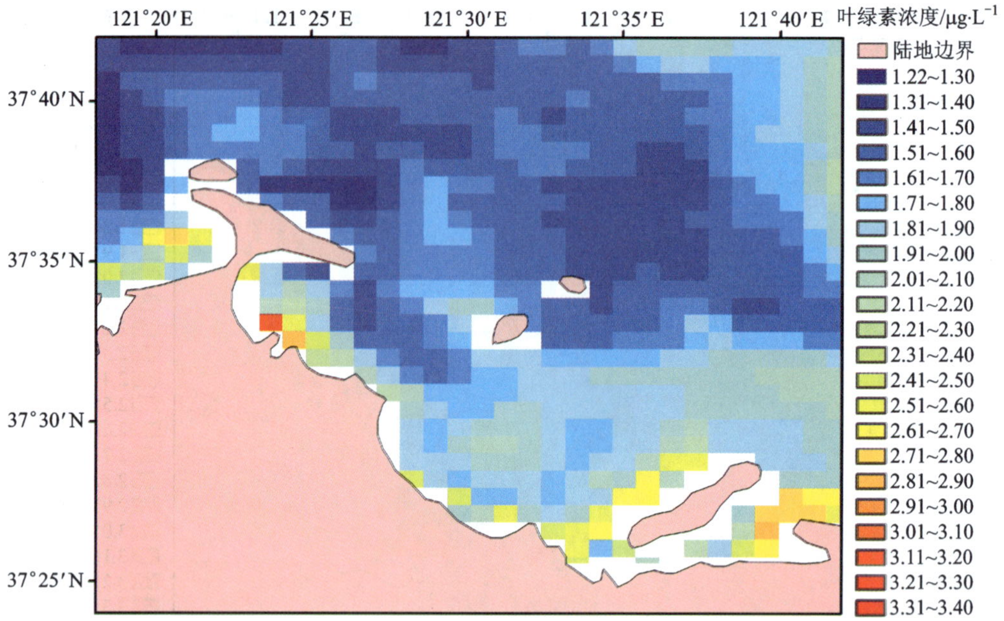

(c)

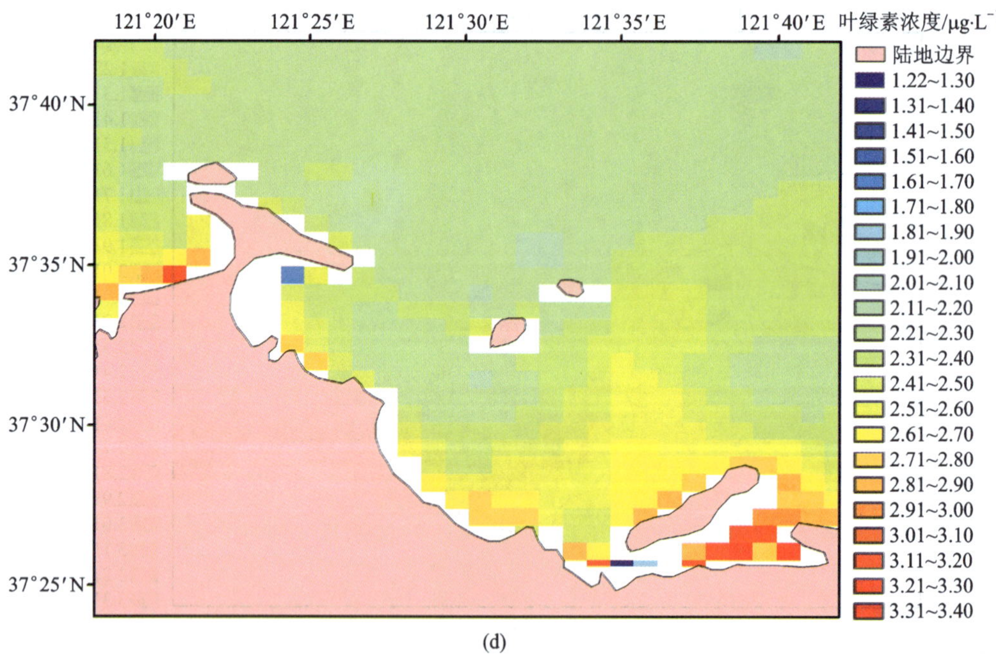

(d)

图 7.17　2009 年烟台近海的叶绿素浓度分布图

(a) 冬季;(b) 春季;(c) 夏季;(d) 秋季

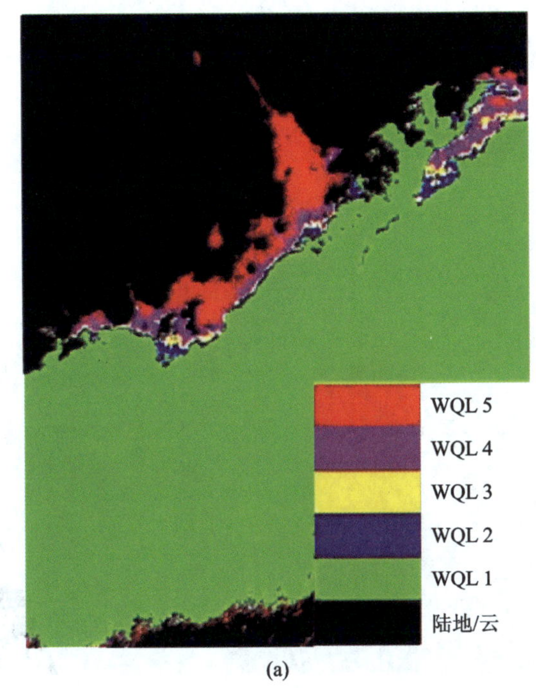

(a)

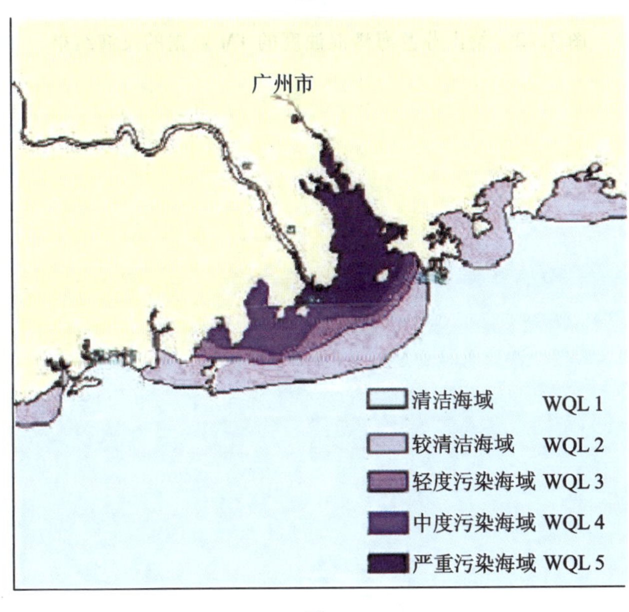

(b)

图 7.20 珠江口水质等级分布图

(a) 1998;(b) 2003

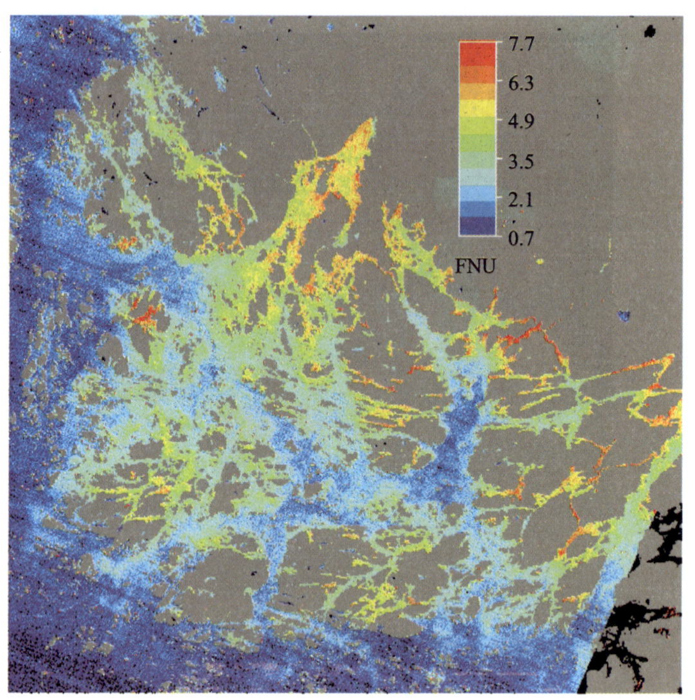

图 7.22　给出芬兰海湾混浊度的 TM 数据的反演结果

郑重声明

购书请拨打电话:(010)58581118